수학공부 이렇게 하는거야 하

수학 오디세이 ★28

수학공부 이렇게 하는거야 하

일본수학교육협의회 · 긴바야시 코 엮음

김부윤 · 정영우 옮김

KM 경문사

수학공부 이렇게 하는거야 ⑧

엮은이	일본수학교육협의회 · 긴바야시 코
옮긴이	김부윤 · 정영우
펴낸이	박문규
펴낸곳	경문사
펴낸날	2011년 11월 1일 1판 1쇄
	2014년 5월 1일 1판 2쇄
등 록	1979년 11월 9일 제 313-1979-23호
주 소	121-818, 서울특별시 마포구 와우산로 174
전 화	(02)332-2004 팩스 (02)336-5193
이메일	kyungmoon@kyungmoon.com
홈페이지	http://www.kyungmoon.com

ISBN 978-89-6105-516-1

값 16,000원

★ 잘못된 책은 바꾸어 드립니다.

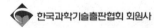 한국과학기술출판협회 회원사

옮긴이
머리말

　일본평론사日本評論社 발행의 《산수·수학 나제나제 사전》(1993년 간행)을 처음 본 것은 1996년 일본 나루토鳴門 교육대학의 도서관이었답니다. 그때 이 책을 번역하여 한국의 학생들에게 수학적 개념과 관련된 생각의 발상, 사고의 틀을 새롭게 하는 이야기를 들려주고 싶다고 생각했습니다. 그래서 번역을 시작했었고 2001년 7월에 한국어판으로 《수학 공부 이렇게 하는 거야》를 여러분들께 선보였답니다. 다행히 그동안 많은 독자들이 수학에 대한 의문을 해결하고 수학하는 즐거움을 얻었다고 하니, 힘들여 번역한 의미가 있었던 것 같습니다.

　이후 《산수·수학 나제나제 사전》의 자매편이며 수학교육 연구와 그 실천을 하고 있는 수학교육협의회 창립 40주년 기념으로 편집된 《산수·수학 납득 사전》(1994년 간행)을 번역하고 싶었지만, 차일피일하다가, 이제야 번역을 하게 되었습니다. 이 책은 협의회에서 수학 수업 시간에 나올 만한 100개의 질문을 골라 일본의 교수와 전문 교사들에게 그 답을 물어서 만든 책입니다. 하지만 번역본에서는 일본풍이 너무 강한 질문과 답은 제외하고 우리나라 교사와 학생들이 꼭 읽었으면 하는 질문과 답을 골랐습니다. 그래도 본문 내용 중에는 원본이 나온 1994년 당시를 반영하는 것이 있으므로 그 점에 유념하여 읽으시기 바랍니다.

이번 책은 전편에 비해 다소 내용이 어려워진 것 같습니다. 하지만 다양한 내용을 다루고 있으므로, 초등학생부터 대학생에 이르기까지 독자 여러분의 수준에 맞는 부분부터 먼저 읽는 게 좋습니다. 그 뒤에 읽지 않고 건너뛰었던 부분을 곰곰이 생각하면서 독파하면 상급학교에 진학하여 관련 내용을 배울 때 많은 도움을 받을 수 있을 것으로 생각됩니다.

또한 교사들에게는 수학 수업 시간에 다룰 개념과 관련된 실생활의 예 또는 그 응용에 대해서 이야기를 하고자 할 때, 좋은 길잡이가 될 것으로 생각됩니다. 단지 수업에 활용할 때는 한국적인 상황으로 변환해야 할 것이며, 이는 수학교사들의 몫으로 남겨둡니다. 더욱이 수학 교실을 떠나는 학생들을 되돌려 세울 수 있도록 수학교사들이 분투노력하길 바랍니다.

번역을 할 때, 관심 있는 독자들이 좀더 쉽게 관련 자료들을 찾아볼 수 있도록 본문에 나오는 일본 인명人名, 지명地名, 서명書名 등은 일본어 발음 그대로 기술하고 작은 글씨로 한자를 병기併記했을 뿐만 아니라, 각 페이지 아래에 역자 주註를 기술했습니다.

이 책이 나오기까지 도움을 주신 경문사 박문규 사장님과 책임을 다해서 편집과 교정을 마무리해준 편집부 관계자분들의 노고에 대해, 이 자리를 빌려 심심한 감사의 말씀을 드립니다.

2011년 6월
옮긴이 일동

지은이
머리말

— 납득이란 어떤 것일까 —

《산수·수학 나제나제 사전》(한국에서는 《수학공부 이렇게 하는 거야》로 경문사에서 발간)를 발간한 지 일년 반이 지났지만, 다행히 학생과 일반인으로부터 매우 좋은 평을 받았기에, 용기를 내어 속편을 기획해 보았습니다.

실제로, 편자(編者)였던 저에게 도서관에서 《산수·수학 나제나제 사전》을 보았다는 한 독자로부터 평소 의문이었던 것을 묻는 편지가 왔습니다. 그 의문이라는 것은 스위치를 켜면 전기가 들어와서 밝아지는데 "언제 어둠에서 밝음으로 되는가?"라는 것으로, 《산수·수학 나제나제 사전》의 제63절 '순간은 얼마나 짧은가?(순간의 길이)'와 관련되어 있습니다. 이것도 끝까지 파고들면, 제논의 패러독스(역설)에서 무한소 해석, 19세기말의 실수론(實數論)까지 연결되는 대단한 문제입니다. 이 독자는 수학과 관련 있는 여성인 것 같은데, 오랫동안 그런 의문을 품고 있었다는 것에 놀랍기도 하고 감탄스럽기도 했습니다. 또 이러한 사전을 기획한 측으로서는 확실한 반응에 기쁘기도 했답니다.

이번 《산수·수학 납득 사전》쪽도 많은 사람이 알고 싶다고 생각하는 항목 100개를 골라, 각각 전문가 또는 그 방면에 정통하고 일가견을 가진 분에게 약간은 별스럽게 답을 받은 것입니다. 앞에 발간한 것이 '나제나제'라도 좋았던 것에 비해, 이번에는 '납득'이기 때문에, 일단은 독자를 납득시키지 않으면 안 되는 점이 힘든 부분이었습니다.

무릇 이해란 것은 단지 적혀 있는 것을 이해할 수 있다는 것 이상으로, 마음속에서 "아! 그렇구나, 정말 그렇네!"라고 생각되어야 합니다. 이것은 그 사람이 가지고 있는 지식이나 이미지 그리고 경험이나 성격에 따르겠지요. 말하자면, 그러한 이해 구조는 사람에 따라 다를지 모릅니다. 구체적인 사실을 알고 싶은 사람도 있을 테고, 조리 있는 설명을 요구하는 사람도 있을 테고, 교묘하게 비슷한 이야기에 의해 이해되는 사람도 있을지도 모르겠습니다.

각 항목은 각 집필자의 이해 구조에 따르기 때문에, 독자의 이해 구조와 어긋나는 것은 얼마든지 있을 수 있으며, 그런 점에서 의문이나 더 좋은 해설을 생각하신 분은 거리낌 없이 협의회로 의견이나 다른 견해를 보내주시기 바랍니다.

1994년 6월 25일

긴바야시 코銀林 浩

차례

제5장 확률·논리

제1장

수와 계산 1

더할 수 있을까, 더할 수 없을까?

다음과 같은 문제가 있다. 더할 수 있다고 생각하는 것에는 ○ 표를, 더할 수 없다고 생각하는 것에는 ×를, 모르는 것에는 △표 를 한다. 한 번 시도해보자.

1. (   ) 강아지 5<u>마리</u>와 고양이 2<u>마리</u>를 더하면, 몇 마리입니까?

2. (   ) 바나나 3<u>개</u>와 연필 2<u>개</u>를 더하면, 몇 개입니까?

3. (   ) 금붕어 2<u>마리</u>와 고등어 2<u>마리</u>를 더하면, 몇 마리입니까?

4. (   ) 100<u>원</u>과 500<u>원</u>을 더하면, 얼마입니까?

5. (   ) 5<u>미터</u>인 끈과 2<u>미터</u>인 끈을 연결하면, 몇 미터입니까?

6. (   ) 쇠 파이프 3<u>개</u>와 알루미늄 파이프 5<u>개</u>가 있습니다. 파이 프는 모두 몇 개입니까?

7. (   ) 3<u>리터</u> 물과 0.2<u>리터</u> 물을 합하면, 몇 데시리터입니까?

8. (   ) 돌 3<u>개</u>와 100원짜리 동전 5<u>개</u>를 합하면, 얼마가 됩니까?

9. (   ) 100원짜리 동전 5<u>개</u>와 500원짜리 동전 8<u>개</u>를 합하면, 얼마가 됩니까?

10. (   ) 5<u>리터</u>의 물에, 3<u>미터</u>인 끈을 넣으면 얼마가 될까요?

🦠 아이들은 어떻게 답할까?

초등학생에게 물어 보았다.

이 문제는 5번에 미터, 7번에 리터, 데시리터, 10번에 리터와 미터가 나오기 때문에, 3학년 이상에게 답을 하도록 하는 것이 적당하지만, 위에서 든 것을 제외하면 2학년에게도 가능하며, 1학년에게 가능한 것도 있다.

아이들의 답을 보면, 여러 가지 재미있는 것을 알 수 있다. 먼저, 이 문제에는 조수사助數詞와 단위에 밑줄을 그어놓았기 때문에, 같은 조수사나 단위끼리라면 가감할 수 있다고 생각하는 아이들이 많다. 즉 개個끼리는 가감할 수 있다고 생각하는데, 이런 경향은 초등학교 고학년이 될수록 두드러진다. 그래서인지 이상하게도 정답율은 고학년일수록 오히려 더 나빠진다.

1학년 학생에게 2번을 물으면, "더할 수 없다."라는 답이 많은데, 그 이유로서는 바나나는 먹을 수 있지만 연필은 먹을 수 없다든가, 바나나로는 글을 쓸 수 없기 때문에 더할 수 없다는 것이다. 3번은 금붕어는 생선가게에서 팔지 않으며, 고등어는 어항에서 기를 수 없기 때문에 더할 수 없다고 한다. 8번은 100원짜리 동전 5개를 가지고 가게에 가서 "아줌마, 이거 주세요."라고 하면, 아줌마는 싱글벙글하면서 "어서 오세요."라고 하지만, 돌멩이 3개를 가지고 가면 "바보 멍텅구리"라고 말하기 때문에 더할 수 없다고 한다. 즉, 생각하는 방법을 아주 구체적으로 잘 알고 있다.

덧셈은

- 같은 종류, 같은 성질, 같은 단위인 경우
- 무엇을 구하고 있는가? 즉, 구하는 대상이 정해져 알고 있는

경우

에 비로소 연산으로 성립한다. 그것을 저학년은 저학년 나름으로 오히려 잘 알고 있는 것 같다.

가장 문제가 된 것은 1번 문제였다. 아버지나 어머니의 경우는 대개 이것을 "더할 수 있다."라고 한다.

강아지와 고양이는 광장 등에서 같이 어슬렁거리고 있는 것을 자주 볼 수 있는 것이 그 이유인 것 같다. 그러나 강아지와 고양이는 같은 종류가 아니기 때문에 엄밀하게 말하면 더할 수 없다. 즉 ×이다.

하지만 굳이 더하고 싶다면, "강아지 5마리와 고양이 2마리면, 동물은 몇 마리일까?"로 하지 않으면 안 된다. 3번의 경우에도, "물고기는 몇 마리입니까?"로 묻지 않으면 성립하지 않는다. 5번의 경우는 "더할 수 있다"와 "더할 수 없다" 두 가지가 나온다. "더할 수 있다"의 경우는 솔직히 5미터와 2미터를 더하는 것이지만, "더할 수 없다"의 경우는 끈을 이어야 하므로 당연히 매듭이 있기 때문에 7미터가 되지 않는다든가, 셀로판테이프로 연결하면 7미터가 되지만 그렇게 연결하면 '안 된다'는 의견이 나온다. 6번은 철과 알루미늄 파이프이므로 본래 "더할 수 없다"이지만, 이 문제만은 "파이프는 모두 몇 개입니까?"라고 구하는 대상이 정해져 있으므로 정답은 "더할 수 있다"가 된다.

결국, 열 문제 가운데 무조건 더할 수 있는 것은 4번, 6번, 7번뿐이고, 10번은 분명히 더할 수 없으며 9번은 더할 수 있지만, 금액을 묻는 것인지 개수를 묻는 것인지 애매하다. 다른 것은 모두 조건에 따라 더할 수 없든지 더할 수 있든지 한다.

아이들을 보고 있으면, 저학년 때는 사고가 구체적이므로 "더할 수 있을까? 더할 수 없을까?"의 경우 바로 생각하는 데 비해, 학년이 올라감에 따라 뭐든지 형식적으로 더해버리는 경향이 강해지는 것 같다. 어른이 되면 그러한 상황을 생각하는 습관 그 자체를 잃어버리는 것일까?

이제 주제로 들어가자

자, 드디어 "전봇대 3개 빼기 성냥개비 2개"이다.

"전봇대가 3개 서 있습니다. 성냥개비를 2개 가져오면, 남은 것은 몇 개가 됩니까?"

"전봇대가 3개 서 있습니다. 손에 성냥개비를 2개 가지고 있습니다. 어느 쪽이 몇 개 많을까요?"

내 방식으로 문제를 만들어 보면, 이상의 두 문제를 생각할 수 있는데, 전자는 나머지를 구하는 것이고 후자는 차를 구하는 문제다. 차를 구하는 경우는 전봇대와 성냥개비 개수의 차를 구하는 것으로 일단 연산이 가능하다. 답은 한 개다. 차를 구하기 위해서는 일대일로 대응을 시켜 나머지를 보는 것이므로, 대응에 의해 대소 大小가 사상捨象(＝추상화)되는 것이다.

차를 구하는 경우를 아이들에게 물어보았더니, 다음과 같은 답이 돌아왔다.

뺄 수 있다는 부류

- 어느 쪽도 단위가 개個이므로 뺄 수 있다.
- 어느 쪽도 나무로 만들어져 있으므로 뺄 수 있다.

- 모래밭에 성냥개비를 세워 보면, 전봇대와 모양이 같으므로 뺄 수 있다.

뺄 수 없다는 부류
- 전봇대는 불이 붙지 않는다.
- 성냥개비로는 전선을 연결할 수 없다.
- 시멘트로 고정시킨 성냥개비는 없다.
- 크기가 다르다.
- 전봇대는 성냥갑에 들어가지 않는다.

그래서 나머지를 구하는 경우는 '뺄 수 없다는 부류'가 이긴다.

이런 이유로 이 주제는 쉬운 것 같으면서도, 잘 생각해보면 머리를 쓰지 않을 수 없는 어려운 문제이다. 이럴 때에는 아이들의 솔직한 반응으로부터 배운다. 이것이 교훈이다.

3시의 간식과 3시간의 간식

'3시간'과 '(오후) 3시'의 다른 점은 요컨대 '시간'과 '시각'의 차이다. 두 경우 모두 '시간'이라고 하기도 하므로 혼동하기 쉬운데, 구별할 필요가 있다(이런 점은 영어에서도 마찬가지로 'time'은 양쪽을 모두 가리킨다).

'시간'이라는 것은 어떤 행위나 사상事象이 계속되고 있는 동안 흘러가는 지속 길이를 나타내며, '시각'은 어떤 사건이 일어나는 순간이므로 폭이 없다. 지금이라는 그때도 바로 지나가버린다. 이것은 마치 직선 위의 구간과 점에 해당한다고 말할 수 있다.

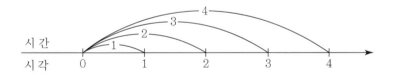

시간이 성가신 것은 길이처럼 눈에 보이는 것이 아니라는 것과 객관적으로 시간은 한결 같이 흐르고 있는데 반해, 주관적으로 꿈속에서 놀고 있을 때는 시간이 빨리 흐르고, 지루해서 시간을 주체 못하고 있을 경우에는 더디게 느껴진다고 하는 차이가 있다는 것이다. '3시간 간식'이라는 경우, 어느 3시간인가는 문제가 되지 않는다. 오후 6시부터 오후 9시까지라도 좋으며, 오전 10시부터 오후 1시까지라도 좋다. 한편, 3시의 간식은 오후 3시에 시작만 하면 몇 시간 걸려도 개의치 않는다. 시간은 지속적인 것이므로 하나의 양

量이지만, 시각은 순간에 붙여진 라벨이므로 공시성 共時性 : synchrony (＝동시성)이 문제가 된다.

그렇다면, 그러한 시각을 왜 정했을까?

그것에는 모든 사람이 승인하는 어떤 시점을 정하고, 그로부터 어느 시간이 지난 시점을 '몇 시'라고 정하는 이외에 아무것도 아니다. 역사상의 기원은 태양이 남중 南中 일 때(이것은 누구라도 알 수 있으므로)를 출발점으로 하고 있지만, 한낮에 날짜가 바뀌는 것이 불편하기 때문에, 1925년부터 12시간 옮겨서 한밤중을 기점으로 정했다.

현재의 시각 결정방법은 1시간의 길이가 항상 같은 정시법 定時法[1]이다. 그러나 1872년 이전의 일본은 농민들의 생활에 맞춰 해 뜰 때부터 해질 때까지를 '낮', 해지고 해 뜰 때까지를 '밤'으로 하고, 각각을 6등분하여 시각을 정했다. 그 한 단락인 1각 刻 은 당연히 계절과 밤낮에 따라 다르다. 이러한 부정시법 不定時法 이 사용되고 있었다. 에도 江戸 시대에는 타종의 수를 한밤중에 9번, 이로부터 1각이 지나감에 따라 한 번씩 줄여서 8번, 7번, …, 4번으로 하고, 낮의 정오부터 다시 9번, 8번, …, 4번으로 했다고 한다. 낮 2시부터 4시라고 하는 것은 종을 8번 울리는 것에 해당하므로, 그 한가

---

1) 주야를 등분한 시법 時法 을 '정시법'이라 하는데, 이는 고대의 천문학자가 계산에 사용한 것으로서, 2세기 무렵 알렉산드리아의 천문학자 프톨레마이오스도 사용하였다. 그리고 14세기 무렵 흔들이 시계가 발명되고 나서부터 차츰 정시법을 사용하게 되었다. 현재처럼 1일을 24등분하는 제도는 바빌로니아에서 유래한다. 바빌로니아에서는 처음 1일을 12등분한 시법을 사용하였는데, 이 시법을 이중시간 二重時間 이라고 한다. 그러나 1일을 12등분 또는 24등분하는 것만으로는 불충분하여 다시 이것을 세분한 단위가 필요하게 되었다. 중국·한국 등에서는 1일 12시를 다시 각 刻·분 分 으로 세분하였고, 유럽에서는 60진법에 따라 오늘날 사용하고 있는 분·초 秒 로 분할하여 사용하였다.

운데의 3시쯤에 먹는 간식을 (옛 시각으로) '오후 3시의 간식'에서 '오후의 간식'이라고 말하게 된 것 같다.

여기서 다음과 같은 문제를 예로 들어보자.

"오후 3시에 간식을 먹기 시작하여, 3시간 먹었습니다. 몇 시까지 먹었을까요?"

오후 3시 + 3시간

= 오후 6시

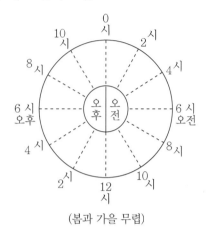

(봄과 가을 무렵)

이것은 '(시각) + (시간) = (시각)'이라는 계산으로, 원래는 그림과 같이 출발점인 오후 0시부터 3시간 지난 오후 3시 시점으로부터 또 한 번 3시간 지나서 먹는 것을 마치는 것이므로, 오후 0시부터

$$3시간 + 3시간 = 6시간$$

이 지난 오후 6시가 정답이 된다.

이러한 계산을 구별하기 위해서는 기호도 바꾸는 쪽이 낫다. 시각은 철도의 시각표를 흉내내어 3:00PM, 시간(이하의 단위)은 60진법이므로 각도의 기호를 유용하여 3°00' 등으로 하면,

3:00PM + 3°00' = 6:00PM   답: 오후 6시

3°00' + 3°00' = 6°00'

가 된다. 여기서, 문제는 시간의 단위이다. 1956년까지는 옛날부터

태양의 움직임, 평균태양일(1년 동안의 태양의 평균속도를 가지고, 적도 위를 등속도운동을 하는 가상의 '평균태양'이 자오선을 통과 南中 해서 다음에 같은 자오선을 통과하기까지의 시간)의 $\frac{1}{24}$ 로 했지만, 그 근원이 되는 지구의 자전이 일정 속도가 아니라 오차가 생기므로 1967년부터는 원자시 原子時(세슘 원자의 어느 방사 放射 주기를 바탕으로 한다.)로 변경되었다.

이것은 자세히 설명하면,

초(s)는 세슘 원자 ^{133}Cs의 기저상태인 두 개의 초미세단위 ($F=4$, $M=0$ 와 $F=3$, $M=0$) 사이의 변이에 대응하는 방사인 91억 9263만 1770 주기의 계속시간

인데, 이 측정 정밀도가 매우 좋으므로, 마찬가지로 어떤 특정한 빛의 파장의 몇 배라고 정해져 있던 미터[2]법의 정의도 1983년부터는

미터(m)는 빛이 진공 중에서 2 9979 2458분의 1초(s) 사이에 나아간 거리

라고 바뀌는 등 영향이 크다.

한편, '시각'은 1958년 1월 1일 0:00 순간을 기점으로 하여 원자시로 잰 시각을 정하고 있으므로, 이 국제원자시(각 刻)와 지구의 자전과의 어긋남은 윤초 閏秒[3] 를 삽입하기나 제거하여 조정하고 있음은 모두 알고 있는 그대로이다.

---

2) 국제단위계 SI 에 따른 길이의 단위이다.
3) 세계시 世界時 와 실제 시각과의 오차를 조정하기 위해 더하거나 빼는 1초를 말한다.

어림수는 대체 어떤 수일까?

　수학 공부에서, 아이들이 '어림'이라는 개념을 어려워한다는 사실을 아는 사람은 적을 것이다. 문부과학성의 학습지도요령[1]에서 계산과 관련하여 적절한 어림을 할 수 있도록 제시하고 있는 어림수·어림 계산의 내용을 통해 이러한 것에 대해 생각해보자.

　우선, 어림수를 사용하여 어림 계산을 하는 것이 초등학생에게 어떤 것일까를 살펴보자.

　다음의 ①에서 ④까지의 수 가운데 304.15×18.73 의 답을 반올림하여 정수로 나타낸 것이 하나 있습니다. 옳은 것을 고르기 위해서 어림 계산을 □ 안에 하세요. 그리고 옳은 번호를 □ 안에 기입하세요.

①　　570
②　　5697
③　　56967
④　569673

어림 계산

올바른 번호

통과율 21.6%　　무응답율 16.4%　　통과율 57.3%

1984년 9월 문부과학성 '교육과정 실시현황에 관한 종합적 조사연구' (대상: 초등학교 5학년 학생)

---

1) 우리나라의 '교육과정'에 해당한다.

어림 계산의 통과율(정답율)이 21.6%라는 것은 이 조사에서 두 번째로 낮은 수치이다. 그럼에도 불구하고, 이 수치라도 꽤 높다는 것을 뒤의 분석에서 알 수 있다.

여러분들은 어떻게 계산을 할 것인가? 참고로, 다음에 문부과학성이 정답으로 제시한 계산의 예를 들어둔다.

어림 계산에 대해서는 계산식과 결과가 모두 해답 예에 일치하는 번호를 기입한다.

어림 계산

(1) $300 \times 20 = 6000 \qquad 304 \times 20 = 6080$
$305 \times 20 = 6100 \qquad 300 \times 18 = 5400$ $\left.\right\}$ 7.9%
$300 \times 19 = 5700$

(2) $304 \times 18 = 5472 \qquad 304 \times 19 = 5776$
$305 \times 18 = 5490 \qquad 305 \times 19 = 5795$ $\left.\right\}$ 11.1%

(3) $304.2 \times 18.7 = 5688.54$
$304.1 \times 18.7 = 5686.67$ $\left.\right\}$ 2.6%

(4) 위의 계산 이외 $\qquad$ 62.0%

그런데 이 조사결과를 보면, 올바른 것으로 '② 5697'을 택한 약 60%의 아이들 가운데, 어느 정도 범위를 넓히면 다른 어느 계산 예에 해당한다는 것에 생각이 미치지 않은 아이가 전체의 약 40%(60%의 약 60%)나 있었다. 데이터를 보면, 이 아이들은 고지식하게 $304.15 \times 18.73 = 5696.7295$로 계산해서 답의 소수 첫째 자리를 반올림하여 5697이라는 수치를 얻었을 것이다. 이것은 '어림'이 아니다. 또 (2)와 같이 계산한 아이들은 '정수인 답을 구하고 있

으므로 정수로 반올림한 후 계산했다'고 생각된다. 그렇다고 하면 본래의 '어림'으로 계산한 것은 후하게 보더라도 7.9% 정도에 지나지 않는다.

어림으로 응용에 강해질 수 있을까?

일본 아이들이 "계산은 강하지만, 응용은 약하다."라는 것은 오래된 이야기다. 그래서 이것이 어림수의 지도 강화로 이어졌다고 한다.

어느 문부과학성 관계자의 말에 따르면 다음과 같다.

응용에 약하다. → 계산 내용이 감각적으로 파악되지 않기 때문이다. → 그것은 수 감각을 동반한 교육이 행해지지 않기 때문이다. → 그것을 익히기 위해서 어림의 지도가 필요하다.

바야흐로 "바람이 불면 통나무집이 돈을 번다."라는 식의 추론이다.

그러나 이러한 사고방법에는 두 가지의 함정이 있는 것 같다. 하나는 어림수·어림 계산이라는 내용이 초등학생에게는 적절하지 않다는 것이다. 초등학생은 정확한 계산을 해서 정확한 답을 내는 것에 열중하는 발달단계에 있으며, '어림'이라는 것에는 대개 익숙하지 않다. 그러므로 이것은 강제해서 실력이 쌓이는 것이 아니라, 아이가 산수를 싫어하게 쫓아내는 것이 될 뿐이다.

또 하나는 어림을 지도함에 따라 응용에 강해진다는 실증實證이 아무것도 없다는 것이다. 응용에 강해지기 위해서는 문제에 나오는 밀도·농도·속도라고 하는 여러 가지 '양量'에 대해서, 체험에 바탕을 둔 인식을 기르는 것과 그것을 산수 용어인 식으로 표현하는 능력이 필요하다.

　그러면 "어림수는 대체 어떤 수일까?"라는 물음에 대한 답으로 다음과 같이 말하고 싶은데, 어떨까?

　어림수는 학습하는 초등학생에게는 일반적으로 서투른, 알기 어려운 수이다!

'속시거'란 뭐야?

    오늘날 초등학생과 중학생 사이에, '속시거'라는 단어가 유행하고 있다는 것을 알고 있는가?

    그것은 속도 공식을 암기하는 방법으로 사용되고 있다.

속 = 속도, 시 = 시간, 거 = 거리

로,

$$(속도) \times (시간) = (거리)$$

이므로 '속×시＝거'이다. 즉 '속시거'이다.

    예를 들면, 아래 그림과 같이 적어

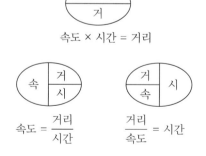

속도 × 시간 = 거리

속도 = $\dfrac{거리}{시간}$ $\dfrac{거리}{속도}$ = 시간

이라는 공식으로 응용한다.

    조선왕조계보를

태정태세문단세예성연중인명선광인효현숙경영정순헌철고순

으로 기억하는 것과 유사하다. 즉 괴로운 나머지 암기할 뿐인 것으로, "왜 그렇게 되는가?" 하는 것과는 관계가 없다.

"시속 60km인 자동차가 180km를 달리기 위해서는 몇 시간이 걸릴까?"라는 문제가 주어졌을 때, 아이들은 속시거의 그림을 그리고, '$\frac{거리}{속도}$ = 시간'이므로 '$\frac{180}{60}$ = 3 (시간)'이라고 답을 낸다.

속시거에서 중요한 것은 속도라는 것이 어떤 양이며 거리나 시간과 어떠한 관계가 있을까를 이해하는 것임은 말할 것도 없다.

승용차 사회에 사는 어른들은 행복일지 불행일지, 이 3자(속도, 거리, 시간) 사이의 관계를 잘 알고 있다.

"지금 속도계의 바늘이 60km/h를 가리키고 있다. 이대로 1시간 드라이브하면, 60km를 간다. 그러므로 180km를 가기 위해서는 3시간이 걸린다."라는 관계는 머릿속에서 바로 생각된다.

| 1시간 | 1시간 | 1시간 |
| 60km | 60km | 60km |

그러나 이런 경험을 한 적이 없는 아이들에게는 간단한 테스트 문제일 뿐, 즉 의미는 어찌되었든 간에 정답을 찾기 위해서 '속시거'로 외워서 사용할 뿐이다.

이런 학습법이 좋은 것인지 생각하게 하는 이야기이다.

빌려도 갚지 않는 할아버지 꼴의 뺄셈

장면 1 : 불가사의한 아이의 방

벌써 어두어지려 하는데, 불빛이 전혀 보이지 않는다. 발은 마치 납덩이 같이 무거워진다. 문득 먼 곳에서 어렴풋이 불빛이 보인다. 살았다! 마지막 힘을 쥐어짜내 걸음을 서두르니, 이윽고 여러 개의 방이 있는 건물이 보였다.

가장 가까운 방의 문을 여니, 안에는 무척 귀여운 아이가 앉아 무엇인가 네모난 것을 즐거운 듯 열심히 헤아리고 있다.

"1, 2, 3, …, 9. 9개나 모았다!"

살짝 말을 건네 보았다.

"미안합니다만, 여행 중인데 하룻밤 묵어갈 수 있을까요?"

그 아이는 얼굴도 들지 않고, 즐겁게 몇 번이나 반복해서 그 네모난 것을 헤아리며 "예, 들어오세요."라고 대답했다.

"아까부터 무엇을 헤아리고 있나요?"

"이 보물을 모르나요? 이것은 '마법의 타일'이에요. 마을 사람들이 가지고 온 타일을 이렇게 모으는 것이, 우리 집의 오락거리이자, 일이지요."

"이거, 실례했네요. 그런데 가족은 어디 계시나요? 인사를 드려야 할 텐데."

"옆방에 아버지가 계십니다만, …"

바로 그때 문을 두드리는 소리가 났다.

⚙️ 장면 2 : 마법의 타일

"타일을 3장 가지고 왔어요."

집 입구에는 마을 사람이라고 생각되는 남자가 싱글벙글하면서 서 있었다.

"그래요? 고맙습니다. 하지만 모처럼 9개나 모았는데 …."

마을 사람이 타일을 3개나 가지고 왔는데도 불구하고, 그다지 기뻐하지 않는다고 생각하고 있는데, 내 눈 앞에서 묘한 일이 일어났다. 마을 사람이 가지고 온 3개 가운데 1개의 타일이 아이가 가지고 있던 9개 타일 쪽으로 확 빨려 들어갔다고 생각하는 순간, 눈부실 듯한 빛을 냈고 그 반짝임이 사라지는 순간에, 10개의 타일은 하나의 가늘고 긴 타일로 변신했다. 아이는 그 막대 타일을 가지고 일어서서 방을 나갔다.

잠시 뒤에 방으로 돌아온 아이에게 일의 연유를 물으니,

"저 막대는 옆 방에 있는 아버지께 드렸어요. 이 타일은 10개가 모이면 1개로 변해버리고, 그것은 옆에 있는 아버지 방에 가지고 가도록 정해져 있어요."

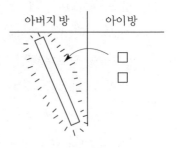

아이는 남은 2개의 타일을 보면서, 서운한 듯 웃으면서 말했다.

"그렇다면, 이 방에는 9개까지만 모을 수 있나요?"

"네, 오늘은 그래도 2개가 있지만, 정확히 10개가 되었을 땐, 한 개도 남지 않고 0이 되어버려요."

조금 전까지 싱글벙글하였던 것은 9개가 있어서였구나라고 생각하면서 물었다.

"그러면 아버지 방에는 그 막대가 제법 모여 있겠네요. 좋으시겠어요."

"아니에요. 아버지도 저와 마찬가지예요. 막대가 10개 모이면, 번쩍 빛이 나고, 큰 1장으로 변해서 …"

"설마, 또 옆방으로 …!?"

"네. 옆에 있는 할아버지 방으로 보내게 되어 있어요. 그래서 아버지 방에도 9개까지만 모을 수 있어요."

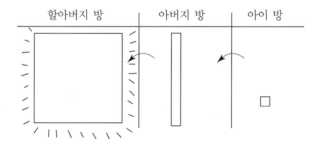

🪙 장면 3 : 아버지의 방으로 …

이때, 문을 세게 두드리며, 마을 사람이 숨을 헐떡이며 찾아왔다.

"아이가 병으로 죽을 것 같아요! 타일을 5개 줄 수 없을까요?"

"뭐라고요! 그렇지만 저에게는 지금 2개밖에 없는데. 2개로 될까요?"

"5개가 필요한데. 그렇지 않으면, 우리 아이는 …!!"

엄마는 울며 주저앉았다.

"무슨 일입니까?"

"이 타일에는 불가사의 한 힘이 있어서, 병을 고칠 수 있어요. 마을 사람이 꼭 필요로 할 때는 되돌려주도록 되어 있는데 …. 지금, 저는 2개밖에 가지고 있지 않아서 …"

엄마는 더욱더 흐느껴 울 뿐이고, 아이는 축 처져 있었다.

"뭔 말을 하고 있는 거야. 옆에 있는 아버지 방에는 10개의 타일이 있잖아. 잠시 빌려 오렴!"

무심결에 나는 외쳤다.

나는 아이의 손을 잡고 방을 뛰어나와 옆에 있는 방으로 뛰어들어갔다. 거기서 본 것은 아무것도 없는 방에 쓸쓸히 앉아 있는 아버지의 모습이었다.

"뭐야, 이게!!"

"그렇구나. 아까의 한 개로 아버지의 막대도 정확하게 10개가 되어버려서, 할아버지 방으로 가버렸구나."

"그래, 내 방은 지금 0이야. 그건 그렇고, 아들아, 무슨 일이니? 그래, 벌써 막대가 생겼구나!?"

"아니요, 아버지. 사실은 …"

장면 4 : 할아버지의 방으로 …

이야기를 들은 아버지는 결의에 찬 얼굴로 천천히 일어섰다.

"그럼, 내가 할아버지에게 부탁해보마."

"뭐라고요. 할아버지에게서 빌린다고요?"

아버지는 긴장한 얼굴로 방을 나갔다. 나는 그 뒤를 따랐다. 입구에 '100'이라고 크게 적힌 방에는 수염이 있는 노인이 싱글벙글 하면서 큰 타일을 닦고 있었다. 아버지는 할아버지에게 호소하기 시작했다.

"자비로운 할아버지, 저에게 타일을 1장 빌려주십시오. 실은…"

이야기를 들은 할아버지는 눈물을 흘리면서, 2장 가운데 1장을 아버지에게 내밀면서 말했다.

"가지고 가렴. 서둘러야지 …"

아버지는 즉시 자기 방으로 그 1장을 가지고 돌아왔다. 그러자 바로 빛이 나고, 10개의 막대 타일로 분해되었다.

"서둘러, 아들아. 이 1개를 가지고 가거라."

아이는 1개를 아버지로부터 받아서, 바로 자기 방으로 돌아왔다. 그것이 빛났고, 10개의 타일로 분리되어 그 가운데 5개를 마을 사람에게 건넸다.

"휴, 잘 됐다. …"

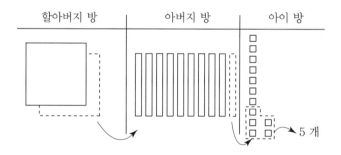

"그러게요. 이렇게 해서 이 방에도 7개의 타일이 남았군요."

"그러고 보니, 아버지 방에는 9개나 남아 있겠네요. 분명히 아버지, 기뻐하고 계실 거야. 정말 멋있어. 멋있어."

"하지만, 걱정되네요. 할아버지에게서 빌린 1장, 돌려주지 않아도 되나요?"

나는 약간 심술궂게 아이에게 물어보았다.

"어려울 때 빌린 것은 돌려주지 않아도 되는 것 아닌가요? 당신도 이 방에 들어왔을 때, '방을 빌려주세요.'라고 말했지만, 방을 되돌려줄 건가요?"

"과연, 하하하."

🪙 잠에서 깨어나니 …

"일어나요. 아빠! 일어나세요."

벌떡 일어나니 아이의 모습이 있다.

"또, 타일이 모자란 거야? …"

"네?! 잠이 덜 깼나 봐요. 오늘은 숙제를 가르쳐 준다고 약속했잖아요. 앉아서 조는 것은 안 돼요! 이거, 이 '202 − 5' 문제. 일의 자리인 2에서 5를 빼지 못하므로, 십의 자리에서 빌리고 싶은데, 십의 자리가 0이라서 …. 음, 어떻게 하면 될까요? 가르쳐줘요, 아빠!"

"그래, 알았다. 이것은 '빌려도 갚지 않는 할아버지 꼴의 뺄셈'이라고 해야 하나?!"

"예?! 뭐라고요?"

"응, 결국은 말이지 …."

오늘은 우리 아이에게도 잘 가르쳐줄 수 있을 거 같은 생각이 들었다.

답은 접시이다. 접시를 깨뜨리면 파편의 개수가 많아지기 때문이다.

이것은 재치 있는 문답이지만, 또 하나는 $3 \div 0.1 = 30$처럼 1보다 작은 수로 나누는 나눗셈이 답이다.

많은 초등학생들이 이것을 이상하게 생각할 것이다. 여러분도 왜 그럴까 생각해보지 않겠는가? 이제 초등학생, 동심으로 돌아가서 출발!

÷2나 ÷3에서는 답이 작아진다

아이들은 나눗셈을 하면, 답이 작아진다고 생각한다. 분명히 2, 3, 4 등의 정수로 나누면, 답(몫)은 언제나 나누어진 수보다 작아진다.

교과서에서도 처음에는 "세 사람에게 같은 수만큼씩 나눈다.", "한 사람에게 3개씩 나눈다."와 같이 같게 나눈다는 것을 나눗셈이라고 하므로, 그렇게 생각하는 것도 무리는 아니다. 그런데 '÷ 소수'가 되면, 나눗셈은 같게 나눈다고 하는 의미 부여만으로는 설명이 안 된다. 등분의 이미지에서 멀어지게 된다.

그래서 나눗셈이란 '1에 해당하는 양'을 구하는 연산이라는 의미 부여를 학습해보자.

2.73dℓ의 페인트를 넓이 2m²인 판에, 어디나 똑같은 농도가 되도록 칠했다. 1m²마다 페인트는 몇 dℓ 사용되었는가?

$$2.73dℓ ÷ 2m² = 1.365dℓ/m²$$

답: $1.365dℓ/m²$

(전체의 양) ÷ (몇 개) = (1에 해당하는 양)

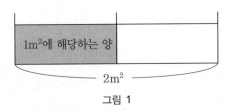

그림 1

회색 부분이 1m²당 페인트 양, 즉 1에 해당하는 양이다. 나누어지는 수인 2.73에 대해, 몫은 1.365로 작아진다.

이어서 두 번째 문제와 세 번째 문제를 보자.

2.73dℓ의 페인트를 넓이 1.3m²인 판자에, 어디나 똑같은 농도가 되도록 칠했다. 1m²당 페인트는 몇 dℓ 사용되었는가?

$$2.73dℓ ÷ 1.3m² = 2.1dℓ/m²$$

답: $2.1dℓ/m²$

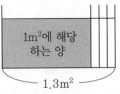

그림 2

이처럼 ÷2, ÷1.3 등에서도 역시 몫은 1m² 당의 페인트의 양, 즉 1에 해당하는 양을 구하는 계산이다. 이 경우도 몫은 나누어지는 수보다 작게 된다. 그러나 ÷2, ÷1.3으로 나누는 수가 작아짐에 따라 몫은 커져간다. 그림 1과 그림 2의 $1m^2$에 해당하는 양을 비교해보면 알 수 있다. 즉 그림 2는 사용하는 페인트를 수조에 넣었다고 생각하고, $1m^2$를 칠할 페인트를 회색으로 나타내고 있는데, 페인트의 높이가 그림 1보다 그림 2가 높게 되어 있다.

이제 똑같은 페인트를 $1m^2$인 판자에 칠한다고 하면, 몇 $d\ell$의 페인트가 사용될까?

$$2.73d\ell \div 1m^2 = 2.73d\ell/m^2$$

답: $2.73d\ell/m^2$

$\div 1$인 경우, 나누어지는 수와 몫의 크기가 같아진다. 그래서 몫은 또 크게 된다. 즉 그림 3의 페인트의 높이는 앞의 두 번째 예보다 크다.

$2m^2$, $1.3m^2$, $1m^2$인 경우, 모두 1에 해당하는 양을 구하고 있다. 같게 나눈다는 것과는 조금 다르다.

🪙 $\div 0.7$에서는 몫이 커진다? 거짓말!!

> $2.73d\ell$의 페인트를 넓이 $0.7m^2$인 판자에, 어디나 똑같은 농도가 되도록 칠했다. $1m^2$당 페인트는 몇 $d\ell$ 사용한 것이 될까?

자, 드디어 나눗셈을 하면, 답(몫)이 나누어지는 수보다 커져버리는 문제가 등장했다.

전체 양은 $2.73d\ell$, 몇 개인가는 $0.7m^2$, 구하는 것은 1에 해당하는 양이다. 1에 해당하는 양을 구하는 것이므로, 틀림없이 나눗셈

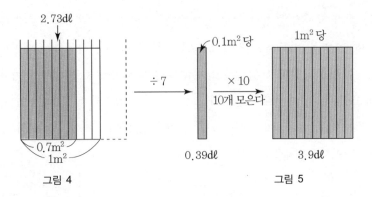

그림 4   그림 5

이다. 식을 세우면,

$$2.73\text{d}\ell \div 0.7\text{m}^2$$

가 된다. 그렇다면 '$2.73 \div 0.7$'의 계산은 어떻게 하면 될까? 그림 4를 생각해보자.

어디에 초점을 맞추면 될까? 눈에 보이는 것은 $2.73\text{d}\ell$가 0.7m^2에 칠해진다는 것이다. 0.7m^2는 0.1m^2가 7개이라는 것에 주의한다. 먼저, 0.1m^2의 페인트 양을 나타내면 된다. 0.1m^2은

$$2.73\text{d}\ell \div 7 = 0.39\text{d}\ell$$

이다. 구하는 것은 '1m^2'이다. 따라서 그림 5로 시선을 돌리자. '1m^2은 0.1m^2을 10개 모은' 것이다. 그러므로 1m^2은

$$0.39\text{d}\ell \times 10 = 3.9\text{d}\ell$$

가 된다.

어라, 답(몫)이 나누어지는 수보다 커졌네? 나눗셈에서는 몫이 작아지는데 ….

다시 한번 그림 4와 그림 5를 점검해보자.

2.73㎗의 페인트를 1보다 작은 $0.7m^2$에 칠했다. 그런데 구하는 것은 $0.7m^2$보다 넓은 $1m^2$이다. 그러므로 당연히 몫은 2.73㎗보다 크게 된다. 몫 3.9㎗는 틀린 것이 아니다.

🚲 그렇다면 나눗셈이란 무엇일까?

어느 초등학교에서 일어난 일이다. 5학년 여학생이 발을 동동 거리며 호소했다.

"나눗셈은 몫이 작아진다고 배웠는데 1보다 작은 수로 나누면, 몫이 커진다니, 무슨 말인지 모르겠어요!!"

3학년에서 나눗셈을 '같게 나눈다'라고만 가르치면, 당연히 이런 당황스러운 일이 일어난다. '÷1.3'일 때는 몫이 작기 때문에 괜찮았지만, '÷0.7'에서는 그릇된 결과를 가져오게 된다. 여학생의 의문은 이러한 사실에 따른 것이다.

1에 해당하는 양을 구하는 계산이 나눗셈이라고 의미 부여를 하면, 일관되게 생각할 수 있어 이러한 혼란을 막을 수 있다.

이렇게 해서 가까스로 다음과 같이 말할 수 있다.

나누었음에도 불구하고 크게 되는 것은 1보다 작은 수로 나눈 답이다!!

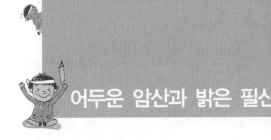

어두운 암산과 밝은 필산

암산, 싫어요!

수를 계산하는 방법인 암산과 필산에는 원래 좋고 나쁘고와 같은 의미는 존재하지 않는다. 그렇지만, 계산을 처음 배우는 아이들은 어떨까?

초등학생에게 "암산과 필산, 어느 쪽이 좋아?"라고 물으면, "필산이요."라는 응답이 돌아오는 것이 보통이다. 이유는 "필산은 간단하지만, 암산은 어렵기 때문에 …", "암산은 번거로워서 …", "암산은 어려운 계산이지만, 필산이라면 즐겁게 할 수 있으므로 …" 등이 있다.

대부분의 교사들은 아이들이 암산보다 필산을 잘 한다는 것을 알고 있다. 그러나 '교과서나 지도서에 있기 때문에', '생활할 때 자주 사용하기 때문에', '자신도 그렇게 해왔으므로' 등의 이유로 교과서대로 두 자릿수의 가감에 이르기까지 암산 지도를 하고 있는 것이 현실이다.

그 결과 "계산은 싫어요."라고 하는 아이들이 늘어간다. 합격도장에 따른 경쟁과 보충수업이라는 이름의 개별지도 그리고 반복학습 등을 열심히 하면 할수록, 더욱더 "산수는 싫어요."가 증가하는 악순환이 되어, 많은 아이들에게 "암산은 어둡다."라는 이미지가 생긴다.

🎖 기초암산의 중요성과 양에 바탕을 둔 지도의 중요성

위에서 이야기한 것처럼, 과도한 암산 지도는 마이너스이다. 그렇다고 해서, 암산을 전부 부정하는 것도 경솔한 생각이다. 그림과 같이 필산 가운데에도 '받아 올리기', '받아 내리기', '곱셈 구구'의 암산은 필산에 불가결하다.

'받아 올리기', '받아 내리기', '곱셈 구구'는 중요한 기초암산이라고 할 수 있다. 그러나 기초암산이 아무리 중요하더라도, 처음부터 전부 암기한다는 것은 그리 좋은 것이 아니다. 일에는 순서가 있다. 그

$$\begin{array}{r} 77 \\ \times\ 78 \\ \hline 616 \\ 539\ \ \\ \hline 6006 \end{array} \qquad \begin{array}{r} 267 \\ 34\overline{)9104} \\ 68\ \ \ \\ \hline 230 \\ 204 \\ \hline 264 \\ 238 \\ \hline 26 \end{array}$$

러면 전부 암기하지 않고서 이들 기초암산을 외우려면 어떻게 해야 할까?

먼저, 아이들이 연산의 의미를 파악하지 않으면 헛일이다.

	덧셈	뺄셈	곱셈
의 미	합병	나머지 구하기	(1에 해당하는 양, 몇 개) → (전체 양)

계산은 정사각형 한 개를 1로 하는 타일 등을 사용하여 구체적인 양과 필산의 상호관계를 이미지할 수 있는 것이 필요하다.

중요한 것은 '틀렸다든지, 잊어버렸다든지 했을 때, 되돌아가서 생각할 줄 아는 것'을 아이들이 유념해야 한다는 것이다. 되돌아갈 수 있는 곳이 있다면, 안도감으로 연결된다. 암산에는 이런 장점이 없다.

받아 올리기, 받아 내리기의 필산을 할 수 있게 되면, 아이는

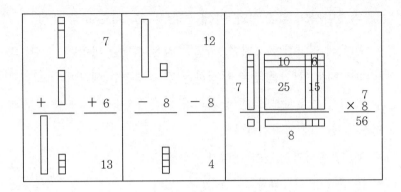

즐겁고 의욕이 생긴다. 반복 학습조차도 재미있어진다.

그래서 자신이 붙고, 저절로 필산 형식이 기초암산으로 변화한다.

계산에 자신을 가진 아이들의 얼굴은 모두 밝다.

어떤 셈 막대의 향방

🎏 산수 도구상자

3 더하기 2는 어떻게 5가 될까? 겨우 수를 알기 시작한 아이에게 어떻게 설명하면 알기 쉬울까?

"사과 3개에 사과 2개. 합치면 몇 개?"

라고 물으면, "5개"라는 답이 돌아올 것이다. 실제로 사과(구체물)가 있으면, 4~5세 아이라도 그것을 헤아려서 올바른 답을 구하는 것이 가능할지도 모른다.

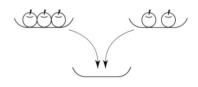

그러나 이것이 언제, 어떠한 장면에서도 형식적으로

$$3 + 2 = 5$$

가 성립한다는 것을 보증하는 것은 아니다. 사과에서는 성립하는 것이 지렁이에서도 성립한다고 한정할 수 없다. 액체량 등의 연속량에서의 합이라면 더욱 그러하다.

이것은 실제로 덧셈 이전의 문제이기도 하다.

"3에 대해 설명해보세요."

라고 요구받았을 때, 어떻게 설명할 것인가? 사과 3개나 자동차 3

대, 또는 사람 3명이라면 설명을 잘 할 수 있다. 구체물을 보이면 된다. 그러나 '3'에 대한 설명은 되지 않는다. 초등학교 1학년 정도 에서는 코끼리 3마리와 개미 3마리에서 코끼리 쪽이 많다고 답하 는 아이도 꽤 있다. 크고 작음과 많고 적음을 아직 혼돈하고 있으 며, 인지적으로 분리되어 있지 않다.

사과 3개, 자동차 3대, 사람 3명 등

일대일로 대응하는 집합의 원소에 공통인 크기로서 수가 주어진다.

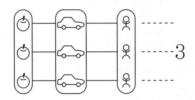

그러나 (조금 전의 코끼리와 개미의 예에서도 볼 수 있듯이) 추 상도가 높은 '수'라는 개념과 구체물 사이의 차이가 너무나도 크기 때문에, 두 개의 사물 사이에 반구체물을 넣는 것이 좋다. 이용할 수 있는 구체물로는

계산 막대, 구슬, 색칠한 판, 돈, 타일

등이 있다. 이러한 반구체물은 초등학교에 입학할 때, 수학도구상 자에 반드시 들어 있다.

계산 막대

계산 막대는 플라스틱 제품으로, 성냥개비 정도의 크기이다. 학 교에서는 소지품에 반드시 이름을 적도록 하고 있는데, 이 작은 계산 막대도 예외는 아니다. 매우 고생해서, 성냥개비와 같은 계산 막대 수 십자루에 한 자루 한 자루 이름을 적었던 기억을 가진 사람이 많을 것이다.

이러한 고생을 거친 계산 막대인데, 유감스럽게도 그다지 유효하게 활용되고 있다고는 말하기 어렵다. 그것은 반구체물의 중요성을 가르치는 쪽이 경시하기 때문이라고 생각한다.

우선, 일본 아이들은 어릴 때부터 수를 수월하게 소리 내어 외웠다. 예를 들면, 목욕을 하면서 백까지 헤아린다(이것을 '목욕탕 산수'라고 한다). 그 때문에 수사數詞를 외우면, 수의 의미를 알고 있다고 대개 착각하고 있다. 이러한 이유로, 구체물에서 추상적인 수로 나아가는 데 있어 중요한 매개가 되는 계산 막대는 상자 안에서 잠자게 된다.

아이들에게 이런 반구체물이야말로 (추상적인) 수라는 존재를 보증해줄 중요한 버팀목이다. 이를테면, 무수한 구체물의 집합을 대표하므로 다음 그림처럼 표현할 수 있다.

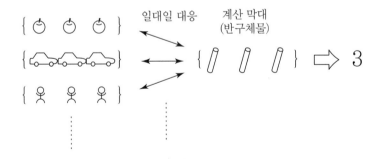

그렇다면, 이러한 보증을 받지 못한 아이들은 어떻게 될까? 암기가 뛰어난 아이는 계산도 열심히 암기해 간다. 그리고 어느 날 갑자기 계산이 되지 않게 된다. 그 이상은 암기로 계산이 불가능하게 되는 그때, 할 수 없게 되는 것이다.

그렇다면 암기가 서투른 아이는 어떻게 할까? 가장 가까이에 있는 것을 사용하게 되는데, 그것은 손가락과 발가락이다. 수가 작은 범위 안에서는 손가락이나 발가락을 사용하는 것으로 충분히 잘할 수 있다. 그러나 슬프게도 손가락, 발가락의 수는 기껏해야 20개밖에 없다. 수가 크면, 대처할 수 없게 되어버린다.

우리들이 오늘날 사용하고 있는 수사의 구조는 10진법이다. 그것은 10개 모으면, 한 덩어리가 되는 구조이다. 그래서 계산 막대를 사용할 때, 10개를 한 묶음으로 한다.

예를 들어 34이면,

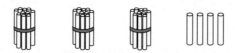

이다. 이거라면 암기하거나 손가락과 발가락을 사용하는 것보다 훨씬 편리하고 알기 쉽다.

그런데 이것을 304로 쓰는 아이가 나온다. 생각해보면 이것은 당연하다. 국어 수업에서는 문자를 읽는 대로 쓴다. 또는 쓰인 대로 읽으라고 배운다. 10개 묶음이 3개로 30이라고 쓰게 되고, 이를 읽는 대로 쓰면, '삼십사 三+四'는 304라는 것이다. 이러한 것은 산용 算用 숫자(인도·아리비아 기수법)의 큰 특징이기도 한 자릿수의 원리를 모르기 때문에 일어나는 오류이다. 사실은 3묶음과 4개이므로 34로 쓰는데, 계산 막대에서는 10개인 한 묶음이 훤히 보이기 때문에 30이라고 보여서, 이러한 실수가 일어난다. 구슬도 마찬가지이다.

🔖 타일

색칠한 판이나 돈이라면 이런 결점을 덮을 수 있을 것 같다. 예를 들면, 색칠한 판으로는 1의 자리는 빨간색(적 赤), 10의 자리는 노란색(황 黃), 100의 자리는 푸른색(청 靑)이라고 한다(교통신호!). '삼십사'라면,

⬤황 ⬤황 ⬤황　　　⬤적 ⬤적 ⬤적 ⬤적

이 되어

　　　　　　3　4
　　　　　　황　적

이라고 쓸 수 있게 된다.

그러나 이것에도 결점이 있다. 왜 노란색 1개가 빨간색 10개인가에 대한 설명을 하지 않고 있다. 이 점에 대해서만 말하자면, 한 묶음이 정확히 10개였던 계산 막대 쪽이 오히려 적절하다고 할 수 있다.

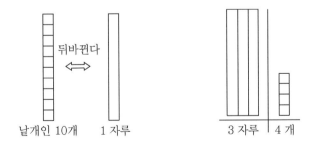

낱개인 10개　　1 자루　　　　　3 자루 ┃ 4 개

10개 모으면 1개로 뭉쳐지고, 게다가 변신하는 필연성이 있는 반구체물은 없을까? 실제로, 정사각형을 1로 보는 타일이라면, 그것이 가능하다. 네모이므로 결집이 용이하다. '삼십사'를 34로 쓰

는 것도 그림처럼 간단하게 설명할 수 있다. 또 네모이므로 계산 막대보다 훨씬 다루기 쉽다.

　　신입생의 도구상자에는 두꺼운 마분지로 만든 타일을 넣는 쪽 이 효과적이라고 생각하는데, 어떨까?

5는 정말로 편리한 수

5를 하나로 묶어보자

그림 1을 주고 "몇 개 있습니까?"라고 했을 때, 순간적으로 답하는 것은 어른도 어렵다. 이럴 때, 그림 2처럼 5개를 하나로 묶으면 어떻게 될까? 5개와 2개이므로 7개라고 직관적으로 답할 수 있다.

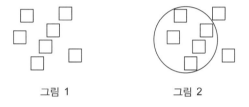

그림 1   그림 2

우리들은 10을 하나로 묶는다는 것을 매우 당연한 것처럼 생활하고 있다. 그러나 5를 모은다는 생각도 상당히 옛날부터 있었으며, 인간이 자연스럽게 생각해낸 매우 훌륭한 지혜라고 할 수 있다.

예를 들면, 주판의 다섯 알은 5를 하나로 묶음에 따라 굉장히 합리적으로 수와 계산을 나타낼 수 있다. 아주 가까운 예로 돈을 생각할 수 있다. 100원과 1000원 사이에 500원이 있는데, 만일 500원이 없으면

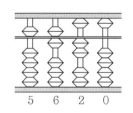

매우 귀찮게 된다. 800원은 100원짜리 동전을 8개 헤아려야 되는데, 500원짜리 동전이 있기에 500원짜리 동전 한 개와 100원짜리

동전 3개면 된다. 1,000원과 10,000원 사이에 5,000원, 10,000원과 100,000원 사이에 50,000원이 있다. 덕분에 인간생활이 대단히 편리하게 되었다고 말할 수 있다. 그밖에도 시계의 문자판 등을 조금 주의 깊게 바라보면, 우리 주변에서 '5'를 많이 발견하게 된다.

인간이 직관적으로 셈을 할 수 있는 수는 보통 4 또는 5 정도까지라고 한다. 이 5를 기본으로 해서, 6 이상의 수를 생각해보자. 예를 들면, 다음 그림의 왼쪽처럼 5와 3으로 모음으로써, 3의 부분에만 착안해 8을 이해할 수 있다.

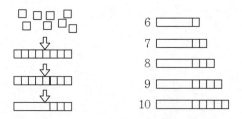

5와 1로 6, 5와 2로 7, 5와 3으로 8, 5와 4로 9, 5와 5로 10이라는 수를 외우는 방법은 수를 기억해가는 초기 단계(유치원과 초등학교 1학년 1학기)에서 매우 유효하다고 한다.

덧셈에 대해서는 어떨까?

덧셈을 생각해보자. 받아올림이 있는 한 자리의 수 계산을 할 때, 아이들이 가장 틀리기 쉬운 것이 '6 + 7'이다. "6을 10이 되게 하기 위해서 7에서 4를 가지고 와 10을 만든다. 그러면 나머지가 3이므로 13이다."라는 것이 많은 사람들이 배운 방법일 것이다. 이것은 아는 아이에게는 쉽지만, 3분의 1 정도의 아이는 중도에서 실패한다고 말할 만큼 어려운 것이다. 뺄셈이 개입되어 있기 때문이다.

그러나 5를 기본으로 해보면 "5와 5에서 10이 생기고, 낱개가 1과 2이므로 3, 전부 13이다."가 된다. '6＋7'의 계산을 하지만 아이들의 머릿속에는 '1＋2'의 계산이 이루어지고 있다.

가장 어려운 문제가 가장 쉬운 문제로 바뀌어버린다.

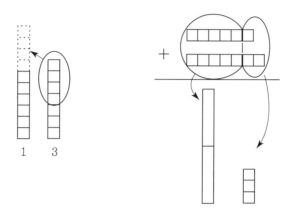

받아올림이 있는 덧셈에서는 10을 만들고, 받아내림이 있는 뺄셈에서는 10을 분해하는 것이 필요하다. 그것을 위해서는 10을 만드는 것이 9쌍, 분해하는 것이 9쌍, 전부 18쌍(1과 9이면 10, 2와 8이면 10, …, 10은 1과 9, 10은 2와 8, …)을 기억하지 않으면 안된다. 한편, 5를 만들고 남은 부분에 주목하면 그 쌍은 반 이하로 줄며, 게다가 다루는 수는 1~4로 직관적으로 파악할 수 있는 수가된다. 이것은 아이들의 부담을 많이 줄여주는 것이 된다.

곱셈에 대해서는 어떨까?

'7×4'를 생각해보자. 구구단 가운데 꽤 어려운 것으로 오답이 많이 나오는 문제다. 이것을 그림처럼 5로 묶으면, 5가 4개이므로 20, 낱개가 8개이므로 '7×4 = 28'이라는 것이 시각을 통해서 비교적 용이하게 확인된다. 구구단을 잊은 때에도 간단한 그림으로 바로 생각해낼 수 있다.

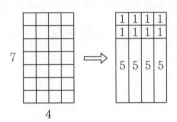

이것은 '7×4'에만 국한된 것이 아니라, 아이들이 비교적 알기 쉬운 2단과 5단에 대해서도 유효하다.

예를 들면, '2×7'이나 '5×6' 등에서도 그림과 같이 여러 가지 궁리를 할 수 있다.

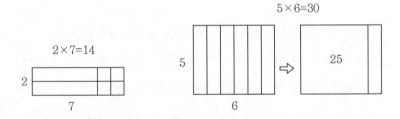

또 이러한 그림은 생각하는 단계뿐만 아니라, 외우는 단계에서도 매우 인상 깊게 기억된다.

💰 나눗셈에도 물론 사용할 수 있다.

나눗셈은 덧셈·뺄셈·곱셈과는 달리, 몫을 구하는 것이 어렵다. 몇 번이나 가상의 몫을 구해보고 수정해 가지 않으면 안 된다. 이 경우에도 5를 발판으로 하면 상당히 노력이 절약된다. 예를 들어,

$$333 \div 7$$

을 계산해보자. 먼저 33÷7을 하자. 몫으로 제일 먼저 5

를 세워보면, 5─7─35로 너무 크다. 그래서 1 줄여서 4

를 세운다. 그 다음의 나눗셈은 53÷7인데, 이번에는

5─7─35로는 부족하므로 가상의 몫을 6, 7로 늘여본다.

```
        47
    7 ) 333
        28
        53
        49
         4
```

결국, 먼저 5를 세워 보고 너무 크면 4, 3, …으로 줄이고, 너무 작으면 늘여가는 것이다.

이렇게 하는 것은 5가 1에서 9까지의 수 한가운데 있기 때문이다.

관점을 바꾸면 새로운 길이 보일지도 모른다

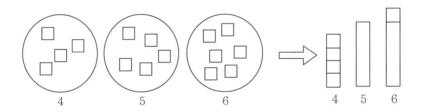

4와 5와 6은 1 많은가 적은가의 차이일 뿐으로 본질적인 차이는 없다. 그러나 일단 5를 한 묶음으로 보면 4와 5와 6은 위의 그림처럼 5를 기본으로 한 새로운 인식이 가능하게 된다.

5는 정말로 편리한 수이다!

구구표 놀이

표를 보지 않고 다음 물음에 답해보세요.

"구구단에서, 일의 자리가 전부 다른 단段은 어느 단일까?"

빨리 답할 수 있는 사람은 적을 것이다. 그래서 구구표를 보면 (세로로 보면, 보기 쉽다), 1, 3, 7, 9로 4개의 단이 있다.

a×b	0	1	2	3	4	5	6	7	8	9
0	0	0	0	0	0	0	0	0	0	0
1	0	1	2	3	4	5	6	7	8	9
2	0	2	4	6	8	10	12	14	16	18
3	0	3	6	9	12	15	18	21	24	27
4	0	4	8	12	16	20	24	28	32	36
5	0	5	10	15	20	25	30	35	40	45
6	0	6	12	18	24	30	36	42	48	54
7	0	7	14	21	28	35	42	49	56	63
8	0	8	16	24	32	40	48	56	64	72
9	0	9	18	27	36	45	54	63	72	81

각 단의 답에서 일의 자리

1단과 9단은 서로 답의 일의 자리가 거꾸로 되어 있다. 표를 확장하여 10, 11, 12, …단을 만들어도, 서로 반대로 돈다.

1단 : 0 → 1 → 2 → 3 → 4 → 5 → 6 → 7 → 8 → 9를 반복

9단 : 0 → 9 → 8 → 7 → 6 → 5 → 4 → 3 → 2 → 1을 반복

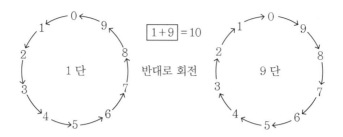

3단과 7단의 일의 자리는 다음과 같이 3개의 눈금마다 나타난다(○는 나오는 차례를 나타내는 숫자).

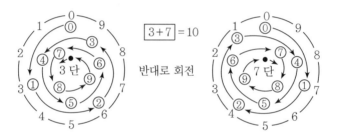

그렇다면 다른 단은 어떤가? 더해서 10이 되는 것을 실마리로 비교해보자.

2단과 8단은 홀수 1, 3, 5, 7, 9를 뛰어넘고, 2개의 눈금마다 나타난다.

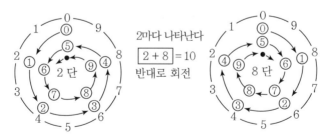

4단과 6단도 마찬가지로 홀수를 뛰어넘고, 4개의 눈금마다 나타난다.

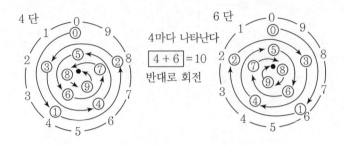

그러면 5단과 0단은 어떻게 될까?

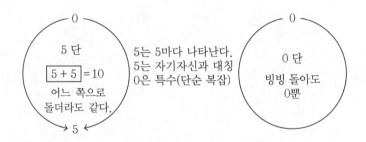

일의 자리만 생각하는 것은 곱을 10으로 나눠서 나머지만을 문제로 한 것으로, 그렇게 하니 이런 재미있는 성질이 나타났다.

구구표의 불가사의

이번에는 가로와 세로(행과 열)를 잘 살펴보자. 구구의 답(곱)이 같은 경우가 많이 있다.

① 교환법칙 $a \times b = b \times a$

구구표의 왼쪽 위의 곱 0에서 오른쪽 아래의 곱 81까지 대각선을 그어서, 그 선대로 접어보자. 그러면 겹친 곳의 두 수의 곱은 같은 수임을 알 수 있다. 예를 들어, 2×7과 7×2는 모두 14이다. 그러므로 $2 \times 7 = 7 \times 2$이다. 이것을 수학에서는 곱셈의 교환법칙이 성립한다고 한다. 다른 곳도 모두 그렇다. 예를 들면, 8×6과 6×8, 6×3과 3×6 등이다.

그렇다면 대각선 위의 곱인 0, 1, 4, 9, 16, 25, 36, 49, 64, 81은 어떤가? 예를 들어, 49는 $49 = 7 \times 7$이므로 교환법칙이 성립하는 것은 분명하다. 대각선 위에 늘어선 이들 수를 제곱수라고 한다.

② **세제곱수가 숨겨져 있다(♩자 형의 비밀).**

그럼 세제곱수 $0^3 = 0$, $1^3 = 1$, $2^3 = 8$, $3^3 = 27$, $4^3 = 64$, $5^3 = 125$, $6^3 = 216$, $7^3 = 343$, $8^3 = 512$, $9^3 = 729$는 어떤가? 0~64는 구구표 안에 있지만, 125 이상은 없다. 그런데 구구표의 ♩ 자 형 안에 있는 수를 전부 더하면,

×	1	2	3	4	5	6	7
1	1		3		5		7
2			6		10		14
3	3	6	9		15		21
4					20		28
5	5	10	15	20	25		35
6							42
7	7	14	21	28	35	42	49

1단: $1 = 1^3$

3단: $3 + 6 + 9 + 6 + 3 = 9 \times 3 = 27 = 3^3$

5단: $\underset{\sim}{5} + \underset{\sim}{10} + \underset{\sim}{15} + \underline{20} + 25 + \underline{20} + \underset{\cdot\cdot}{15} + \underset{\cdot\cdot}{10} + \underline{5} = 25 \times 5$
$$= 125 = 5^3$$

7단: 잘 조합하여 49가 되도록 합을 만들면, 49가 7개이므로 $343 = 7^3$이다.

다른 단도 모두 마찬가지로 ♩자 형인 곳의 합을 만들면, a의 세제곱수 a^3이 나타난다. 8^3과 9^3을 확인해보자.

③ 십자(╬)형의 비밀

구구표 중 어디든 오른쪽 표 와 같이 십자형을 골라보자. 표 1에서 가운데는 18, 좌우의 두 수 12와 24의 평균을 취하면,

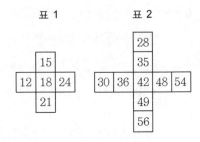

표 1   표 2

$$(12 + 24) \div 2 = 18,$$

위아래 두 수의 평균 $= (15 + 21) \div 2 = 18$

이다. 바꿔 말하면,

$$좌 + 우 = 상 + 하 = 한가운데 수 \times 2$$

가 된다. 이것은 구구표 안에서 십자형이 생길 수 있는 곳이면, 어 디라도 그렇게 된다.

십자형을 표 2처럼 크게 하더라도, (한가운데 42의) 좌우인 30 과 54, 36과 48, 위아래인 28과 56, 35와 49의 평균은 모두 한가 운데의 42이므로, 한가운데의 42를 제외한 좌우 네 수의 합과 위 아래 네 수의 합은 같고,

$$30 + 36 + 48 + 54 = 28 + 35 + 49 + 56 = \mathbf{42} \times 4 = 168$$

이 된다. 이렇게 해서

표 1의 전체 수의 합 = **한가운데의 수**$(18) \times 5 = 90$

표 2의 전체 수의 합 = **한가운데의 수**$(42) \times 9 = 378$

이다. 십자를 더 크게 하더라도 그렇게 된다. 더욱이 십자형을 사 선으로 하더라도 똑같다. 한 번 해보기 바란다.

④ **분배법칙** $(a+b)x = ax+bx, \quad a(x+y) = ax+ay$

이번에는 구구표를 가로로 보자. 예를 들어

$$3단 \quad 0, \ 3, \ 6, \ 9, \ 12, \ \cdots, \ 27$$
$$4단 \quad 0, \ 4, \ 8, \ 12, \ 16, \ \cdots, \ 36$$

에서 두 단을 세로로 더하면

$$0, \ 7, \ 14, \ 21, \ 28, \ \cdots, \ 63$$

이고, 이것은 7단의 구구가 된다. 즉

$$(3단) + (4단) = (7단)$$

이 된다. 예를 들면,

$$3 \times ⑤ = 15, \quad 4 \times ⑤ = 20, \quad 7 \times ⑤ = 35$$
$$3 \times ⑤ + 4 \times ⑤ = 7 \times ⑤$$

이다. 여기서 5를 x로 바꿔 놓으면

$$3 \times x + 4 \times x = (3+4)x = 7 \times x$$

가 된다. 일반적으로 a단과 b단에서는

$$ax + bx = (a+b)x$$

가 된다. 좌우를 바꿔 역으로 적으면

$$(a+b)x = ax+bx$$

인데, 이것을 분배법칙이라고 한다. 세로로 보면

$$ax + ay = a(x+y), \quad 즉 \quad a(x+y) = ax+ay$$

라는 것도 알 수 있다. 또 이것을 이용하여

$$(10단) = (5단) + (5단)$$

$$(11단) = (4단) + (7단)$$

등으로 해서, 덧셈만을 사용하여 표의 행이나 열을 늘릴 수 있다.

세 종류의 곱셈

"세 종류의 곱셈이라니, 대체 그게 뭐야?", "곱셈이란 구구를 사용해서 하는 계산이잖아요? 어떻게 세 종류나 있나요?"라고 의아해하는 사람이 많을 것이다. 관점을 바꾸어서, '4×3'의 계산 문제를 만든다고 하자. 어떤 문제를 생각할 수 있을까?

Ⓐ "한 명에게 4개씩 전병을 준다고 할 때, 3명에게 준다면 모두 몇 개가 될까?"

그렇다. 이것은 '4×3'의 계산으로 답은 12개가 된다. 한 문제 만들었다. 이외에는 없을까? 음, 그렇지, 몇 배라고 할 때에도 곱셈을 하지. 그렇다면 무엇인가의 3배가 되는 문제를 만들 수 있을 거 같다.

Ⓑ "지난 달은 아르바이트를 4일 했는데, 이번 달은 그 3배로 아르바이트를 하고 싶다. 며칠 일하면 될까?"

또 다른 문제를 만들 수 있을까? 그렇지! 직사각형의 넓이를 구할 때 곱셈을 했었지.

Ⓒ "세로 4m, 가로 3m인 화단의 넓이는 얼마나 될까?"

이것으로 세 종류의 문제를 만들었다. 이들 세 종류의 곱셈 의미를 생각해보면, 처음의 Ⓐ는 '한 명에게 4개씩'이라는 한 명에 대해서 변하지 않는 양, 즉 '1에 해당하는 양'이 주어져 있어 그것이 몇 명일까(몇 명)에서 곱셈이 가능하다. 즉 다음과 같은 의미가 된다.

Ⓐ   1에 해당하는 양 × 몇 명 = 전체 양

Ⓑ의 경우는 Ⓐ에 있는 '1에 해당하는 양'은 없지만, 그 대신 '기본으로 하는 양'이 있어서, 그것을 몇 배인가로 확대하든지, 축소하든지 해서 '비교하는 양'이 나온다.

Ⓑ   기본으로 하는 양 × 몇 배 = 비교하는 양

Ⓐ와 다른 점은 기본으로 하는 양과 비교하는 양이 같은 종류의 양이 된다는 것이다.

그리고 또 하나인 Ⓒ는 넓이를 구할 때에 사용하는 것으로

Ⓒ   세로의 길이 × 가로의 길이 = 직사각형의 넓이

이며, 부피를 구할 때 사용하는

밑넓이 × 높이 = 기둥의 부피

도 같은 종류이다. 이것은 '1에 해당하는 양'도 '기본으로 하는 양'도 아니므로, 또 다른 곱셈이라고 할 수 있다.

이처럼 계산은 어느 것이라도 '4×3'으로 하지만, 세 가지의 다른 내용을 가지고 있다. 이것이 '세 종류의 곱셈'이다.

이러한 차이는 소수의 곱셈을 생각하면 더욱 뚜렷하다. '소수 × 소수'에서, 예를 들어 '4.3×3.2'라는 계산에서 Ⓐ, Ⓑ, Ⓒ처럼 세 종류의 곱셈을 만들 수 있을까?

다음과 같은 문제를 만들 수 있다.

Ⓐ′ "1m²의 판에 4.3dℓ의 페인트를 칠한다. 같은 칠의 상태로 3.2m²의 판을 칠하면, 페인트는 몇 dℓ가 필요할까?"

Ⓑ′ "우리 집에 딸린 밭은 4.3ha인데, 옆집은 그 3.2배나 되는 밭을 가지고 있다. 옆집의 밭은 몇 ha일까?"

Ⓒ′ "밑넓이가 4.3m²이고, 높이가 3.2m인 수조의 들이는 몇 m³일까?"

Ⓐ′의 1m²에 4.3dℓ인 페인트칠 상태에 해당하는 양은 페인트칠의 농도라는 질의 강약을 나타내기 위한 것이고, 일반적으로 내포량內包量이라 부른다. 그것에 대해 3.2m²의 판, 4.3ha의 밭, 들이는 몇 m³ 등은 밖으로 퍼져 있는 보통의 양, 즉 외연량外延量이다. 양의 차이로 세 종류의 곱셈을 나타내면, 다음과 같이 된다.

Ⓐ′ 내포량 × 외연량 = 외연량

Ⓑ′ 외연량 × 수 = 외연량

Ⓒ′ 외연량 × 외연량 = 외연량

이렇게 하면 구별이 뚜렷하다. 수의 계산에서는 별 다른 차이가 없는데, 양적인 의미까지 생각하면 세 종류로 분화한다. 즉, 양量이라는 안경을 쓰고 계산을 보면 흑백에서 컬러의 세계가 되는 것이다.

다섯 종류의 나눗셈

"가가 가가라는 가가?!"

똑같이 '가'로 읽더라도 그 내용을 모르면, 문장의 뜻은 전달되지 않는다.

가 : 그 사람,　　가가 : 가씨(성을 가진)

라는 내용을 알면 "그 사람이 가씨성을 가졌다는 그 사람이니?"로 전달되어 온다.

수학의 나눗셈에도 비슷한 것이 있는데, 답이 나오면 그 내용은 유념하지 않는 것이 보통이지만, 내용을 알면 나눗셈의 의미가 전해진다.

나눗셈에는 다섯 종류의 '의미'가 있으며, 그들은 세 종류의 '세계'로 구분 가능하다.

동작의 세계

(1) "13dℓ의 주스를 넷으로 똑같이 나눈다. 몇 dℓ씩 될까요?"

(2) "13dℓ의 주스를 4dℓ씩 나눈다. 몇으로 나누어질까요?"

식은 각각

(1)의 식 : 13dℓ ÷ 4

(2)의 식: 13dℓ÷4dℓ

가 된다.

그렇다면 ÷4의 내용은 (1)에서는 넷으로 똑같이 나눈다이며, (2)에서는 4dℓ씩 갖는다이다. 즉, '÷'의 두 가지 의미는 '등분한다'와 '갖는다'라는 두 가지 동작임을 알 수 있다.

동작이 다르면 답도 다르다. 13dℓ를 4등분하면, 3dℓ과 $\frac{1}{4}$dℓ 혹은 3.25dℓ이지만, 4dℓ씩 나누면 3으로 나누고 1dℓ 남는다. 이렇게 해서 두 가지의 나눗셈이 구별된다.

나눗셈 1. 등분하는 것
나눗셈 2. 가지는 것

🎔 감각의 세계

소금물의 농도, 무 속의 가득 찬 상태, 사람이 걸어갈 때의 속도 등은 질이나 강약을 나타내는 '감각'이라고 말할 수 있다. 이 감각을 다른 사람에게 전달하는 것은 매우 어렵다. "(맛이) 좀 진한 거", "속이 푸석한 무"라는 표현에는 미묘한 의미가 전달되지 않는다. 그런데 17세기경 유럽의 과학자들은 '양÷양'으로 감각이 수치화될 수 있음을 발견했다. 농도, 밀도, 속도 등이다. 밀도를 예로 생각해보자.

(3) "무를 $0.4cm^3$ 정도만큼 잘라내니, 무게가 $0.12g$이 되었다. 이 무의 밀도(g/cm^3)는 얼마일까?"

'밀도'는 '무게÷부피'로 수치화할 수 있다. 식은 다음과 같이 된다.

(3)의 식: $0.12g \div 0.4cm^3$

$\div 0.4cm^3$의 내용은 0.4로 등분한다는 것과는 조금 다르며, 하물며 0.4씩 가진다는 것은 더더욱 아니다. 0.4로 등분한다고 하는 것은 의미를 형성하지 않으며, 0.12에서 0.4씩 가지는 것도 아니다. 도대체 무게에서 부피를 가진다는 것이 이상하다. 억지로 0.4로 등분한다는 것을 4등분해서 다시 10등분하는 것이라고 해석할 수 없는 것도 아니지만, 그러면 계산은 '$0.12g \div 4 \div 10 = 0.003g$'이 되어, 이상한 답이 되어버린다.

실제로, $\div 0.4cm^3$의 내용은 동작이 아니라, $0.4cm^3$인 무 속이 가득 찬 상태(밀도)를 구하는 것이다. 가득 찬 상태(밀도)는 $1cm^3$인 무의 무게로 표현할 수 있다. 따라서 $\div 0.4cm^3$는 $0.4cm^3$인 무의 $1cm^3$에 해당하는 무게를 구하는 내용이며, '÷'의 의미는 '1에 해당하는 양을 구하는 것'이다.

그런데 예제 (3)의 무는 $0.4cm^3$밖에 없다. 이러한 경우에는, 우선 $1cm^3$에 해당하는 무게를 구하면 된다.

$$0.12g \div 4 = 0.03g \qquad \cdots\cdots \text{[나눗셈 1]}$$

이것을 10배 하면, 이 무의 $1cm^3$에 해당하는 무게를 예상할 수 있다.

$$0.03g \times 10 = 0.3g$$

답은 $0.3g/cm^3$이다.

나눗셈 3. 1에 해당하는 양을 구하는 것

계산식으로는 다음의 것도 $0.12 \div 0.4$이지만, 의미는 다르다.

(4) "밀도가 0.4g/cm^3인 무를 얇게 잘라서 0.12g인 조각이 생겼다. 이 조각의 부피는 얼마일까?"

'부피'는 '무게÷밀도'이므로 식은 다음과 같다.

(4)의 식: $0.12\text{g} \div 0.4\text{g/cm}^3$

$\div 0.4\text{g/cm}^3$의 내용은 등분한다, 가진다, 1에 해당하는 양을 구한다의 어느 것도 아니다.

$\div 0.4\text{g/cm}^3$는 무게와 밀도로부터 부피를 구하는 내용이다. 밀도는 $\dfrac{\text{무게}}{\text{부피}}$이므로, 분모가 되는 부피를 바탕이 되는 양이라고 하면, '$\div$'의 의미는 '바탕이 되는 양을 구하는 것'이다.

답은 (3)과 마찬가지로 생각하면 구할 수 있지만, 상당히 어렵다.

밀도 0.4g/cm^3에서 1cm^3인 무의 무게가 0.4g이라는 것은 알 수 있지만, 예제 (4)의 무는 0.12g뿐이다. 그러므로 0.1cm^3인 무의 무게를 구해보자.

$$0.4\text{g} \div 10 = 0.04\text{g} \qquad \cdots\cdots \text{[나눗셈 2]}$$

0.1cm^3인 무의 무게는 0.04g임을 알 수 있다.

다음에, 0.12g인 무에서 0.04g씩 무를 잘라내면 된다.

$$0.12\text{g} \div 0.04\text{g} = 3 \qquad \cdots\cdots \text{[나눗셈 3]}$$

$0.1cm^3$가 세 개 있으므로 답은 $0.3cm^3$이 된다.

나눗셈 4. 바탕이 되는 양을 구하는 것

양 × 양의 세계

두 개의 양을 곱하면 지금까지 없었던 새로운 양을 만들 수 있다. 예를 들면, 일의 양(사람·날 수)이나 수송량(t·km), 넓이(m·m=m^2) 등이 있다. 여기에서는 미국 예일대학의 양리히 박사가 간접흡연의 해로움을 측정하기 위해 고안한 비흡연자의 흡연기간(사람·년[2])을 소개한다. 이것은 함께 생활하고 있던 흡연자의 수와 그러한 흡연자와 동거한 연수를 곱한 것이다.

비흡연자의 흡연기간 = 동거하는 흡연자 수 × 동거 연수

연구 결과, 이 비흡연자의 흡연기간이 25(사람·년) 이상이 되면, 폐암에 걸릴 확률이 약 2배 높아진다는 것이 알려졌다.

동거자 가운데 흡연자가 남편 한 사람뿐이었다면,

25사람·년 ÷ 1사람 = 25년

이다. 즉 흡연자인 남편과 25년 이상 동거하면 폐암에 걸릴 확률이 2배가 된다는 것이다. 여기서 다음 문제를 생각해보자.

(5) "동거하고 있는 할아버지, 할머니, 아버지, 형, 누나 5명이 흡연자면, 폐암에 걸릴 확률이 2배가 되기까지 몇 년이 걸릴까요?"

---

2) '사람·년人·年'이라는 새로운 단위가 생긴다.

(5)의 식: 25사람·년 ÷ 5사람

÷5사람은 5사람과 곱하여 25사람·년이 되는 연수를 구한다는 것이다. 따라서 '÷'의 의미는 '곱하여 생겨나는 새로운 양을 구한다'는 것이다.

실제로 5사람과 연수를 곱해보자.

5사람 × 1년 = 5사람·년,　　5사람 × 2년 = 10사람·년,

5사람 × 3년 = 15사람·년,　　5사람 × 4년 = 20사람·년,

5사람 × 5년 = 25사람·년.

답은 5년이 된다.

나눗셈 5. 곱하여 생겨나는 새로운 양을 구하는 것

🌐 세 종류의 세계와 다섯 종류의 의미

이렇게 해서 다섯 종류의 나눗셈이 생겼는데, 어떤 관계가 있을까? 동작의 세계인 '같게 나누는 것'과 '같게 가지는 것'이라는 두 종류의 나눗셈은 곱셈의 배倍의 역산으로 보인다. 감각의 세계인 '1에 해당하는 것을 구한다'와 '바탕이 되는 양을 구한다'고 하는 두 종류의 나눗셈은 '1에 해당하는 양 × 바탕이 되는 양'이라는 곱셈의 역산이라고 말할 수 있다. 마지막의 나눗셈은 '양 × 양'의 역이라는 것은 말할 것도 없다. 이 경우, 어느 쪽의 양으로 나누어도 그다지 변화가 없으므로, 역산이 하나밖에 생기지 않는다.

이와 같이 곱셈의 세 종류의 세계와 나눗셈의 다섯 종류의 의미는 깊게 연결되어 있다.

2 ÷ 3은 $\frac{2}{3}$일까?

2 : 3은 무엇을 나타낼까?

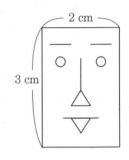

오른쪽과 같은 직사각형의 얼굴을 가진 사람을 큰 종이에 그린다고 생각해보자. 먼저 가로와 세로 길이를 비교한다. 비교하는 방법에는 여러 가지가 있다.

① $3cm - 2cm = 1cm$

(세로 쪽이 1cm 길다.)

② $2cm ÷ 3cm = \frac{2}{3}$ (가로는 세로의 $\frac{2}{3}$배이다.)

③ 가로 : 세로 $= 2cm : 3cm = 2 : 3$

(가로와 세로의 비가 2 : 3이다.)

①의 '세로 − 가로 = 1cm'를 사용하여, 가로와 세로를 정하고 직사각형을 그려 보면, 어떻게 될까? 가로를 1m로 하면, 세로는 1m 1cm로 거의 정사각형에 가까운 직사각형이 되어, 본래 얼굴과는 아주 달라져 버린다.

이번에는 한층 작게 해서 가로를 1cm로 하면 세로는 2cm인 세로가 긴 직사각형이 되어 조금 전과는 또 달리 가늘고 긴 얼굴이 되어 버린다. 그림을 크게 하든지 작게 할 때, 뺄셈을 사용해서 가로와 세로의 크기를 비교하는 것은 도움이 되지 않는다.

이번에는 나눗셈을 해보자.

$$가로 \div 세로 = 2cm \div 3cm$$

를 계산하면 $\frac{2}{3}$, 즉 $0.666\cdots$ 가 된다(가로는 세로의 약 0.67배).
그리고 이것은 거꾸로 하여

$$세로 \div 가로 = 3cm \div 2cm = 1.5$$

라고 하더라도 상관없다. 아니, 오히려 긴 쪽을 짧은 쪽으로 나누는 것이 보통일지도 모르겠다.

세로를 가로의 1.5배로 하면 현미경으로 보아야 할 정도로 작게 그릴 때도, 운동장이 꽉 찰 정도로 크게 그릴 때에도, 직사각형 형태의 균형은 무너지지 않는다. 얼굴형은 같게 보인다.

그래서 인간은 더 교활한 것을 생각했다.

2cm와 3cm를 그대로 사용하여 2 : 3으로 해버렸다. 여러 가지 이유를 말하는 것은 그만두고 실물을 그대로 대비해서, "어때, 가로와 세로의 균형을 잘 알 수 있겠지."라고 말한 것이다.

2 : 3은 $\frac{2}{3}$와 같을까?

직사각형 형태의 균형을 조사한다는 사고 방법은 같지만, 비교한 결과를 하나의 수로 나타낸 정리파派는 소위 비의 값인 $\frac{2}{3}$를, 그대로의 상태로 대비시킨 교활한 파는 비인 2 : 3으로 말하고 있다. 비는 4 : 6과 20 : 30도 모두 2 : 3이다. 크기를 잴 때의 척도 (각각 1cm, 5mm, 1mm)가 다를 뿐이다.

$$2 : 3 = 4 : 6 = 20 : 30 = \cdots$$

그렇다고 비 $2 : 3$과 비의 값 $\dfrac{2}{3}$가 완전히 같다는 의미는 아니다. 비의 균형을 나타내기 위해서는 역수인 $\dfrac{3}{2} = 1.5$로 해도 괜찮기 때문에, 비比라는 것은 앞에 있는 2에도 뒤에 있는 3에도 기울지 않는 중립적인 상태라고 말할 수 있다. 만일 뒤쪽 항(3)을 기준으로 한다고 약속해버리면, $2 : 3$은 $2 \div 3$, 즉 $\dfrac{2}{3}$와 같게 된다.

현실문제에서도 까다롭게 $2 \div 3 = \dfrac{2}{3}$라고 하는 입장이 다수이다. 이런 다수의 사람들도 $2 : 3 : 4$처럼 세 개 이상의 비는 하나의 분수로 나타낼 수 없다는 것을 알고 반성하기도 한다. 무엇이든지 깔끔하게 답이 나와야 하는 수학으로서는 드물게 미묘한 방법을 사용하고 있다.

21세기는 서기 2000년부터일까, 2001년부터일까?

"20세기라든가 21세기라는 것은 '실존하지 않는 것無'의 이름이지요?"

원고용지를 펴고 생각에 잠겨 있는데, 초등학교 고학년인 딸이 물어왔다. '세기世紀'의 설명에서 시작하여 '실존하지 않는 것'의 이야기까지 하는 것은 힘들겠다고 생각하면서, "세기라는 것은 100년을 하나로 묶어서 연대를 헤아리는 것이야. 그래서 ….'라고 설명을 시작했다. 그러자 집사람이 "응, '2000년부터인가 2001년부터인가'라는 질문 있잖아요. 1년 정도라 별 상관없는 것도 같고 ….'라며, 태평스럽게 말을 붙여 왔다.

이렇게 되면, 더는 일에 집중할 수 없을 것 같아 두 사람에게 내가 일하는 방에서 나가달라고 했다.

그건 그렇고, '××세기'라는 것은 100년을 하나로 묶어서 연대를 헤아리는 방법이다. 100년간이 1세기, 200년간은 2세기, 300년간은 3세기라고 헤아리는 방법이다. 그렇다면, "100년을 단락으로 헤아릴(100년간을 단위로 한다) 때, 21세기는 서기 몇 년부터 시작하는 100년간일까?"라는 것이 제목의 의미다.

여러분은 어떻게 생각합니까?

- 1999년의 다음이므로 물론 2000년부터이다.
- 2001년부터. 퀴즈라는 것이 조금 마음에 걸리지만 정답이니까.

- 솔직히 어느 쪽도 확신이 오지 않는다.
- 하지만 100년간의 21배이면 2100년이다.

우회적인 것 같지만, 이 문제는 헤아리는 방법(계량하는 방법)의 근본 문제와 관계되어 있기 때문에, 사물을 헤아리는 방법·양을 측정하는 방법에 대해서 생각해보기로 하자.

사람 수나 별의 개수 등은 1, 2, 3 등과 같이 정수로 헤아리는 것이며, 1.3명이라든가 5.8개라는 어중간한 것은 없다. 드문드문이라도 중간값이라는 것은 없다(분리적·이산적인 양).

그것과는 달리, 물의 양이나 사물의 무게와 같이 정수 값만으로 나타내지 못하고 3.2dℓ나 7.4kg처럼 연속적으로 도중의 값이 존재하는 것이 있다(연속적인 양).

그런데 수의 작용에는 사물의 개수를 헤아린다든가 양을 측정한다든가 하는 '전부에서 얼마만큼 있을까?'를 나타내는 것 이외에, 계열 가운데의 순서(위치)를 나타내는 작용이 있다.

이 계열순서(위치)를 정한다고 할 때, 분리적인 양과 연속적인 양은 헤아리는 방법이 달라져 버린다.

분리적인 양은 우선, '첫 번째'에서부터 출발한다.

1	2	3	4	5	6	7			

그러나 연속적인 양은 기준점을 0으로 하기 때문에, 출발지점이 0이다.

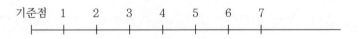

시 時를 나타내는 문제는 이 두 가지가 혼합되어 나온다.

예를 들면, 9월 7일 오후 3시 21분 15초라는 것은 9월 7일 정오부터 3시간 21분 15초 지난 순간이다. 이와 같은 연속적인 표현방법에서, 총량(시간)과 계열순서의 호칭방법(시각)은 아주 잘 일치하고 있다. 0에서 출발한 것이기 때문이다.

그것에 비해서, 몇 월 몇 일이라는 것은 분리적으로 수를 헤아리는 방법이다. 예를 들면, 3월 5일이라는 것은 3월에 들어서 다섯 번째 날이고, 3월에 들어서 완전하게 5일간(120시간)이 지난 것은 아니다. 완전하게 5일간이 지나면 3월 6일이 되어버린다. 1에서 출발한 것이기 때문이다.

3월 5일은 3월에 들어서 4일간이 지난 바로 다음 날인 것이다.

21세기는 21번째의 세기라는 의미이다. 그러므로 출발로부터 정확하게 20세기분(2000년간)이 지난 다음의 첫 해부터 21세기가 시작된다.

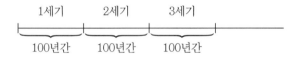

그런데 서기 ××년의 경우, 이것에 대해서도 예수 그리스도가 태어났다고 하는 해가 시작(기원)이어서, 이 해는 서기 0년으로 시작하는 것이 아니라, 서기 1년인 것이다.

그리하여 1년~100년이 1세기, 101년~200년이 2세기, 201년~300년이 3세기 등이다.

결국 "21세기는 2001년부터"가 된다. 꼬리에 1이 붙어 있어 어쩐지 산뜻하지 않은 것 같지만, 1은 시작의 1이다. 생각해보면 1년의 시작은 "1월 1일 새해 복 많이 받으세요."이지, 0월 0일이 아니다. 이렇게 생각하면 납득이 갈 것이다.

풀장의 수면은 평면일까, 구면일까?

"지구는 둥글다."

"그러니까 풀장의 수면도 구면의 일부이다."

이런 것을 생각해본 적이 있을까?

다음 그림은 조금 과장해서 그린 것이다.

그림 1 지구는 둥글다

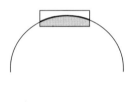

그림 2 풀장의 단면도

이처럼 확실히 풀장의 수면은 구면이다.

🚲 수평면

"잠깐만, 수평면이란 단어도 있지 않나?"라는 생각이 나서, 즉시 사전을 찾아보았다. 처음 펼친 사전에는 이렇게 되어 있었다.

수평면 ① 정지한 물의 표면

② 중력 방향과 수직을 이루는 면

사전의 이 항목을 기술한 사람은 어떤 생각으로 썼는지 모르겠지만, 잘 생각해보면 평면인지 구면인지 불분명하다. 수평면이라고 했으므로 평면이라는 의도인 듯한데, 꽤 교묘한 작성방법이다.

또 다른 사전에는 이렇게 되어 있다.

수평면   ① 정지하는 물의 표면
        ② 정지한 수면에 평행한 모든 평면

이번에는 '평면'이라는 말이 나왔다. 그러나 ①은 양쪽 모두에 실려 있다.

풀장의 수면이 부풀어 오른 것을 계산하자

사실은 수구면水球面이지만, 지구가 크기 때문에 풀장 정도면, 거의 평면으로 보인다. 따라서 수평면이라는 단어가 사용되고 있는 것임에 틀림없다.

그렇다면 50m 풀장은 어느 정도 중앙이 부풀어 올라와 있을까? 그림의 $\overline{AB}$가 부풀어 오른 정도이다. $\overline{AB} = r - \overline{OA}$로 구해진다. $\overline{OA}$을 계산하기 위해 피타고라스의 정리 $\overline{OA}^2 + \overline{AC}^2 = \overline{OC}^2$을 사용하자. $\overline{AC} = a$라고 하면, $\overline{OA}^2 + a^2 = r^2$이므로

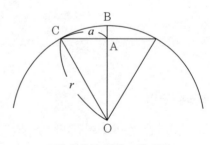

그림 3 O는 중심, r은 반경

$$\overline{OA} = \sqrt{r^2 - a^2}$$

이 된다.

한편, 지구를 한 바퀴 돌면, 대략 40,000km이므로, 반지름을

$$r = \frac{40000}{2 \times 3.1416} = 6366\text{km} = 6366000\text{m}$$

라고 하자. 50m 풀장의 경우, a는 그 반이므로

$$a = \frac{50}{2} = 25\text{m}$$

이다. 따라서

$$\overline{OA} = \sqrt{6366000^2 - 25^2} = \sqrt{40525956000000 - 625}$$
$$= \sqrt{40525955999375} = 6365999.99995091 \cdots$$

이 된다. 이렇게 해서 풀장의 부풀어 오른 정도는

$$\overline{AB} = 6366000 - 6365999.9999509 = 0.0000491\text{m}$$
$$= 0.00491\text{cm} = 0.0491\text{mm}$$
$$= 1\text{mm 의 약 } 20\text{분의 } 1$$

이다. 머리카락 굵기 정도이며, 이 정도면 평면이라고 해도 충분하다.

결국, 풀장의 수면이 이치상으로 평면이라고 말하기는 어렵다고 하더라도, 구면이라고 우겨대는 것도 어리석은 것 같다.

십진수 기차

우리들은 수를 표현하기 위해서 0~9까지 10개의 숫자와 10개 모으면 하나로 묶어서 윗자리로 올리는 자릿수의 원리를 사용하고 있다. 자릿수의 원리라는 것은 기차의 지정석처럼 숫자가 들어 있는 장소로써 수의 크기를 나타낸다. 그래서 '3천3백3십3'처럼 천, 백, 십이라는 자리 명칭은 붙이지 않아도 된다. 보통 '3333'으로써 끝난다. 그 대신 빈자리(속이 텅 빈 장소)를 나타내는 '0'이 필요하게 된다. 이러한 기수법(수를 표현하는 방법)을 '십진기수법'이라 한다.

그런데 0~9의 숫자는 인도에서 만들어져 아라비아를 거쳐 유럽에 전해졌다. 그런 까닭으로 인도·아라비아 숫자라고 불린다. 이 인도·아라비아 숫자는 '몇 개 있다'는 물건의 수량을 기록하고 보존하는 것뿐만 아니라, '몇 개가 된다'는 계산에도 이용되는 단 하나의 숫자이므로 '산용算用 숫자'라고도 한다. 이 산용숫자(인도·아라비아 숫자)는 철포鐵砲의 전래(1564년)와 함께 일본에 들어왔는데, 일부 크리스트교 교도들에게 사용되었을 뿐 일반인에게는 보급되지 않았다. 당시는 주판과 한문漢文 숫자로 모든 것을 해결할 수 있어, 산용숫자를 사용할 필요가 없었기 때문이다.

그것은 잠시 제쳐놓고, 십진기수법과 명수법命數法(수의 호칭방법)의 구조는 다음과 같이 '십진수 기차'에 비유하면, 알기 쉽다.

십진수 기차

조호차			억호차				만호차				일호차			
백	십	일조	천	백	십	일억	천	백	십	일만	천	백	십	일
						1	2	3	5	8	7	2	9	7

(1992년 3월의 일본 총인구)

각각 수의 자리를 기차의 지정석으로 한다면, 어떤 기차에도 4개의 지정석(자리)이 있다. 지정석 4개로 새로운 기차가 되며, 각각의 기차에는 오른쪽에서부터 일—호차, 만万호차, 억億호차, 조兆호차, …로 명명되어 있다. 중국의 산수 교과서에는 4개의 자리를 하나로 묶은 것을 '급級'이라고 부르고 있으며, 상당히 유용하다. 정식으로 일급, 만급, 억급이라고 불러도 된다. 즉 일·십·백·천의 네 자리(4개의 자리)마다 새로운 급이 되어 만, 억, 조라는 호칭이 붙여졌다는 유래다. 그래서 일본어 명수법의 이중구조는 '십진-만진법'으로 되어 있다. 그러므로 일본어에서 큰 수를 읽는다든지 쓴다든지 할 때에는 네 자리마다 자간을 비운다든지 세로획을 넣는 것이 좋다. 이것이 '네 자리씩 끊어 읽기'이다.

1992년 3월에, 일본의 총인구는 주민기본대장에 따르면, 123587297명이다. 이렇게 행간을 떼지 않고 적는 것은 오른쪽에서 일·십·백·천…이라고 자리를 헤아려 보지 않으면, 읽을 수 없다. 그래서 오른쪽에서 네 자리마다 세로획을 넣어서 구분 지으면,

1 | 2358 | 7297명

이 되어 1억 2358만 7297명, 즉 1억 2천3백5십8만 7천2백9십7명이라고 읽을 수 있다. 이와 같이 일본의 명수법이 십진-만진법으

로 통일된 것은 지금부터 400년 정도로, 요시다 미츠요시 吉田光由; 1598~1672년가 쓴 《진코키 塵劫記》1627년라고 한다. 그러므로 일본어로 큰 수를 읽는다든지 쓸 때에는 네 자리씩 끊어 읽기가 편리하다.

더욱이 일, 만, 억, 조, … 라는 급의 명칭도 《진코키》에 나와 있으며,

일 一, 만 万, 억 億, 조 兆, 경 京, 해 垓, 자 秭, 양 穰, 구 溝,
간 澗, 정 正, 재 載, 극 極, 항하사 恒河沙, 아승기 阿僧祇,
나유타 那由他, 불가사의 不可思議, 무량대수 無量大數

로 되어 있다.

유럽에서는 왜 세 자리씩 끊어 읽을까?

그런데 유럽이나 미국은 일반적으로 세 자리씩 끊어 읽기를 한다. 이것도 당연히 수의 호칭방법(명수법)에 기인한다. 영어로는 십, 백, 천이

ten, hundred, thousand

로, 그 위의 자리는 ten thousand 만, hundred thousand 십만 이고, 다음이 million 백만 이다. 계속해서 ten million 천만, hundred million 억 이고, 그 다음이 billion 십억 이다. 즉 세 자리마다 한 개의 급(이러한 단어는 없지만)으로 되어 있다. 따라서 급의 명칭은

one, thousand, million, billion, trillion, quadrillion,
quintillion, sextillion, septillion, octillion, nonillion,
decillion, undecillion, …

이므로, 이것은 십진-천진법이라고 할 수 있다.

그러나 이것은 미국식이며, 영국식은 million 이상을 million진법으로

$$\text{million, milliard, billion, thousand billion,}$$
$$\text{trillion, thousand trillion, quadrillion, } \cdots$$

이 된다. 이것은 결국 십진-천진-백만진법이라 하겠다. 즉 같은 세 자리씩 끊어 읽기라고 해도 미국식인가 영국식인가에 따라 완전히 달라져 버리므로 주의해야 한다.

또한 유럽 국가 중에서 미국식을 채용하고 있는 나라는 이탈리아 정도이며, 다른 많은 나라는 영국식이다.

1993년도 일반회계 예산

72 | 2180 | 0000 | 0000원

조   억   만

7 2 , 2 1 8 , 0 0 0 , 0 0 0 , 0 0 0 ₩

트릴리온 빌리온   밀리온 사우전트   [미국식]

빌리온 밀리야드   [영국식]

✦ 미국과 유럽 추종의 세 자리씩 끊어 읽기

메이지 시대가 되어 '구미 선진국 따라잡기'라 할 정도로 서양의 앞선 학문·예술·기술 등을 직수입했는데, 이때 특히 회사와 은행, 정부의 수지결산보고서·대차대조표·임금지불명세서·각종 통계 등은 서양의 방법인 '세 자리씩 끊어 읽기'를 고스란히 그대로 흉내내어 도입했다. 또 미국과 유럽 여러 나라와의 무역에서도 그 지역의 방법인 '세 자리씩 끊어 읽기'에 맞추었다.

그 중에는 "일본도 모두 세 자리씩 끊어 읽기로 하자."라는 극단적인 의견도 나타났다.

"지금 미국과 유럽의 여러 통상국들은 대체로 프랑스의 마침표법을 따라 세 자리로 하지 않는 곳이 없다. 그런데도 우리나라만 네 자리를 취하고 있다. 이것이 법이라 한다면, 통상하는 여러 나라는 모든 일에 세 자리를 취하여 계산하고, 우리는 좀 다른 법의 계산을 취하고 있다. 이것에 따른다면 그 불편함을 이루 말할 수 없다. 이것이 마침표를 세 자리로 개정하지 않을 수 없는 까닭이다." (1885년 1월 〈수학잡지 數學雜誌〉 제4호)

그러나 많은 수학 교과서, 소위 《소학산술서 小學算術書》는 일본 용어에 맞는 네 자리씩 끊어 읽기를 채용하고 있다.

1905년에 표지가 흑색인 국정교과서 《심상 尋常 소학산술서》가 발행되었는데, 미국과 유럽의 세 자리씩 끊어 읽기를 도입하지 않았다. 예를 들면, 《심상 소학산술서 제5학년 교사용》大正 9년판 에는 "수를 읽기 위해서는 1 | 2345 | 6789처럼 오른쪽 끝에서부터 네 자리마다 끊어서 읽는 것이 편리함에 주의해야 한다."라고 쓰여 있다.

⊕ 네 자리씩 끊어 읽기와 세 자리씩 끊어 읽기

네 자리로 끊어서 쓰는 것의 지도가 응용문제와 통계도표에 채용된 것은 국수주의가 풍미하던 시대로 표지가 녹색인 국정교과서 1935년 부터이다. 예를 들면, 《심상 尋常 소학산술 제5학년 아동용 상 上》1939년 에는 "1937년에 국내에서 수확한 쌀은 1,1963,4676hl이고, 국내인구는 1937년에 7125,2800명이었다. …" 등으로 세 자리씩 끊어 읽기와 혼동하기 쉬운 네 자리씩 끊어 읽기로 나온다.

한편, 패전 후인 1947년쯤부터 실시된 생활단원학습 가운데에는 사회과 社會科 산수라고 불릴 만큼 경제적인 제재가 많이 도입되어 있었으므로, 금액 계산도 많고, 미국식의 세 자리씩 끊어 읽기가 상당히 다루어지고 있었다. 그 흔적은 1958년의 개정 학습지도요령 제5학년의 항목에 "세 자리씩 끊어 읽기가 일반적으로 이용되고 있다는 것을 알 것"으로 남아 있다.

현재는 어떻게 되어 있을까?

1988년의 《문부성·초등학교 학습지도요령》에는, 세 자리씩 끊어 읽기도 네 자리씩 끊어 읽기도 언급하지 않고 있다. 또 당시 산수 검정교과서를 발행하고 있는 출판사는 여섯 군데인데, 1992년판을 보면 어느 출판사의 교과서도 콤마(,) 등의 단락도 없이 행간을 떼지 않고 적고 있다. 현장교사의 자유재량에 맡긴다는 것이다.

그 외 신문의 큰 표제어는 '경작 면적을 7만 6000ha!!', '사업 규모 6조 1500억' 등 네 자리씩 끊어 읽기가 있는데, 기사 가운데 인구표와 통계표는 세 자리씩 끊어 읽기이다. 그러나 때때로 TV에서 '2억 9,000만'이라든가 '7만 3,000톤'이라는 이상한 끊어 읽기 방법을 한 텔롭[1]이 송출되고 있다. 이 경우 콤마(,)는 필요 없다.

또 금액의 구체적인 표시는 부기[2] 등의 관행 때문에 세 자리씩 끊어 읽기도 어쩔 수 없는 면이 있지만, 그 이외의 인구나 다른 양

---

1) Telop은 TV 방송에서 방영 중에 TV 카메라를 통하지 않고 직접 삽입하여 송출하는 장치, 또는 그림이나 문제를 뜻한다.
2) 자산, 자본, 부채의 수지, 증감 따위를 밝히는 기장법으로 단식 부기와 복식 부기로 나뉜다.

까지 세 자리씩 끊어 읽기를 사용하는 것으로 봐서 하나로 정해진 것은 없는 같다.

세 자리씩 끊어 읽기와 네 자리씩 끊어 읽기 중 어느 쪽이 뛰어나다고는 할 수 없다. 이것은 언어 문제로, 유럽 언어로는 세 자리로 구분하는 것이 편리하지만, 일본이나 중국처럼 만진법 万進法 을 채용하고 있는 나라에서는 네 자리씩 끊어 읽기가 맞다.

그러나 몇 개의 숫자를 끊어서 정리하여 기억하기(청크 chunk) 위해서는 세 개는 너무 적고, 다섯 개는 너무 많으므로 네 개씩 끊는 것이 적당하다는 보고도 있다. 현재 전화번호 등도 그런 것이다. 그 점에서 네 자리씩 끊어 읽기는 매우 합리적이다. 미터법의 단위(급級) 명칭인 킬로, 메가 등은 유럽(그리스와 로마)의 수사 數詞 를 이용하고 있으므로 천진법 千進法 으로 되어 있는데, 이것은 공간이 3차원이라는 것과 잘 어울린다.

분수를 소수로 고치기

정수가 아닌 수를 나타내는 방법으로 분수와 소수가 있는데, 분수를 소수로 고쳐보면 의외의 것을 알 수 있다. 예를 들면, $\frac{3}{4}$, $\frac{7}{8}$인 경우는

$$\frac{3}{4} = 3 \div 4 = 0.75, \qquad \frac{7}{8} = 7 \div 8 = 0.875$$

가 되어 나누어떨어진다(정제된다). 그러나 $\frac{2}{3}$, $\frac{1}{11}$인 경우는

$$\frac{2}{3} = 2 \div 3 = 0.666\cdots, \qquad \frac{1}{11} = 1 \div 11 = 0.090909\cdots$$

로 언제까지라도 나누어떨어지지 않고 무한히 계속되는 소수가 된다.

전자처럼 나누어떨어지는 소수는 유한소수, 후자처럼 언제까지라도 계속되는 소수는 무한소수라고 부르고 있다. 게다가 $0.666\cdots$는 6이 반복해서 나오며 $0.090909\cdots$는 09가 반복해서 나오므로 이런 무한소수를 순환소수라고도 부르고

$$0.666\cdots = 0.\dot{6}, \quad 0.090909\cdots = 0.\dot{0}\dot{9}$$

라는 표현법을 쓴다. 반복하는 부분의 양 끝의 수 위에 · 를 붙이는 표시방법으로, 만일 $0.123123123\cdots$이라면 $0.\dot{1}2\dot{3}$이라고 쓴다.

🪙 어떤 분수가 유한소수가 될까?

$\dfrac{7}{8}$ 은 유한소수가 되며, $\dfrac{2}{3}$ 는 무한소수가 되었는데, 먼저 첫 번째 의문은 어떤 분수일 때 유한소수가 되는가 하는 것이다. 우선, 분자를 1로 한 분수 $\dfrac{1}{n}$ 을 소수로 고쳐보았다.

$\dfrac{1}{2} = 0.5$ (유한)

$\dfrac{1}{3} = 0.333 \cdots = 0.\dot{3}$

$\dfrac{1}{4} = 0.25$ (유한)

$\dfrac{1}{5} = 0.2$ (유한)

$\dfrac{1}{6} = 0.1666 \cdots = 0.1\dot{6}$

$\dfrac{1}{7} = 0.142857142857 \cdots = 0.\dot{1}4285\dot{7}$

$\dfrac{1}{8} = 0.125$ (유한)

$\dfrac{1}{9} = 0.111 \cdots = 0.\dot{1}$

$\dfrac{1}{10} = 0.1$ (유한)

$\dfrac{1}{11} = 0.090909 \cdots = 0.\dot{0}\dot{9}$

$\dfrac{1}{12} = 0.08333 \cdots = 0.083\dot{3}$

$\dfrac{1}{13} = 0.076923076923 \cdots = 0.\dot{0}7692\dot{3}$

$$\frac{1}{14} = 0.0714285714285 \cdots = 0.0\dot{7}1428\dot{5}$$

$$\frac{1}{15} = 0.0666 \cdots = 0.0\dot{6}$$

$$\frac{1}{16} = 0.0625 \qquad\qquad\qquad\qquad\text{(유한)}$$

우선 16까지 해서 유한소수가 되는 경우의 분모를 조사해보면, 2, 4, 5, 8, 10, 16으로 여섯 개다. 특징은?

이 정도의 자료로 특징을 발견하는 것은 어려울 수도 있기 때문에 결론을 소개한다.

이것은 분모가 2와 5만을 몇 개 곱한 형태를 하고 있다.

$$2 = 2, \quad 4 = 2 \times 2, \quad 5 = 5, \quad 8 = 2 \times 2 \times 2,$$
$$10 = 2 \times 5, \quad 16 = 2 \times 2 \times 2 \times 2, \cdots$$

그 이유도 다음과 같이 생각하면 알 수 있다.

예를 들어 $\frac{p}{q} = 0.1314$라는 소수점 이하 네 자리인 유한소수가 되었다고 하자. 양변을 10000배 하면,

$$\frac{10000p}{q} = 1314$$

이다. 이 식에서 좌변은 정수, $\frac{p}{q}$는 더 약분할 수 없는 분수(기약분수)라고 생각해도 되므로 10000은 q로 나누어떨어진다. $10^4 = 2^4 5^4$이므로, q는 $2^m 5^l$인 형태($m \leq 4$, $l \leq 4$)를 띤다.

거꾸로 $\frac{p}{2^m 5^l}$이라는 형태의 분수는 분자와 분모에 2와 5를 몇

개 곱해서 $\dfrac{r}{100 \cdots 0}$ 이라는 형태로 할 수 있으므로 유한소수가 된다.

🎣 무한소수인 경우, 반드시 순환소수가 될까?

분수를 소수로 고쳤을 때,

$$\frac{2}{3} = 0.666 \cdots = 0.\dot{6}, \qquad \frac{1}{11} = 0.090909 \cdots = 0.\dot{0}\dot{9}$$

처럼 어떤 숫자가 반복되는(순환소수가 되는) 예가 몇 개 나왔는데 또 하나의 의문은 그 이외의(반복하지 않는, 즉 순환하지 않는 무한소수가 되는) 예는 없을까 하는 것이다.

바꿔 말하면, 분수는 유한소수가 되는 것 이외에는 모두 순환소수가 되는 것일까?

이 의문은 실제로 나눗셈을 계속해보면 해결할 수 있다.

예를 들어, $\dfrac{1}{7}$ 인 경우의 나눗셈 $1 \div 7$ 을 해보자. ○표가 붙은 숫자는 나눗셈 계산을 할 때마다 나오는 나머지이다.

게다가 7로 나누고 있기 때문에, 나머지는 1, 2, 3, 4, 5, 6으로 여섯 종류뿐이다($\dfrac{1}{7}$ 은 유한소수가 될 수 없으므로 나머지에 0이 나오는 경우는 없다).

따라서 최대 일곱 번째에는 앞에서 나온 나머지가 다시 등장하지 않을 수 없기 때문에, 그 시점에서 같은 계산을 반복하게 되며, 즉 순환소수가 된다. 이것으로 두 번째 의문도 해결했다.

보통 $\frac{1}{7}$ ≒ 0.14 정도로만 계산하지만, 철저히 계산을 계속해보면 재미있는 성질이 있다.

덧붙여서 말하면, 조금 전 $\frac{1}{16}$ 에서 멈춘 계산을 훨씬 더 계속한 결과를 표(92쪽)로 소개한다. 또한 표의 오른쪽에 있는 ×는 유한소수, ○는 소수 첫 번째 자리에서 반복하는 순환소수(그 가운데의 숫자는 반복하는 숫자의 개수), △는 소수 둘째 자리 이후부터 반복하는 순환소수이다.

n	$\dfrac{1}{n}$의 소수 표시	×△○	n	$\dfrac{1}{n}$의 소수 표시	×△○
1	1.0	×	27	$0.\dot{0}3\dot{7}$	③
2	0.5	×	28	$0.0357\ 1428\dot{}$	△
3	$0.\dot{3}$	①	29	$0.\dot{0}344\ 8275\ 8620\ 6896$ $5517\ 2413\ 793\dot{1}$	㉘
4	0.25	×			
5	0.2	×	30	$0.0\dot{3}$	△
6	$0.1\dot{6}$	△	31	$0.\dot{0}322\ 5806\ 4516\ 12\dot{9}$	⑮
7	$0.\dot{1}428\ 5\dot{7}$	⑥	32	$0.0312\ 5$	×
8	0.125	×	33	$0.\dot{0}\dot{3}$	②
9	$0.\dot{1}$	①	34	$0.0\dot{2}94\ 1176\ 4705\ 8823\ \dot{5}$	△
10	0.1	×	35	$0.0\dot{2}85\ 71\dot{4}$	△
11	$0.\dot{0}\dot{9}$	②	36	$0.02\dot{7}$	△
12	$0.083\dot{}$	△	37	$0.\dot{0}2\dot{7}$	③
13	$0.\dot{0}769\ 2\dot{3}$	⑥	38	$0.0\dot{2}63\ 1578\ 9473\ 6842\ 10\dot{5}$	△
14	$0.0\dot{7}14\ 28\dot{5}$	△	39	$0.\dot{0}256\ 4\dot{1}$	⑥
15	$0.06\dot{}$	△	40	0.025	×
16	0.0625	×	41	$0.\dot{0}243\ \dot{9}$	⑤
17	$0.\dot{0}588\ 2352\ 9411\ 764\dot{7}$	⑯	42	$0.0\dot{2}38\ 09\dot{5}$	△
18	$0.05\dot{}$	△	43	$0.\dot{0}232\ 5581\ 3953\ 4883\ 7209\ \dot{3}$	㉑
19	$0.\dot{0}526\ 3157\ 8947\ 3684\ 2\dot{1}$	⑱	44	$0.022\dot{7}$	△
20	0.05	×	45	$0.0\dot{2}$	△
21	$0.\dot{0}476\ 1\dot{9}$	⑥	46	$0.0\dot{2}17\ 3913\ 0434\ 7826\ 0869\ 56\dot{5}$	△
22	$0.045\dot{}$	△	47	$0.\dot{0}212\ 7659\ 5744\ 6808\ 5106\ 3829$ $7872\ 3404\ 2553\ 1914\ 8936\ 1\dot{7}$	㊻
23	$0.\dot{0}434\ 7826\ 0869\ 5652$ $1739\ 1\dot{3}$	㉒			
			48	$0.0208\ \dot{3}$	△
24	$0.041\dot{6}$	△	49	$0.\dot{0}204\ 0816\ 3265\ 3061\ 2244\ 8979$ $5918\ 3673\ 4693\ 8775\ 5\dot{1}$	㊷
25	0.04	×			
26	$0.0\dot{3}84\ 61\dot{5}$	△	50	0.02	×

최대공약수 구하는 방법

두 개의 수 28과 42의 최대공약수란

28의 약수   1, 2, 4, 7, 14, 28
42의 약수   1, 2, 3. 6, 7, 14, 21, 42

에 공통으로 있는 약수 1, 2, 7, 14 가운데 가장 큰 14다.
계산으로 구하기 위해서는 다음과 같이 하면 된다.

첫 번째 소수素數의 곱으로 하는 방법

$$28 = 2 \times 2 \times 7$$
$$42 = 2 \times 3 \times 7$$

공통으로 있는 것은 $2 \times 7 = 14$

두 번째 나눗셈으로 구하는 방법

두 수를 동시에 나누어떨어지게 하는 수를 찾아서 나
눗셈을 하면서 공통 약수를 찾아간다.

```
 2 ) 28   42
 7 ) 14   21
      2    3
↗
답
```

세 번째 유클리드 호제법

42를 28로 나누고, 나머지로 28을 나눈다. 이것을 나누어떨어질 때까지 계속한다.

$$
\begin{array}{r|r}
 & 2 \quad\ \ 1 \\
\hline
14\,)\ 28 \quad)\ 42 \\
28 \qquad 28 \\
\hline
0 \qquad\ 14
\end{array}
$$

이 마지막 방법은 강력하여, 2380과 7973의 최대공약수도 다음과 같이 해서 구해진다.

답은 119이다.

$$
\begin{array}{r|r|r|r}
 & 6 & 1 & 2 & 3 \\
\hline
119\,)\ 714 &)\ 833 &)\ 2380 &)\ 7973 \\
714 & 714 & 1666 & 7140 \\
\hline
0 & 119 & 714 & 833
\end{array}
$$

최대공약수는 영어로 Greatest Common Measure 최대 공통척도라고 하며, 확실히 14는 28과 42를 정확하게 측정할 수 있는 최대의 공통단위이다.

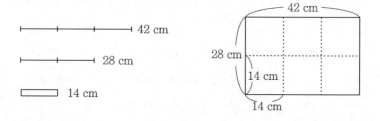

28과 42를 직사각형의 가로와 세로의 길이라고 하면, 이 직사각형을 빈틈없이 메우는 가장 큰 정사각형 타일의 한 변은 최대공약수인 14이다.

그런데 세 개 이상의 수의 최대공약수는 어떻게 구할까요?

🪙 세 수의 최대공약수

수학에서 최대공약수는 두 수에 대해서만이 아니라, 몇 개라도 상관없다.

예를 들어 28, 42, 63의 최대공약수는 다음과 같이 두 단계로 생각하면 된다.

(i) 28
         } 이 두 수의 최대공약수를 구하면, ⑭다.
    42

(ii) ⑭
         } 이 두 수의 최대공약수를 구하면 7이다.
    63

7이 28, 42, 63의 최대공약수가 된다.

(i)에서 채택하는 두 수는 28, 42, 63 가운데 어느 수라도 괜찮다.

(i) 42
         } 이 두 수의 최대공약수를 구하면, ㉑이다.
    63

(ii) ㉑
         } 이 두 수의 최대공약수를 구하면 7이다.
    28

7이 28, 42, 63의 최대공약수가 된다. 앞의 결과와 같다.

이와 같이, 세 개 이상의 수의 최대공약수는 먼저 두 수의 최대공약수를 구하고, 그것과 다른 수의 최대공약수를 구하고, 이처럼 계속 반복하면 구해진다.

제2장

수와 계산 2

양의 종류

우리들을 둘러싸고 있는 양은 크게 나누면, 두 종류이다. "책상 위의 컵은 몇 개?"라고 할 때는 분리적인 양이다. 하나하나의 컵은 그 이상 분할할 수 없다. 나누면 단순한 파편이 되어 컵의 역할을 하지 못한다. 컵과 컵을 연결 지어 합치는 것은 처음부터 문제로 삼지 않는다. 분할, 즉 연결되지 않는 독립된 사물의 크기는 분리량이다. 한편, 한 개의 컵 안에 들어 있는 물은 얼마든지 분할할 수 있다. 두 개의 용기 안에 있는 물은 한 개의 용기로 옮겨서 합칠 수 있다. 몇 개로도 분할할 수 있으며, 또 연결도 자유롭게 할 수 있는 양을 연속량이라 한다. 길이, 들이, 무게, 시간, 넓이, 부피 등은 이러한 연속량의 무리이다.

연속량의 단위

컵 등의 분리량을 헤아리는 경우에 한 개, 한 걸음, 한 마리 등에서 단위인 1은 누구에게나 분명하지만, 연속량은 그렇지 않다. 연속량은 온통 연결되어 있으므로 헤아릴 수 없다. 그래서 적당한 구분을 짓는다든지 분할히든지 해서 작은 조각들의 개수를 셀 수밖에 없다. 이렇게 분할된 작은 조각이 소위 '단위'로 연속량을 '잰다'는 것은 단위로 나누어서 '헤아린다'는 것이다.

분리량의 경우와 달리, 연속량의 단위는 인공적으로 정한 것이
므로 사회적인 합의가 없으면 어느 정도의 크기인지 확정할 수 없
다. 그래서 연속량의 단위 체계는 인간 사회의 발전과 함께 바뀌어
왔다. 처음에는 매우 좁은 범위의 사회에서만 통용되었던 단위 체계
가 교역이 확대됨과 동시에 차츰 넓은 지역에서 사용되게 된다.

🎡 미터법의 탄생

　오늘날의 미터법은 1789년 시작된 프랑스혁명이 한창일 때 만
들어졌다. 국민공회는 탈레랑 Charles Maurice de Talleyrand 이 제안한 원
칙(보편적 단위는 자연물에서 정하고, 단위계系의 상호관계는 십
진법에 따른다)을 받아들여, 프랑스 과학아카데미에서 구체화하도
록 했다. 과학아카데미에서 만들어진 위원회(콩도르세, 볼터, 라그
랑주, 치레, 라부아지에, 라플라스, 몽주)는 지구자오선의 북극에
서 적도까지의 길이의 1천만분의 1을 1m로 정하고, 아주 힘든 작업
끝에 됭케르크 Dunkerque 에서 바르셀로나까지의 거리를 실측해서
1m의 실제 길이를 구했다. 또 1m의 10분의 1을 1dm로 하고, 더욱
이 4℃에서의 1ℓ인 물의 무게를 1kg으로 정했다.

　즉, 미터법은 길이의 단위를 지구에서 정하고, 그것을 바탕으로
해서 액체량의 단위를, 더 나아가 물로 질량(무게)의 단위로 정한
것인데 이것은 다른 단위계(일본의 척관법, 영국계의 야드·파운
드 yard pound 법 등)에는 없는 큰 특징이다.

　정확히 말하면, 위의 측정으로 만들어진 미터원기原器의 1m는
당초 예정한 4분의 1인 자오선의 1천만분의 1보다 약간 작기 때문
에, 그것으로 4분의 1인 자오선을 재면 10002288.3m가 된다. 또

$1dm^3$인 물의 무게를 완성된 킬로그램원기의 1kg으로 재면 1kg보다 조금 작은 0.999972kg이 되기 때문에, 정확하게 말하면

$$1kg인 물의 부피 = 1.000028dm^3$$

이다. 더욱이 오늘날 일본의 계량법에는 액체량의 단위 1ℓ가 물 1kg의 부피라고 정해져 있으므로, 우변이 정확한 1ℓ이다. 그 대신, $1dm^3$인 물의 부피는 리터와 구별하여 '신 리터($ℓ_n$)'라고 부르고 있다. 그러나 실용상 $1dm^3 = 1ℓ = 1kg$이라는 당초 정의의 의의를 잃어버렸다고는 생각되지 않는다.

텔레랑이 당초 제안한 것과 관계없이, 미터도 킬로그램도 결국은 인공물인 원기原器가 기준으로 되어버렸다는 것에 빈정거림을 샀다. 그 때문에 원기와 바꿀 별도의 기준을 찾아보게 되었으며 길이를

"1초의 299792458분의 1 동안에 빛이 진공 속을 나아간 길이"

라고 1983년에 정했는데, 질량 쪽은 (측정정밀도가 장애가 되어) 아직도 킬로그램원기를 활용하고 있다. 어쨌든 이것도 다른 원리에 따라 바뀔 것이다.

미터법의 또 다른 하나의 특징은 십진법인데, 이것은 열 배, 백 배, 천 배, 그 이상은 천진법이며, 그리스어의 수사를 접두어로 이용했기 때문에

엑사	페타	테라	기가	메가	킬로	헥토	데카	
E	P	T	G	M	k	h	da	1
10^{18}	10^{15}	10^{12}	10^9	10^6	10^3	10^2	10	(배)

가 되며, 1보다 작은 경우도 마찬가지로 1000분의 1까지는 십진법, 그 이하는 천진법으로 라틴어(와 덴마크어)의 접두어를 붙인다.

	데시	센티	밀리	마이크로	나노	피코	펨토	아토
1	d	c	m	μ	n	p	f	a
(분의 1)	10	10^2	10^3	10^6	10^9	10^{12}	10^{15}	10^{18}

천 배에서 1,000분의 1까지의 십진 계열의 부분을 구체적인 일람표로 만들어 보면 다음과 같다.

천	백	십	일	분分	리厘	모毛
k	h	da	1	d	c	m
km	(hm)	(dam)	m	(dm)	cm	mm
kℓ	(hℓ)	(daℓ)	ℓ	dℓ	(cℓ)	mℓ
t=kg	(hg)	(dag)	g	(dg)	(cg)	mg
kt	(ht)	(dat)	t	(dt)	(ct)	(mt)=g
킬로킬로	헥토	데카	미터	데시	센티	밀리밀리

> **주** ( )에 들어 있는 것은 일본의 일상에서는 사용되지 않지만, 프랑스 등에서는 모두 사용하고 있다. 이들 가운데, dm와 cℓ는 알맞은 크기이므로 이용하는 것이 좋다고 생각한다.

손으로 만든 단위 환산기

　잘 정리하지 않으면, 단위 환산은 아이들에게도 어른들에게도 까다롭다. 그러나 미터법은 십진 구조를 도입해서 만들어졌기 때문에, 본래 귀찮은 것이 아니다.

$$1m^2 = (\quad)cm^2, \quad 2d\ell = (\quad)k\ell, \quad 3m^3 = (\quad)cm^3$$

친근한 미터법의 단위를 양의 종류로 나누어 정리해보자.

길이 …… km, m, cm, mm

들이 …… $k\ell$, ℓ, $d\ell$, $m\ell$

무게 …… t, kg, g, mg

넓이 …… km^2, ha, a, m^2, cm^2, mm^2

부피 …… m^3, cm^3, mm^3

　이렇게 많은 단위가 계속 나오므로 이들 각각의 관계에 대해서 몽땅 머릿속에 집어넣으려고 하는 것이 얼마나 어려운 일인지 상상할 수 있을 것이다.

　그런데 미터법 단위의 구조에서 중요한 것은 처음에 말한 것처럼 10씩 정리하여 새로운 단위를 만든다는 점이다. 예를 들면, 길이의 단위로는 본래

km, hm, dam, m, dm, cm, mm

라는 단위가 있었다. 이들을 하나씩 방에 넣어서, 단위 척도를 만들면, 다음과 같이 된다.

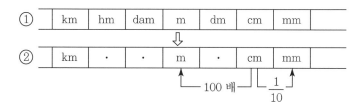

오늘날 일본에서는 거의 사용되지 않는 단위를 빈 방으로 하면 ②와 같은 척도를 만들 수 있다. 이 척도는 오른쪽으로 한 칸 나아가면 $\frac{1}{10}$인 단위가 되고, 왼쪽으로 두 칸 나아가면 100배의 크기인 단위가 나열된다. 원래는 m를 기준으로 해서

킬로: k ······ 1000배　　헥토: h ······ 100배

데카: da ······ 10배　　데시: d ······ $\frac{1}{10}$

센티: c ······ $\frac{1}{100}$　　미리: m ······ $\frac{1}{1000}$

이라는 의미이므로 당연하다.

미터법의 10씩 정리하는 것과 숫자의 십진수 구조를 결합하면, 단위의 환산문제는 다음과 같이 생각할 수 있다.

1km＝( )m라는 문제라면, 먼저 km 아래에 1을 적고 다음에 m 아래까지 0을 적어가면 1000이라는 숫자가 되며, 이것이 구하는 답이 된다.

km	·	·	m	·	cm	mm	
1							

⇩

km	·	·	m	·	cm	mm	
1	0	0	0				

마찬가지로 2mm＝(　)m라는 문제도, 먼저 mm 아래에 2를 적고 다음에 m의 아래까지 0을 적어서 m의 방을 1의 자리로 해서 소수점을 찍으면 0.002가 되고, 이것이 구하는 답이다.

km	·	·	m	·	cm	mm	
						2	

⇓

km	·	·	m	·	cm	mm	
			0	.	0	0	2

이러한 구조 척도를 이용하면 단위의 환산 문제는 재미있고 간단하게 풀 수 있다. 들이, 무게, 넓이, 부피 단위의 척도를 만들면 다음과 같다.

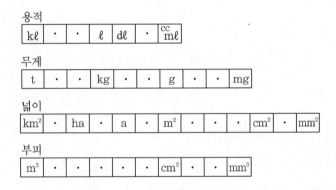

용적

| kℓ | · | · | ℓ | dℓ | · | cc mℓ |

무게

| t | · | · | kg | · | · | g | · | · | mg |

넓이

| km^2 | · | ha | · | a | · | m^2 | · | · | · | cm^2 | · | mm^2 |

부피

| m^3 | · | · | · | · | · | cm^3 | · | · | mm^3 |

앞에 나온 다섯 가지의 척도를 하나로 묶어 '만능 단위 환산기'를 만들어 보자.

먼저, 다음 페이지를 확대 복사하여, 그림 1을 잘라서 봉투에 붙인다. 그렇게 하여 봉투의 양 끝만 자르고, 그림 1의 가운데 사각형을 잘라낸다. 그림 2를 봉투의 폭보다 조금 좁은 마분지에 붙인다. 이것으로 완성!

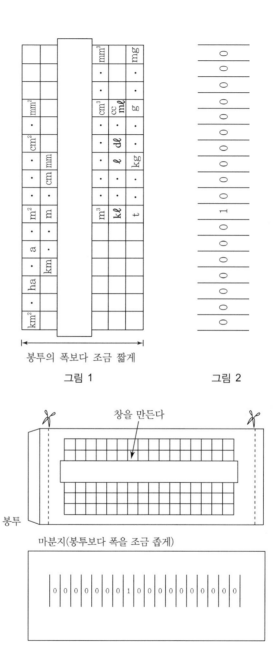

봉투의 폭보다 조금 짧게

그림 1   그림 2

창을 만든다

봉투

마분지(봉투보다 폭을 조금 좁게)

0 0 0 0 0 0 0 1 0 0 0 0 0 0 0 0 0 0 0

이것을 호주머니에서 꺼내 아이의 의문에 답하면, 여러분을 보는 아이의 눈은 확 바뀔 것이다. 사용방법은 다음과 같다.

① 25m = (   )cm

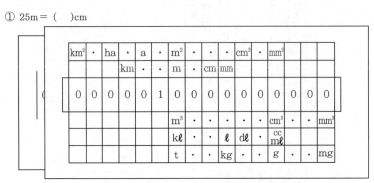

m 아래에 10의 '일의 자리'의 0에 오도록 맞춘다.

10m=1000cm → 25m=2500cm

② 0.37km = (   )m

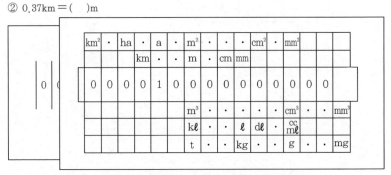

km 아래가 0.1의 '일의 자리'의 0이 되도록 맞춘다.

0.1km=100m → 0.37km=370m

7은 불가사의한 수

7±2 청크

"7은 불가사의한 수? 음. 럭키세븐이라는 걸까?" 아니다. 야구와는 관계없다. 이것은 인간 기억과 관련된 수다.

먼저, 다음 숫자열을 누군가에게 읽어달라고 하고, 그것을 순서대로 외워보자.

014916253649

올바르게 재생할 수 있는 사람은 거의 없을 것이다. 30년 전쯤 심리학자 밀러 George Armitage Miller 는 인간이 이러한 형태로 기억할 수 있는 항목수(숫자라도 문자라도 상관없음)가 대개 7 전후이라는 것을 발견하고, 그것을 "불가사의한 수[1] 7±2"라고 불렀다.

만일 앞의 숫자열을

0, 1, 4, 9, 16, 25, 36, 49

라고 읽으면, 올바르게 재생할 수 있는 사람은 훨씬 많았을 것이다. 왜냐하면, 이것이 0에서 7까지의 정수를 제곱하여 늘어놓은 것임을 쉽게 알 수 있기 때문이다.

기억의 용이성에 대한 차이점을 설명하기 위해서 밀러는 '청크

---

1) 'The Magical Number'라고 하며, '마법의 숫자'라고 번역하기도 한다.

chunk'라는 용어를 사용했다. 청크라는 것은 정보를 한데 묶는 것이다. 미터가 길이의 측정단위인 것처럼 청크는 기억용량의 측정단위이다. 앞의 숫자열을 따로따로 분리된 것으로 보면 12청크(덩어리)지만, 제곱이 늘어선 것으로 보면 극단적으로 기껏해야 2청크(시작이 0^2, 끝이 7^2이라는 것만 기억하면 된다)가 되어 $7±2$청크의 기억용량 범위에 속하게 된다.

🪙 기억 시스템

별 다른 생각 없이 '기억'이라는 단어를 사용해 왔지만, 정확하게 말하면 기억에는 크게 나누어 세 가지 시스템이 있다고 여겨진다. 감각기억 sensory memory, 작업기억 working memory (단기기억 short-term memory), 장기기억 long-term memory 의 세 가지이다.

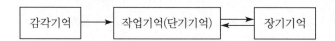

'감각기억'이라는 것은 눈과 귀라는 감각기관으로 들어온 정보를 아주 짧은 시간 동안 저장해두는 곳이다. 영화와 TV 등에서 잘게 자른 필름으로 만들어진 영상이 연속된 (부드러운) 움직임으로 보이는 것은 이 감각기억 탓이다.

감각기억에 들어온 정보 가운데 주의를 기울인 것만이 다음의 '작업기억 (단기기억)'으로 보내진다. 앞에서 이야기한 것은 이 단계의 기억인 것이다. 밀러가 '단기기억'이라고 불렀던 것이지만 그후 이 부분은 정보를 짧은 시간 저장해두는 것뿐만 아니라, 다양한 정보처리(심적인 작업)가 실행되고 있다는 것이 알려져서 '작업기억'이라고 부르게 되었다. 문자 그대로 마음속의 작업대라는 것이다. 그렇다면 도대체 어떤 작업이 실행되고 있는 걸까?

오른쪽 계산을 암산으로 해보자. 이때 우리들은
각 자리의 답과 받아올림을 머릿속에 남기면서 차
례로 계산해 나간다. 양쪽을 병행해서 잘 계산하기 위해 상당히 신
경을 쓴다. 각 자리의 답을 외워두기 위해서는 그 숫자를 머릿속에
기억되도록 반복해서 말한다든지 숫자를 이미지화하든지 한다.

$$358 \\ + \ 249$$

이 예에서도 볼 수 있듯이 작업기억에는 계산과 추리 등의 활동
을 한다든지 주의를 배분한다든지 하는 중추 부분, 음성적 정보를
보존하는 부분, 시간·공간적인 정보를 보존하는 부분 등이 있음을
알 수 있었다. 이렇게 되면 기억 용량의 의미도 바뀌게 된다. 즉 단
순히 조각으로 기억할 수 있는 항목수의 범위라기보다는 오히려 동
시에 주의를 기울일 수 있는 사상事象의 개수의 범위라는 것이 된
다. 청크는 이러한 기억 용량의 단위인 것이다.

마지막의 '장기기억'은 우리들이 흔히 '기억'이라고 부르는 부분
이다. 장기기억은 수학 공식과 역사의 연대, 사람 얼굴, 지난 여름
에 일어난 일 등의 방대한 정보와 지식의 영속적인 저장소이다. 이
들 정보와 지식은 작업기억에서 보내어져, 필요할 때에 불러낸다.
예를 들면, 앞의 계산에서 받아올림이나 일의 자릿수끼리의 덧셈
등은 장기기억에서 불러낸 것이다.

산수·수학 학습에서의 의미

그렇다면 지금까지 이야기해온 것은 도대체 산수·수학 학습
과 어떻게 관계되어 있을까?

이 글의 제목은 '7은 불가사의한 수'인데, 실은 작업기억 용량이

정말로 '7±2청크'일까 하는 것은 약간 의심스럽다. "그렇게 많지 않다, 기껏해야 5청크다."라는 연구자도 있으며, "어른과 아이는 다르다."라는 연구자도 있다. 그래서 솔직히 말하면 '7'에 지나치게 구애되지 않는 것이 좋다.

그럼에도 작업기억 용량에 어느 정도 한계가 있다는 것에는 많은 연구자가 일치하고 있다. "머리가 복잡하게 얽히고설켜서 뭐가 뭔지 모르게 되었다."라고 하는 경험은 누구에게나 있다. 이 상태에 빠지는 것은 과제의 요구가 작업기억 용량을 넘어 버렸기 때문이다.

머리가 복잡하게 얽히고설켜 있을 때 혹은 머리가 복잡하게 얽히고설키지 않도록 하기 위해서 어떤 것을 할 수 있을지 생각해보자.

우선, 머릿속에 저장해두어야 할 것을 가능한 한 줄여서 밖으로 꺼내두는 것이다. 이것의 가장 알기 쉬운 예는 보조기호이다. 예를 들면, 받아내림이 있는 뺄셈에서 아이들은 처음에 오른쪽과 같이 썼다. 이것은 마치 타일을 조작할 때처럼, 10을 5와 5로 나누어, 한 조각인 5와 4에서 9를 빼고, 나머지인 5와 0을 합치는 것을 나타내고 있다. 이렇게 해서 조작의 도중 결과를 적고 밖으로 꺼내두면 머릿속에 저장해둘 정보를 훨씬 줄일 수 있으며, 작업기억 공간을 계산 조작 그 자체나 타일의 이미지를 상기하는 데에 사용할 수 있다는 것이다.

거꾸로, 조작방법을 숙달하는 경우도 있다. 예를 들면, 처음에는 위에서처럼 보조기호를 쓰고 있던 아이도 계산 방법을 알고 계산에 익숙하게 되면 자연스럽게 보조기호를 쓰지 않게 된다. 이것은 조작에 숙달되어 작업기억 공간을 그다지 사용하지 않고 해결할 수 있기 때문으로 조작과 도중 결과의 저장을 병행할 수 있게 되었다는 것이다.

마지막으로 하나하나의 청크를 크게 해서 많은 정보를 한데 모아서 다루는 것이다. 장기의 명인은 장기판을 슬쩍 본 것만으로 말의 위치를 재생할 수 있다고 하는데, 이것도 명인이 청킹을 하고 있기 때문이다. 앞에서 말한 숫자열이 제곱인 수라는 지식을 장기기억에서 꺼내 2청크로 묶을 수 있었던 것처럼 청킹을 하는데 장기기억 속의 지식이 큰 역할을 한다. 또 청킹을 도와주는 것도 있다. 예를 들면, 통조림 타일을 사용하면 큰 수라도 이미지 조작이 쉽게 되는 것은 통조림 타일이 이 청크를 도와주기 때문이다.

이런 경향으로 보면, 작업기억의 용량에 한계가 있다고 해도 그 용량의 범위 내에서 할 수 있는 것은 훨씬 더 범위가 넓어진다는 것을 알 수 있다. 7은 인간의 머릿속 움직임의 불가사의함을 가르쳐주는 수라고 말할 수 있을지도 모른다.

이상한 유효숫자

🪙 유효숫자란 뭘까요?

K씨 옆집 아줌마 : 초등학교에 다니는 우리 아이의 수학 교과서를 보았더니, "반지름이 5cm인 원의 넓이는 몇 cm^{2}일까?"라는 문제가 있던데, 원의 넓이는 '반지름×반지름×원주율'이죠. 그런데 여기서 난처해져 버렸어요. 원주율을 3.14로 하면, $5 \times 5 \times 3.14 = 78.5\,\mathrm{cm}^2$인데, 좀더 상세하게 3.14159 정도로 계산해보면, $5 \times 5 \times 3.14159 = 78.53975\,\mathrm{cm}^2$로 더 정확한 값이 나오잖아요. 원주율은 숫자를 어디까지 사용하면 되는지 모르겠어요.

N씨 전직 교사이자 K씨의 친구 : 뭐, 3.14 정도로 괜찮지 않을까요. 경우에 따라서는 3.1도 상관없어요.

K씨 : 수학이라는 것은 엄밀한 것 아닌가요? N씨의 이야기라면, 꽤 대충이네요.

N씨 : 뭐, 그런 거예요. 반지름이 5cm인 원이라고 해도, 아이들의 자로는 4.9cm와 5cm의 한가운데보다 크거나 5cm와 5.1cm의 한가운데보다는 작은 반지름이라는 거지요. 이러한 것을 유효숫자 두 자리라 하고, 5.0cm로 나타내는 거예요. 반지름의 진짜 길이는 4.9…이거나 5.0…이어서 소수 둘째 자리를 반올림해서 5.0이 되었다고 하는 것으로, 뭐, 기껏해야

둘째 숫자까지밖에 신용할 수 없다는 것이죠. 이런 때는 답도 둘째 자리까지 내면 돼요. 그러므로 $5 \times 5 \times 3.1$이라고 해도 된다는 거지요. 그러나 보통은 계산을 한 자리 더 해서,

$$5 \times 5 \times 3.14 = 78.5 \fallingdotseq 79.0 \, \text{cm}^2$$

로 하죠. 그러므로 $5 \times 5 \times 3.14159 = 78.5397$이라고 해도 실제로 잴 때는 소수점 이하 세 자리부터인 97 등은 신용할 수 없는 숫자이죠.

K씨 : 뭔가 알 것 같기도 하고, 모를 것 같기도 하네요.

N씨 : 그렇다면, 이런 문제는 어때요? 어느 출판사가 《수학 무엇이든지 사전》이라는 두꺼운 책을 냈을 때, 한 권의 무게가 1.34kg이었어요. 756권의 무게는 몇 kg이 될까요? 또 하중이 1t인 경트럭에는 몇 권 실을 수 있을까요?

K씨 : 그것이라면 간단할 것 같은데요. 먼저, 첫 번째 문제는 $1.34\text{kg} \times 756$권$= 1013.04\text{kg}$이고, 그래서 유효숫자는 세 자리이므로 1010kg이 되네요. 다음 문제는 $1000\text{kg} \div 1.34\text{kg} = 746.2686 \cdots$이 되므로 746권이라고나 할까?

N씨 : 그렇죠. 유효숫자를 세 자리로 한 것은 책의 권수처럼 헤아릴 수 있는 양(분리량)에 대해서는 오차가 없기 때문에 측정된 양(연속량)의 자릿수만이 문제가 되죠. 그래서 계산을 해보면 오른쪽과 같이 기껏해야 1010kg이

```
        1.34□
    ×    756
        804□
       670□
      938□
    101□.□□□
```

에요. 따라서 1, 0, 1만이 신용할 수 있는 숫자인 거죠.

다음으로 가감법은 어때요? 예를 들면, K씨 집의 부지를 재었더니, 동서 두 변이 18.5m와 17.6m, 남북 두 변이 7.82m

와 8.56m이었다고 합시다. 둘레는 몇 m일까요?

K씨 : 18.5 + 17.6 + 7.82 + 8.56 = 52.48 ≒ 52.5m 아닐까요?

N씨 : 그래요. 그러나 가감의 경우는 몇 째 자리냐가 아니라, 수의 자릿수를 정하는 것, 즉 단위를 맞추는 거죠. 절대오차라는 것인데, 18.5m라든지 17.6m라고 할 때는 10cm 이하인 것은 불확실한 것이 되며 7.82m라든가 8.56m는 1cm 이하가 불확실한 것이 되므로 절대오차는 10cm와 1cm라는 거죠. 이 경우는 조잡한 방법인 절대오차에 맞춥니다. 그래서 18.5 + 17.6 + 7.8 + 8.6 = 52.5m로 충분한 거죠.

✿ 이상한 유효숫자

K씨 : 유효숫자라는 것은 측정의 정밀도 精密度 를 나타내요. 유효숫자 다섯 자리라면 측정의 정밀도나 오차는 10,000분의 1 정도가 되며, 곱셈과 나눗셈일 때는 이 정밀도로 자릿수를 맞춰요. 그러나 덧셈과 뺄셈일 때는 정밀도보다 절대적인 오차, 따라서 소수점 이하 몇 자리라는 '자리'를 맞추는 거네요.

N씨 : 정확합니다. 호그벤 Lancelot Hogben 의 《백만인의 수학 Mathematics for the Million》에는 이런 것이 적혀 있습니다. 원둘레와 지름과의 비를 나타내기 위해서 그리스 문자 π를 사용하는 이유는 "원주율의 정확한 값은 어디에 사용할지 때와 경우에 따라서 여러 가지이며, 어떠한 때라도 똑같게 사용할 수 있는 정확한 값이라는 게 없기 때문이다. 원통의 바닥을 예로 들면, 1% 이내의 오차로 만들려고 할 경우에는 이 비를 3.14라고 생각하면 충분하다. 만일 이 바닥을 0.01% 이내의 오차로 만

들어야 할 경우에, 이 비는 3.1416으로 해야 된다. 이 소수의 꼬리 부분은 로마 전차의 바퀴를 만들 때와 18세기 증기기관의 피스톤을 설계할 때와 오늘날 항공기용 발동기를 설계할 때에 따라 다르다.”고 해요. 그래서 유효숫자 몇 자리라고 해도, 작으면 작을수록 좋다는 것은 아니라는 거죠.

K씨 : 그러면 여성이 몸무게를 신경 써서 49.52kg이 49.27kg으로 되었을 때 기쁘다든가 50.23kg이 되었다고 해서 기가 죽는 다든지 하는 것은 어떤가요?

N씨 : 아무리 체중계가 컴퓨터화되어 정밀하게 측정된다고 해도, 49.52kg이라는 숫자는 의미가 없지요. 체중이란 것은 하루 가운데에서도 상당히 변동하는 — 식사 전후라든가, 약간 걷고 난 후라든가 — 것이므로 소수점 이하는 필요 없어요. 그래서 재미있는 이야기가 있죠. 펠레리만 Perelman 이라는 수학자가 《재미있는 계산술》에 다음과 같이 썼어요.

“프랑스의 천문학자 모레이에 따르면, 피라미드는 그 건조建造를 지휘한 신관神官의 놀라운 계산 결과로 그런 형태가 되었다. 즉 피라미드 네 개의 밑 변을 더하면, 931.22m가 된다. 이것을 높이의 두 배(2×148.208)로 나누면 3.141, 즉 원주율 π의 값을 얻을 수 있다.”, “피라미드는 π를 나타내는 것이었다. … 그러나 여기서 모레이는 중대한 오류를 범하고 있다. 피라미드의 높이 148.208m는 1mm 정밀도를 가지고 있는데, 이러한 측정 정밀도를 보증하는 사람은 한 사람도 없다. 세계에서 많은 측정을 하는 소련의 도량형연구소조차도 길이를 측정할 때, 이 정밀도를 상회할 수는 없다. 길이를 측정할 때, 유효숫자는 여섯 자리를 넘지 않는다." 이렇게 피라미드에 관련된 이야기의 미심쩍음을 지적한 후, 영국의 수학자 페리의 말도 인용하고 있지요. "확실하다고 보증할 수 있는 것보다도 많은 숫자를 적는 것은 불성실하다. … 중학생일 때 나는 지구에서 태양까지의 평균거리가 95142357마일이라고 배웠다. 어차피 아래 쪽 자리는 불확실한 것이므로, 왜 몇 피트 몇 인치까지 자세하게 들지 않았을까가 불가사의하다. 오늘날의 더 정확한 측정에서도 이 거리가 9300만 마일보다도 작고, 9250만 마일보다도 크다고 말할 수 있는 것에 불과하다."

신뢰도와 필요성의 균형을 정하는 유효숫자

K씨 : 우리들은 작은 숫자를 나타내면, 별 생각없이 진실이라고 생각하지만, 경우에 따라서는 다른 사람을 속이기 위해서 일부러 유효숫자의 자릿수를 올리는 경우가 있음을 경계하지 않으면 안 돼요.

N씨 : 그래요. 사람은 숫자에 약한 경우가 있죠. 그러나 이미 보아왔던 것처럼 유효숫자라는 것은 측정의 정밀도 표현이기 때문에

① 어디까지(어느 자리까지) 신뢰할 수 있는 숫자일까?
② 어느 정도까지 구체적인 숫자가 필요할까?

의 두 가지 점에서 결정되어야 한답니다. 그러므로 너무 상세하게 자릿수가 많은 유효숫자는 오히려 이상하다고 봐도, 아마 틀림없을 거예요.

K씨 : 오늘 이야기로 조금 현명해진 것 같아요.

전자계산기를 사용한 숫자놀이

우연히 잡은 전자계산기, 무심코 키를 눌렀더니 생각지도 않은 결과가 표시되어, '어? 이것은 …?'이라고 생각에 잠기곤 한다.

시간을 주체 못할 때에 전자계산기를 이용하여, 대수롭지 않은 놀이를 해보자. 예를 들면,

$$37 \times 3 = 111, \quad 37 \times 6 = 222, \quad 37 \times 9 = 333, \quad \cdots$$

처럼 숫자가 늘어선 것을 바라보며 흐뭇해하는 것은 전자계산기 특유의 심심풀이며, 수 맞히기 게임 같은 놀이도 여럿 있다. 일전에 어떤 고등학생에게 다음과 같은 계산기 놀이를 배웠다.

"지금부터 선생님의 전화번호를 맞출 건데, 제가 말하는 대로 계산기로 계산해보세요!"(시외국번은 세 자리, 시내국번은 네 자리로 한다.) "먼저, 시외국번에 80을 곱하세요.", "응, 곱했어.", "다음에는 좋아하는 수를 더하고 …", "3을 더했어.", "그 수에 이번에는 250을 곱하고, 그것에 시내국번을 두 번 더하세요!", "응, 했어. …", "그리고 조금 전의 3과 250을 곱한 750을 빼고, 그것을 2로 나누세요.", "그 결과를 보여주세요.", "그건 3141592야!", "알았어요. 선생님 전화번호는 314-1592이지요!", "굉장한데! 어떻게 했니?"

아래에 이와 같은 전자계산기 놀이를 몇 개 소개해보자.

어디서부터 더해도 2220!?

니시야마 유타카 西山豊 씨가 《수학세미나》(1979년 5월호, 日本評論社 간행)에 〈전자계산기 심심풀이〉라는 재미있는 기사를 게재했다.

어떤 전자계산기라도 잘 보면 수 배열만은 같게 되어 있으며 하단은 1~3, 가운데 단은 4~6, 상단은 7~9이다. 5를 둘러싸고 1에서 9까지의 수 중에서 좋아하는 수부터 시작하여, 말 이어가기 놀이처럼, 세 자리 수를 만들어 가면 4회로 정확하게 한 바퀴 돈다. 예를 들면, 오른쪽 돌기로 7에서 시작하면,

$$789 + 963 + 321 + 147 = 2220 \qquad ①$$

이 된다. 재미있는 것은 어디에서 시작하더라도 이렇게 더하면, 2220이 되어버린다. 확인을 위해 6에서 시작해보자.

$$632 + 214 + 478 + 896 = 2220 \qquad ②$$

이다. 역시 같은 결과가 된다. 또 거꾸로 돌아도 같다.

$$123 + 369 + 987 + 741 = 2220 \qquad ③$$

이다. 역시 2220이다. 따돌림을 받고 있던 5도 확인해보자. 5는 한 가운데 있으므로 그 위치에서 제자리걸음을 하고 있어서

$$555 + 555 + 555 + 555 = 2220 \qquad ④$$

이다. 이것도 마찬가지로 2220이 되었다.

조금 더 보자. 수를 하나씩 건너뛰어 가면,

$$179 + 931 + 179 + 931 = 2220 \qquad ⑤$$

이 된다. 두 개 뛰어넘더라도 마찬가지이다. 세 개 뛰어넘으면 안
되지만, 네 개 뛰어넘거나 다섯 개 뛰어넘으면 된다. 여섯 개 뛰어
넘으면 ③의 거꾸로 돌기와 같게 되므로 이것도 된다.

한 번 더 5를 등장시켜 보자. 5를 포함해서 8자 모양 또는 ∞
모양으로 이동해보자. 예를 들면, 9에서 출발하면,

$$987 + 753 + 321 + 159 = 2220 \qquad ⑥$$

이 된다. 이번에는 5를 사이에 두고 두 번 왕복해보면

$$456 + 654 + 456 + 654 = 2220 \qquad ⑦$$

이다. 이것도 같은 답이 되어버렸다! 왜 그럴까?

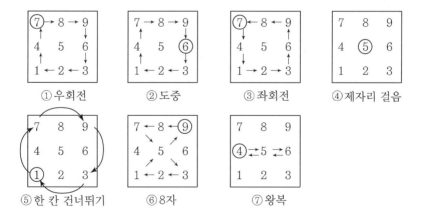

①우회전 ②도중 ③좌회전 ④제자리 걸음

⑤한 칸 건너뛰기 ⑥8자 ⑦왕복

이것은 세 자리 수로서 생각하는 것이 아니라, 어떤 자릿수에
대해서만 주목해서 생각하면 납득이 간다. 예를 들면, ①의 경우는

$$7 + 9 + 3 + 1 = 20 \qquad \text{(백의 자리)}$$

$$8 + 6 + 2 + 4 = 20 \qquad \text{(십의 자리)}$$

$$9+3+1+7=20 \quad (\text{일의 자리})$$

가 되어 모두 같은 값이 된다. 이렇게 되는 것은 5
에 관해서 대칭 위치에 있는 수의 합이 모두 10이
되도록 배치되어 있기 때문이다. 무작위로 배치된
것처럼 보이는 수에도 이런 퍼즐 같은 성질이 숨
어 있었던 것이다!

　　그런데 2220이 되는 조작은 아직도 더 있다.

🐚 142857의 불가사의

　　분모가 7인 분수를 소수로 고쳐보면, 불가사의한 세계가 펼쳐
진다. 이번에는 긴바야시 코의 저서 《불가사의한 소수ふしぎな小數》
에 소개되어 있는 불가사의한 세계를 산책해보자!

　　1÷7을 전자계산기로 실행하면, 142857이 반복해서 나온다.
긴 숫자를 열거하는 것도 힘들므로 최초 여섯 자리의 양끝 숫자 위
에 검은 점을 찍어 나타내기로 한다.

$$\frac{1}{7}=0.142857142857\cdots=0.\dot{1}4285\dot{7}$$

이 된다. 이 여섯 개의 숫자의 열 142857에 주목하면서, 분자가 2
와 3인 경우를 계산해보자. 전자계산기
로 실행하면,

$$\frac{2}{7}=0.\dot{2}8571\dot{4}, \quad \frac{3}{7}=0.\dot{4}2857\dot{1}$$

이 된다. 불가사의하게도 원형(고리)
모양의 142857을 각각 2와 4에서 출발

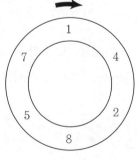

시킨 것으로 되어 있다.

그렇다면, $\frac{4}{7}$, $\frac{5}{7}$, $\frac{6}{7}$은 계산을 하지 않더라도 예상이 된다. 먼저, 142857을 순서대로 열거해둔다. 분모가 7인 분수 가운데 가장 작은 수는 $\frac{1}{7}$이므로, 다음 표의 제일 위에 대응하는 것이 된다. 이하 차례로 $\frac{2}{7}$, $\frac{3}{7}$, $\frac{4}{7}$, …가 된다. 또 $\frac{2}{7}$는 $\frac{1}{7}$의 두 배이므로, 다음과 같이 재미있는 곱셈도 얻어진다.

$142857 \times 1 = 142857$

$142857 \times 2 = 285714$

$142857 \times 3 = 428571$

$142857 \times 4 = 571428$

$142857 \times 5 = 714285$

$142857 \times 6 = 857142$

1	4	2	8	5	7
2	8	5	7	1	4
4	2	8	5	7	1
5	7	1	4	2	8
7	1	4	2	8	5
8	5	7	1	4	2

다음으로, $\frac{1}{7}$과 $\frac{6}{7}$에 대응하는 142857과 857142를 더해보자.

$$142857 + 857142 = 999999$$

숫자 9가 쭉 늘어서 있다. $\frac{2}{7}$와 $\frac{5}{7}$, $\frac{3}{7}$과 $\frac{4}{7}$도 마찬가지이다!

이번에는 $\frac{1}{7}$인 142857을 반으로 나눠 더해보자. 그랬더니

$$\frac{1}{7} \rightarrow 142 \mid 857 \rightarrow 142 + 857 = 999$$

이 되어, 마찬가지로 9가 이어진다. 또한 세 개로 나눠 더해보자.

$$\frac{1}{7} \rightarrow 14 \mid 28 \mid 57 \rightarrow 14 + 28 + 57 = 99$$

또다시 불가사의하게도 9가 이어진다. 단지, $\frac{3}{7}$, $\frac{5}{7}$, $\frac{6}{7}$일 때는 2로 나눈다는 조작이 더해진다. 왜 그럴까?

$$\frac{3}{7} \rightarrow 42 \mid 85 \mid 71 \rightarrow (42+85+71) \div 2 = 99$$

다른 분수도 마찬가지로 시도해보자. 아름다운 9의 열을 즐길 수 있다.

142857의 열을 바라보면서, 그 이유를 한 번 생각해보는 것도 멋진 일이다. 하나 더 덤으로 다음 계산을 전자계산기로 실행해보자. 반드시 재미있는 경험을 할 수 있을 것이다.

$142857 \times 7 = ?$ $142857 \div 9 = ?$

$15873 \times 7 =$ $15873 \times 14 =$ $15873 \times 21 =$

$15873 \times 28 =$ $15873 \times 35 =$ $15873 \times 42 =$

$15873 \times 49 =$ $15873 \times 56 =$ $15873 \times 63 =$

어때요? 즐거웠나요?

0.1은 이진법으로 어떻게 될까?

어느 유명기업의 입사시험에

"169를 삼진법으로 나타내세요."

라는 문제가 나왔다고 한다. 이진법이니 삼진법이 무엇인지 모르는 사람도 많다고 생각되기에, 먼저 천천히 생각해보자.

십진법과 이진법

우리들이 평소 사용하고 있는 수를 나타내는 방법은 '십진 자리 기수법'이라고 하며, 10씩 묶어서 다음 자리로 받아올라 간다. 그래서 22의 오른쪽 2는 단순한 2이고, 왼쪽의 2는 10이 '둘'이라는 의미이다. 예를 들면, 1994의 '진짜 의미'는

$$1994 = 1 \times 1000 + 9 \times 100 + 9 \times 10 + 4$$
$$= 1 \times 10^3 + 9 \times 10^2 + 9 \times 10 + 4$$

이다(한자로는 '壹千九百九拾四'이므로 진짜 의미를 그대로 표현하고 있다).

이제, 다음으로 이진법인데, 이번에는 10씩 묶어 받아올리는 것이 아니라, 2씩 묶어 받아올라 간다.

예를 들면, 13개의 타일을 이진법의 세계에서 헤아리면, 다음과

같이 된다(그림 참조).

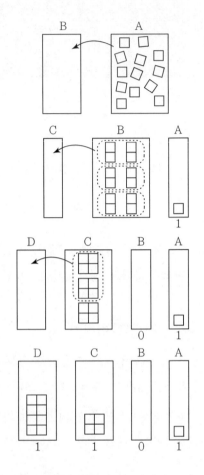

2개씩 묶어서 B의 방으로 받아올린다.

1개 남으므로 제일 마지막 자리의 수는 1이다.

B의 방에는 2개씩 늘어선 2-타일이 6개 있으므로, 다시 2개씩 묶어 C의 방으로 받아올린다. 그러면 B의 방에는 1개도 남은 것이 없으므로, 오른쪽에서 두 번째 자리의 수는 0이다.

C의 방에는 B의 방에서 올라온 4-타일이 3개 있으므로, 다시 2개씩 묶어 D의 방으로 받아올린다. 그러면 C의 방에는 1개 남으므로, 오른쪽에서 세 번째 자리의 수는 1이다.

D의 방에는 C에서 8-타일이 한 묶음 받아올라 왔을 뿐이므로, 한 번 더 받아올릴 필요는 없다. 그래서 이 자리의 숫자도 1이다.

이렇게 해서 십진법 13은 이진법으로는 1101로 나타난다. 이 1101의 진짜 의미는

$$1 \times 2^3 + 1 \times 2^2 + 0 \times 2 + 1$$

이다. 또 2개씩 묶어서 받아올라 가는 절차는 그림과 같은 계산으로 번역할 수 있다(타일 이야기와 계산을 대응시켜 보세요).

더 연습해 봅시다.

① 20을 이진법으로 나타내면, 어떻게 될까?

아래와 같이 계산해서 답은 10100이다.

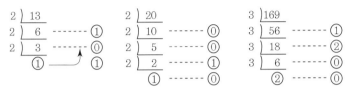

13은 이진법으로 1101

② 169를 삼진법으로 나타내면, 어떻게 될까?

3진법은 3개씩 묶어서 다음 방으로 받아올리는 것이므로, 그림과 같이 계산할 수 있으며, 답은 20021이다.

이진법과 컴퓨터

이상에서 본 것처럼 이진법은 둘씩 묶어 받아올리므로, 십진법에 비하면 자리 수가 아주 크게 된다. 이것은 불편한 일이다.

그러나 둘씩 묶어 받아올리므로 사용하는 수는 0과 1뿐이어서 좋다. 이것은 편리하다. 예를 들면, 한 자리끼리의 덧셈과 곱셈은 십진법에서는 100가지 있지만, 이진법에서는 겨우 4가지밖에 없다.

십진법							이진법			
0	0		4	4		9	9	0	0	1	1
+0	+0	...	+7	+8	...	+8	+9	+0	+1	+0	+1
0	1		11	12		17	18	0	1	1	10
0	0		4	4		9	9	0	0	1	1
×0	×1	...	×7	×8	...	×8	×9	×0	×1	×0	×1
0	0		28	32		72	81	0	0	0	1
			(100가지)						(4가지)		

그래서 컴퓨터에는 이진법이 사용된다.

회로에 전류가 흐른다와 아니
다를 1과 0에 대응시켜서 계산을
실행한다.

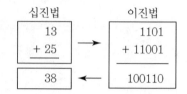

우리가 십진법으로 수를 입력
하여 계산을 명령하면, 컴퓨터는 바로 이진법으로 변환하여 계산을
실행한다. 그리고 그 결과를 다시 십진법으로 고쳐서 출력하도록
되어 있다.

십진법의 0.1과 이진법의 0.1

이제 조금 까다로워진다.

컴퓨터는 소수의 계산도 해준다. 그러므로 십진법의 소수도 이
진법의 소수로 고치게 된다. 그래서

0.1은 이진법으로 어떻게 될까?

라는 과제에 도전해보자.

급할수록 돌아가라 했다. 이진법의 111.111의 진짜 의미는 무엇
일까?

다음 그림에서도 알 수 있듯이, 이진법의 111.111은

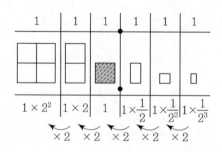

$$1 \times 2^2 + 1 \times 2 + 1 + 1 \times \frac{1}{2} + 1 \times \frac{1}{2^2} + 1 \times \frac{1}{2^3}$$

이다. 또 그림에서 사선이 들어 있는 타일이 나타내는 양을 1로 하면, 이진법의 소수에 의해 나타난 양은 다음과 같이 된다.

한 번 두 배 해서 1이 되는 양은 이진법으로 나타내면 0.1

두 번 두 배 해서 1이 되는 양은 이진법으로 나타내면 0.01

세 번 두 배 해서 1이 되는 양은 이진법으로 나타내면 0.001

⋮

그래서 십진법으로 0.1로 나타난 양을 몇 번이라도 두 배 함으로써, 몇 번째에 1이 될까를 조사하면 우리들의 과제는 해결된다.

아래와 같이, 네 번째에 1을 초과한다. 즉 이진법 소수 0.0001의 등장이다. 남은 소수 0.6으로 다시 계속하면 다섯 번째에 또 1을 초과한다. 0.00001의 등장이다. 또 남은 0.2로 다시 계속해보면, 앞의 계속이 반복되고 있음을 알 수 있다.

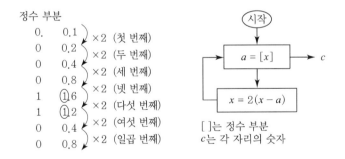

이렇게 해서, 십진법의 0.1은 이진법으로는 여러 번 언제까지라도 계속되는 무한소수가 된다. 컴퓨터도 힘든 일이다.

$$0.\underbrace{0001}\underbrace{1001}\underbrace{1001}\underbrace{10011}\cdots = 0.000\dot{1}\dot{1}$$

이 부분이 반복된다

자연수 가운데 1과 자기 자신 외에 약수를 가지지 않는 것을 소수素數라고 한다. 단, 1은 소수라고 하지 않는다. 소수는 20까지 8개가 있다.

$$2, \ 3, \ 5, \ 7, \ 11, \ 13, \ 17, \ 19$$

100까지	25개
1000까지	165개
10000까지	1229개
100000까지	9592개

있다. 소수는 전부 몇 개 있을까? 소수는 무한히 있다.

이것은 고대 그리스 시대부터 알려져 있던 것으로 배리법(귀류법)에 따른 증명도 이미 되어 있다.

그러나 무한히 있다는 것은 알고 있지만 모두를 열거하는 방법은 아직도 발견되지 않았다. 열거하는 규칙을 알지 못하기 때문이다.

어떤 자연수가 소수인지 판별하는 것은 큰 수가 되면 쉽지 않다. 크지 않은 자연수 n에 대해서 $\sqrt{n}$ 까지의 소수를 가지고 차례로 나누면 된다. 예를 들면, $n = 127$일 때 $\sqrt{127}$ 까지의 소수, 즉 11까지의 소수로 나누면 된다. 2, 3, 5, 7, 11로 나누어떨어지지 않으면 소수임을 알 수 있다. 그러나 이 방법으로는 기껏해야 20자리까지밖에 판정할 수 없다고 한다. 아드레만-루메니Adleman-Rumely

법이 개발되고 나서 500자리 정도까지는 가능하다고 한다.

처음의 소수 열을 잘 보면 3과 5, 5와 7, 11과 13, 17과 19 모두 차가 2이다. 이렇게 차가 2인 소수의 쌍을 쌍둥이 소수 twin prime 라 한다. 20까지 네 쌍의 쌍둥이 소수가 있다. 또한

100까지	7쌍
1000까지	30쌍
10000까지	171쌍

이 있다.

10000까지에서 가장 큰 것은 9929와 9331인데, 1993년 7월에 발견된 것으로 가장 큰 것은 4030자리인 수[1]로, $n = 169,1232 \times 1001 \times 10^{4020}$이라 두면, $(n-1)$과 $(n+1)$이다. 소수는 무한히 있으므로 쌍둥이 소수도 무한히 있을까? 그렇게 생각되지만, 사실은 아직 누구도 증명하지 못하고 있다. 쌍둥이 소수는 차가 2지만 반대로 차가 큰 것은 어떻게 될까? 10000까지의 소수 열을 가만히 보고 있으면 이런 것이 있다. 1327과 1361에서 차는 34, 차가 큰 경우에 대해서는

"서로 이웃하는 두 개의 소수의 차가 아무리 큰 경우라도, 그러한 두 개의 소수는 존재한다."

라는 것이 증명되어 있다.

메르센 소수와 완전수

자연수 가운데 소수 이외의 것은 1과 자기 자신 이외의 약수를

---

[1] 2009년 8월 현재 발견된 것은 100355 자리 수입니다.

가지는데, 그것을 합성수라고 한다. 합성수 6의 약수는 1, 2, 3, 6
이다. 6을 제외하면, 1, 2, 3인데 1 + 2 + 3 = 6이 되어 자기 자신을
제외한 약수의 합이 자기 자신이 된다. 이러한 수를 완전수 perfect
number 라고 한다. 부분의 총합이 원래로 되돌아가기 때문이다. 6 이
외에 28, 496, 8128도 완전수이라는 것을 고대 그리스 사람들은
알고 있었다. 소인수분해하면,

$$28 = 2^2 \times 7, \ \ 496 = 2^4 \times 31, \ \ 8128 = 2^6 \times 127$$

이므로 자기 자신 이외의 약수는

   28 ······ 1, 2, 4, 7, 14
  496 ······ 1, 2, 4, 8, 16, 31, 62, 124, 248
 8128 ······ 1, 2, 4, 8, 16, 32, 64, 127, 254, 508, 1016,
             2032, 4064

이다. 전자계산기로 더해서 확인해보자.

이 수들의 소인수분해는 잘 보면 모두 '$2^m \times$소수'의 형태를 하
고 있다는 것을 알아차릴 수 있다. 일반적으로, 다음과 같은 것이
성립한다.

"p가 소수이고, $(2^p - 1)$도 소수일 때, $2^{p-1}(2^{p-1} - 1)$은 완전
수이다."

6, 28, 496, 8128은 각각 $p = 2$, 3, 5, 7인 경우이다. 이 정리
의 증명은 이미 유클리드가 했으며, 별로 어렵지 않아서 생략한다.
실제로 이것의 역

"짝수인 완전수는 이런 형태, 즉 $2^{p-1}(2^{p-1} - 1)$에 한한다. 단,

여기서 $2^p - 1$은 소수이다."

는 것을 증명한 사람은 18세기의 오일러(1772년)였다. 여기서 나온 $2^p - 1$ 형태를 한 소수를 메르센Mersenne 소수라고 하며, p의 값은

2, 3, 5, 7, 13, 17, 19, 31, 61, 89, 107, 127, 521, 607, 1279, 2203, 2281, 3217, 4253, 4423, 9689, 9941, 11213, 19937, 21701, 23209, 44497, 86243, 110503, 132049, 216091, 756839, 859433

등 33개의 값에 대해서 소수라는 것이 알려져 있다.

$p = 859433$일 때의 $2^p - 1$이 1994년 1월에 발견된 가장 큰 메르센 소수로서 25만 8716자리이다.[2]

메르센 소수에서 짝수인 완전수는 33개이다. 그렇다면 홀수인 완전수는 없을까? 없다고 믿고 있지만, 아직 누구도 증명하지 못하고 있으며 실마리도 거의 없다.

소인수분해와 암호

소인수분해는 합성수라고 판정된 것이라도 120자리 이상의 큰 수가 되면 오늘날에도 불가능한 경우가 많다. 120자리 이내라면 가능한데 그것도 슈퍼컴퓨터로 수십일 걸린다고 한다. 최근 큰 수의 소인수분해 경쟁이 아주 심하다. 수학적인 재미에 의한 것만 아니라, 컴퓨터 능력 테스트와 함께 공개암호와 관계가 있기 때문이라고 한다.

1978년에 미국에서 개발된 'RSA 암호'는 공표된 열쇠의 숫자를 발신자가 사용해서 암호화하면 비밀로 하고 있는 열쇠로만 수신자

---

2) 2009년 6월 현재 $p \leq 3,112,609$일 때의 메르센 소수가 알려져 있다.

가 복원할 수 있는 장치로 되어 있다. 예를 들어보자.

〈공개 열쇠 $r=3$, $n=10$〉　　　　〈비밀 열쇠 $s=3$〉

보내고 싶은 수가 $a=7(<10)$이다.
$$7^3=343$$
이것을 10으로 나눈 나머지는 3이다.
↓
3이 암호로 보내진다.
↓
3의 세제곱은 27이다. 이것을 10으로
나눈 나머지는 7이다. 이 7이 보내진
수이다.

> $n=10$인　소인수분해는
> 2×5이므로　　$2-1=1$,
> $5-1=4$,　　　$1\times4=4$,
> $(3s-1)$이 4로 나누어떨
> 어지도록 하는 s를 구하
> 면, $s=3$이다. 이것이 수
> 신자만이 알고 있는 비밀
> 열쇠이다.

이 예는 전자계산기로 계산할 수 있도록 새로 고친 예이다. 실
제로 100자리 정도의 소수는 금방 입력할 수 있으므로, 그것을 p,
q로 하고 $n=pq$와 200자리 정도의 합성수 n을 사용한다. p와 q
에서 $(rs-1)$이 $(p-1)(q-1)$로 나누어떨어지도록 s를 구해서 그
것을 비밀열쇠로서 수신자에게만 알려주면 된다.

1994년 4월 28일 신문에 〈궁극의 암호' 무너지다〉라는 제목의
기사가 실렸는데, 129자리의 RSA 암호를 벨 연구소 Bell Laboratories
의 아르젠 렌스트라 Arjen Klaas Lenstra 박사 등이 세계 각지의 600명의
연구자 협력 아래, 통신망을 연결한 1600대의 컴퓨터를 8개월 가
동시켜서 (비밀열쇠도 없이) 해독했다고 한다. 그렇다고 하더라도
대단한 수고가 들었을 것이다.

소수에 대해서 알고 있는 것도 적지 않지만, 그 이상으로 미해
결 문제도 많다. 또 암호처럼 국가기밀에 위반되는 면도 있어 불가
사의와 낭만과 스릴로 가득 찬 대상이라고 말할 수 있다.

페르마의 마지막 정리를 풀었다?

잘 알고 있듯이, 피타고라스의 정리는

$$x^2 + y^2 = z^2$$

이다. $3^2 + 4^2 = 5^2$, $5^2 + 12^2 = 13^2$, $8^2 + 15^2 = 17^2$, $12^2 + 35^2 = 37^2$ 과 같이 x, y, z가 자연수일 때 이 식이 성립하는 경우는 무한하게 있다. 그런데

$$x^3 + y^3 = z^3,$$
$$x^4 + y^4 = z^4,$$
$$\vdots$$

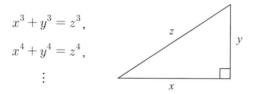

이 되면, x, y, z가 자연수에는 성립하지 않는다고 한다. 이런 것 (?)도 증명하지 못하고, 300년이나 수학자들은 허둥지둥하고 있었다. 수학계에서 얼핏 보면 쓸데없다라고 생각할 수 있는 것을 얘기해보자.

1993년 6월 23일은 수학계에 있어서 역사적인 날이 될지도 모른다. 그날, 케임브리지 대학의 뉴턴연구소에서 프린스턴 대학의 앤드류 와일스 Andrew John Wiles 가 "페르마의 마지막 정리를 해결했다."라고 발표했기 때문이다. 이 정리는 350년에 걸쳐서 각 시대의 최고 두뇌를 고민하게 한 미해결의 난문이다. 정리의 내용 자체는 누구라도 알 수 있는 단순한 것이므로 아마추어도 포함하여 많은 수학자들

의 관심을 끌었으며 현상금까지 걸렸다. 파리상[1]의 금메달과 볼프스켈 Paul Friedrich Wolfskehl 상[2]의 10만 마르크이다(단, 후자는 인플레이션으로 인해 당초의 10% 가치도 안 된다). 그 난공불락의 문제를 와일스가 해결했다고 하는 것이다. 전 세계에 알려졌으며 수학자들 사이에 화제가 되었고 T셔츠까지 판매된 일도 있었다. 만약 진실이라면, 20세기 말을 장식할 최대의 사건이 되는 것임에 틀림없었다.

페르마와 마지막 정리

페르마(1601~1665)는 17세기 프랑스의 판사였는데, 30세에 디오판투스(3세기경)의 《산술》이라는 책을 입수하여 수학에 눈을 떴다. 그리고 데카르트나 파스칼 등 당대 제일의 수학자들과 편지 왕래를 하면서, 순식간에 유수의 수학자 무리에 들어갔다. 그런 페르마가 《산술》의 여백에 써서 남긴 49개의 메모가 사후에 공개되었고, 그 가운데 하나에 이런 것이 적혀 있었다.

"세제곱을 두 개의 세제곱으로, 네제곱을 두 개의 네제곱으로 분리하는 것, 일반적으로 제곱보다 큰 거듭제곱을 두 개의 동일한 거듭제곱으로 분리하는 것은 되지 않는다. 그러한 것에 대한 매우 놀랄 만한 증명을 발견했지만, 여백이 너무 협소해서 적지 않는다."

이것은 현대 기호를 이용하면, 다음과 같이 된다.

"n을 3 이상의 자연수라고 할 때, $x^n + y^n = z^n$은 자연수 해를

---

1) 1823년과 1850년에 프랑스 과학아카데미에서 페르마의 마지막 정리에 대한 올바른 증명에 상금을 걸었다.
2) 1908년 아마추어 수학자 볼프스켈은 10만 마르크의 상금을 괴팅켄 과학아카데미에 기부하여, 페르마의 마지막 정리를 증명하는 사람에게 그 상금을 주기로 했다.

가지지 않는다.”

페르마는 증명을 공표하지 않는 나쁜 버릇을 가지고 있었다. 그런데 그가 “증명했다.”고 주장한 것은 대부분 다 증명되었기 때문에, 남은 이 문제가 ‘페르마의 마지막 정리’라고 불리며, 많은 수학자들의 도전을 받게 되었다.

$n = 4$ 및 n이 홀수인 소수일 때만 증명하면 된다는 것은 곧 알 수 있다. $n = 4$에 대해서는 페르마 자신이, 뒤이어 $n = 3$인 경우를 오일러(1770년), $n = 5$인 경우를 르장드르(1825년), $n = 7$에 대해서는 라메 Gabriel Lamé [3](1839년)가 각각 증명했다.

쿠머와 대수적 정수론

이렇게 하나씩 하나씩 n에 대해서 검증하는 것으로는 결말이 나지 않는다는 것은 분명하다. 이런 상황에 숨통을 틔운 사람은 19세기의 쿠머 Kummer, 1810~1893 였다. 그는 홀수 소수인 지수 p에 대해서 $x^p - 1 = 0$의 한 개의 복소수 해 α를 유리수에 덧붙여서 만든 ‘원분체 cyclotomic field $Q(\alpha)$’ 세계에서 페르마 방정식의 해를 구하는 방법을 연구하고, 다시금 ‘아이디얼 수 ideal number’라는 새로운 수 개념을 창출하여 난관을 극복했다. 그리하여

> “홀수 소수 p가 원분체에서 고유의 정칙 regular이라는 성질을 가진다면 $n = p$일 때, 마지막 정리는 성립한다.”

라는 매우 훌륭한 정리를 손에 넣었다. 예를 들면, 100 이하에서 정칙이 아닌 홀수 소수는 3개밖에 없어 이 정리가 얼마나 강력한가 알

---

3) 프랑스의 수학자이자 물리학자이다.

수 있다(정칙인가 아닌가는 뒤에 나오는 제타함수의 값으로 판정할 수 있다). 이 쿠머의 방법은 '대수적 정수론algebraic number theory'과 '유체론類体論; class field theory'이라는 중요한 분야를 탄생시켜 수학의 발전에 크게 기여했다.

🪙 프라이와 타니야마 예상

쿠머 이후는 이렇다 할 진전이 없어서, "마지막 정리는 20세기 안에 해결이 불가능할지도?"라는 이야기가 많았다. 사태가 급변하기 시작한 것은 1980년대 들어와서부터이다. 고도성장을 이루고 있던 '대수기하학'이라는 분야가 수론number theory에 응용되기 시작하고, 폴팅스Gerd Faltings와 미야오카 요이치宮岡洋一4)가 빠르게 결과를 내어 매스컴을 떠들썩하게 했다.

같은 시기에, 프라이Gerhard Frey라는 수학자가 마지막 정리를 공략하는 전혀 다른 새로운 방향을 찾아냈다. 그것은 이 정리를 '타니야마-시무라 추론'이라는 다른 미해결 문제로 귀착시킨다는 착상이었다. '타니야마-시무라 추론'은 1950년대에 시무라 고로志村五郎5), 타니야마 토요谷山豊6), 앙드레 베유André Weil7)에 의해 주창된 추측으로, 구체적인 예의 연구로 높은 신빙성을 얻었으며, 만일 "타니야마-시무라 추론이 옳다면, 마지막 정리도 옳다."고 하는 것을 보이면, 마지막 정리의 해결 전망도 매우 밝아진다는 것이었다.

---

4) 1989년에 일본 수학회가 주는 슌키쇼(春季賞)를 받았다.
5) 1930년에 태어난 일본의 수학자로 프린스턴 대학의 명예교수이다.
6) 그는 1927년에서 1958년까지 생존한 일본의 수학자이다. 정확한 이름은 '요사'인데, 사람들이 '豊'을 '유타카'라고 많이 읽은 탓에 스스로도 '유타카'라고 했으며, 세계적으로는 '타니야마 유타카'라는 이름으로 알려져 있다.
7) 그는 1906년부터 1998년까지 생존한 프랑스의 수학자이다.

이 프라이의 공략 과정은 1990년 리벳 Ken Ribet 에 의해 완성되었다. 타니야마–시무라 추론이란 대충 말하자면,

"타원곡선의 제타함수는 어떤 좋은 성질을 가지고 있다."

는 것이다. 여기서 말하는 '타원곡선'이란

$$y^2 = (x의\ 삼차식)$$

이라는 방정식으로 정의되는 삼차곡선이며, 그것의 '제타함수'라는 것은 타원곡선의 유한체 finite field 에 있어 정수해의 개수를 계수에 포함시켜 통상의 제타함수 $\sum_{k=1}^{\infty} k^{-n}$을 확장한 $\sum_{k=1}^{\infty} a_k k^{-n}$인 급수다. 이 제타함수가 '좋은 성질'(옳게는 복소평면 전체에 해석접속되어 함수 등식을 만족시킨다는 것)을 가진다고 하는 것이 타니야마–시무라 추측의 골자이다. 프라이와 리벳이 나타낸 것은, 만일 페르마 방정식에서 자연수 해

$$a^p + b^p = c^p \quad (p는\ 5\ 이상의\ 소수)$$

가 존재하면, 그 a, b, c로부터 만들어진

$$y^2 = x(x - a^p)(x + b^p)$$

이라는 타원곡선(이것을 특히 '프라이 곡선'이라고 부른다)의 제타함수가 좋은 성질을 가지고 있지 않다는 것이 되어서 타니야마–시무라 추측에 반한다는 것이었다.

와일스와 이와사와 이론

와일스는 10세 때 마지막 정리와 만나 수학을 지망했다. 하지만

수학자가 되어도 이 정리를 여느 방법으로는 뜻대로 다룰 수 없다는 것을 실감하여 한때 제쳐놓았다. 그러나 타니야마 추측으로 귀착되었을 때 일종의 영감을 얻어서, 다시 이 정리의 증명에 인생을 바칠 결의를 했다고 한다. 이후 7년 동안, 다락방에서 전화도 차단하고 연구에 몰두했다. 그렇게 해서 정신이 아찔해지는 격투 끝에, 200쪽에 달하는 논문에 프라이 곡선을 포함하는 타니야마 추측의 일부를 해결했다고 발표했다.

쿠머 이론을 발전시킨 사람은 이와사와 켄키치 岩澤健吉[8]이며 와일스는 그 이와사와 이론의 후계자이다. 그런 의미에서 풀어야 할 사람이 풀었다고도 말할 수 있다. 이번 해결에는 이와사와 이외에도 많은 일본 사람들이 공헌했다. 시무라 타니야마에 대해서는 이미 말했지만, 와일스와 같은 세대의 사람으로 히다 하루조 肥田晴三[9], 카토 카즈야 加藤和也[10]의 관여도 중요했다. 그 중에서도 타니야먀 토요의 이름은 역사에 새겨질 것이다.

그러나 타니야마는 미래를 촉망받던 30세의 젊은 나이에 자살했다. 신이 준비한 장난이다.

이 원고를 적고 있던 때인 1993년 12월 9일에 "와일스의 증명[11]에 비약이 발견되다!"라고 알려졌다. "또?"라고 느꼈다. 그 비약을 단기에 극복할 수 있을까, 어떨까? 현 시점에서는 예상할 수 없다. 그러나 결국 마지막 정리가 막다른 곳까지 몰아넣어졌다는 것만은 사실이며, 21세기 사람들을 고민하게 하는 것은 이제 없을 것이다.

---

8) 그는 1917년부터 1998년까지 생존한 일본의 수학자이다.

9) UCLA 교수이다. 1992년에 일본 수학회가 주는 슌키쇼를 받았다.

10) 1952년생으로 시카고 대학 교수이며, 1988년에 일본 수학회가 주는 슌키쇼를 받았다.

11) 영국의 수학자인 앤드류 와일스 Andrew John Wiles: 1954년생에 의해 페르마의 마지막 정리는 1994년 증명되었다.

인간 피라미드는 왜 무너졌을까?

일전에 다음과 같은 신문기사가 있어, 우리 학교에서도 화제가 되었다(1993년 5월 11일 아사히 朝日 신문).

"판결에 따르면, 90년 9월 체육축제의 상연 작품으로 체육 계열 학생 36명이 체육교사 네 사람의 지도로 8단 피라미드를 구성하는 연습을 하던 중 다섯 번째 단을 구성하고 있을 때, 두 번째 단과 세 번째 단의 가운데에서부터 무너져 내렸다. 야마자키는 맨 아랫단의 중심부에 있어, 목뼈에 부상을 입었다."

8단에 36명이라는 것이므로, 아마 오른쪽 그림과 같은 피라미드일 것이다. 계산을 위하여

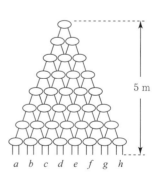

① 각각의 체중을 100으로 한다.
② 몸무게는 좌우에 똑같이 작용한다.
③ 아래 사람의 등 중앙에 가중한다.

라고 가정하여, 각 단의 한 사람 한 사람의 손발에 걸리는 몸무게

를 계산하면 다음과 같다.

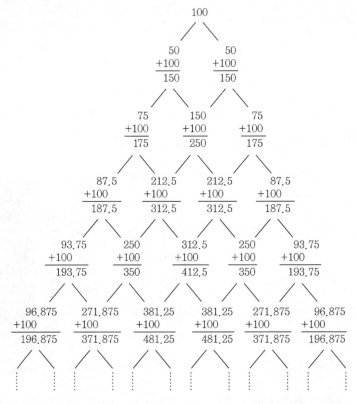

[제일 위에 있는 학생의 몸무게(100)가 두 번째 단의 좌우에 있는 학생에게 (각각 50 과 50씩) 부과된다. 이것에 두 번째 단에 있는 학생의 몸무게가 더해진다. ⋯ 이하 마찬가지.]

앞의 그림에 나타난 것처럼 한 단 한 단 계산해가면, 결국

a, h 199.21875

b, g 391.40625

c, f 555.46875

d, e 653.90625

가 된다. 즉 본인의 몸무게를 포함하여

$$a, \ h의 \ 손발에는 \ 약 \ 2사람$$
$$b, \ g의 \ 손발에는 \ 약 \ 4사람$$
$$c, \ f의 \ 손발에는 \ 약 \ 5.5사람$$
$$d, \ e의 \ 손발에는 \ 약 \ 6.5사람$$

의 무게가 걸리게 된다. 만약 학생 한 사람의 몸무게가 50kg이라고 하면, d, e에게는

$$50\text{kg} \times 6.5 = 325\text{kg}$$

의 무게가 걸린다. 이래서는 무너져버리는 것도 당연할 것이다.

계산으로는 위에서 보인 것과 같은 결과가 되는데, 실제로 이렇게 될까? 그래서 실험을 해보기로 했다.

어떤 것으로 쌓아올리는 것이 좋을지 찾아보니 '프리츠'라는 과자가 정확히 무게가 100g임을 알았다. 슈퍼에서 프리츠를 36개 사왔다. 먼저, 두꺼운 종이를 잘라서 프리츠에 붙여 손발을 대신한다.

손발을 대신하는
두꺼운 종이

이것을 사진처럼 쌓아올려서, 제일 아래에 저울을 두고 무게를 측정했더니,

a는 200g,　b는 410g,　c는 560g,　d는 650g

이 되었다.

저울의 정확도가 좋지 않아서 이 정도밖에 알아차릴 수 없었지만, 그런대로 적중했다고 할 수 있다.

어쨌든 8단 인간 피라미드는 위험한 것이었다.

적색과 흑색 트럼프 게임으로 양수와 음수 알기

🪙 스탕달도 고민한 양수와 음수의 계산법칙

"예금 잔고가 마이너스가 되었다."라고 하는 것처럼 '양수와 음수'는 우리 주변에 아주 깊이 파고 들어와 있다. 기본적으로 다음과 같은 계산법을 이해할 수 있으면 된다.

① $(+3)+(+1)=+4$

② $(-2)+(-3)=-5$

③ $(-2)-(-5)=(-2)+(+5)=+3$

④ $(+3)\times(-2)=-6$

⑤ $(-3)\times(-2)=+6$

그런데 ③이나 ⑤의 계산방법은 아는데, 왜 그렇게 되는지 모르는 것이 보통이다. 연애론이나 소설 《적과 흑》을 집필한 근대 프랑스의 문호인 스탕달 Stendhal; 본명은 Marie Henri Beyle이며, 1783~1842 도 상당히 고민한 것 같다. 마이너스인 수는 빌린 돈으로 생각하면 된다. 빌린 돈과 빌린 돈을 더하면, 빌린 돈이 더 많게 되므로 ②는 알 수 있다. 그러나 ⑤처럼 빌린 돈과 빌린 돈을 곱해서 플러스인 재산이 되어버린다는 것은 아무리 해도 납득할 수 없었다고 한다.

스탕달 이후 이러한 고민을 해결해보려고 고안된 것이 다음에 소개하는 '적·흑의 트럼프 게임'이다.

🪙 트럼프의 적색 카드는 적자, 흑색 카드는 이익금

트럼프의 적색 카드(하트, 다이아몬드)는 적자(결손)라는 것으로 빌린 돈 또는 손해 본 돈, 흑색 카드(스페이드, 클로버)는 흑자이므로 재산 또는 이익금을 나타낸다고 약속한다(약속이므로 적과 흑을 반대 의미로 사용해도 된다. 실은 스탕달의 《적과 흑》에서 적赤은 화려한 사관士官, 흑黑은 승려복으로 각각 속인과 성인을 의미하므로 사실 그 역이 적합한 것일지도 모르겠지만, 오늘날 '빌린 돈 = 적자(결손)'라 생각하고 있기 때문에 그렇게 한다). 이렇게 하면, 카드 주고받기를 하는 가운데, 현재 수중에 가지고 있는 카드가 그 당시의 자신의 재산상황을 나타내는 것이 되며, 그림과 같이 손에 가지고 있는 두 장의 카드(패)의 계산법은 바로 알 수 있다. 이것을 바탕으로 해서 다음과 같이 게임을 한다. 세 사람에서 다섯 사람이 하는 것이 좋다.

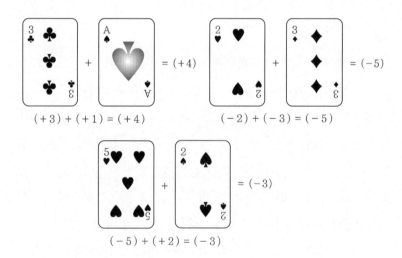

$(+3) + (+1) = (+4)$ $(-2) + (-3) = (-5)$

$(-5) + (+2) = (-3)$

① 한 사람이 가지고 있는 패는 네 장 정도가 적당하므로, 다섯 명일 때는 각 색깔의 에이스에서 5까지의 총 20장에 조커(0점으로 한다)를 더해서 각자에게 나누어준다. 다섯 장을 받은 사람은 옆 사람에게 한 장을 골라내게 한다. 그 사람은 다시 그 옆 사람에게 카드를 한 장 골라내게 하는 것으로 도둑잡기[1] 게임의 요령을 이용한다.

② 각자는 자신이 가지고 있는 패가 나타내는 재산상황(플러스, 마이너스의 합계 점수)을 계산해서 자신이 제일 먼저 이길 것 같다고 생각하면, '스톱 stop'을 건다.

③ 스톱은 카드 주고받기가 한 번 돈 다음에, 자신의 카드를 옆 사람에게 골라내게 한 후에 걸 수 있는 것으로 한다.

④ 스톱이 걸리면, 스톱을 건 사람의 바로 앞 사람까지 그대로 다시 한 번 돈다. 그래서 전원이 각각 가지고 있는 패를 보고 합쳐서 합계점수를 비교한다.

⑤ 스톱을 건 사람의 합계점수가 1위면 각 사람의 합계가 그대로 각 사람의 득점이 된다. 스톱을 건 사람이 1위가 아닐 때는 최하위 사람과 득점을 교환한다.

이 게임에는 몇 가지 뛰어난 특징이 있다.

먼저, 게임을 하면서 양수와 음수의 덧셈을 연습하게 된다. 다음과 같은 기록을 얻으면 각 사람의 득점의 합계는 반드시 0이 된다. 0이 되지 않으면 누군가가 계산을 틀리게 한 것이다.

---

[1] 트럼프 놀이의 한 가지인데, 일본에서는 바바누키 ババ抜き 게임이라고 한다. 같은 수의 패 두 장이 짝지어질 때마다 판에 버려나가는데, 마지막에 조커를 가진 사람이 지는 게임이다.

	A	B	C	D	E	합계
1회	+1	+5	−2	−7	+3	0
2회	+3	−4	−5	−2	+8	0
3회						

또 마이너스 카드를 뽑으면, "이득을 봤다, 덕 봤다."고 하는 것을 실감할 수 있다는 것도 큰 특색이다.

🪙 $(-2)-(-5)=(-2)+(+5)$인 이유를 안다

어느 순간 들고 있는 패의 합계가 − 2였다고 하자. 그때 손해인 적색 카드 5(하트, 다이아몬드)를 옆 사람이 골랐다고 하자. 카드를 뽑은 사람은 덧셈이지만 카드를 뽑힌 사람은 뺄셈이므로 이 카드의 점수의 주고받기를 식으로 나타내면,

$$(-2)-(-5)$$

이다.

− 5인 적색 카드가 뽑혔을 때는, 그 카드에 의해 지금까지 상쇄되었던 + 5점에 상당하는 흑색 카드가 회생한 것이 된다. 즉 + 5점에 해당하는 점수가 늘어난 것이 된다. 이것을 식으로 나타내면,

$$(-2)-(-5)=(-2)+(+5)$$

가 된다.

양수와 음수의 뺄셈, 특히 "마이너스인 수를 뺀다."라는 것의 의미는 수직선 등을 사용한 것으로는 이해하기 어렵지만, 이 트럼프 게임으로는 잘 알 수 있다.

🪙 마이너스 곱하기 마이너스도 알 수 있다

스탕달이 고민했다고 하는 '마이너스 곱하기 마이너스'도 다음과 같이 생각할 수 있다.

$$(+3) \times (+2) = (+6)의 \ 의미$$

이것은 이득이 되는 $+3$점인 흑색 카드 두 장을 동시에 들었을 때, $+6$점이 된다는 것이다.

$$(-3) \times (+2) = (-6)의 \ 의미$$

이것은 손해가 되는 -3점인 적색 카드 두 장을 동시에 들었을 때, -6점이 된다는 것이다(동시에 같은 패를 두 장 가지는 경우는 위의 게임에서는 일어나지 않는데, 게임을 발전시켜서 생각해보면 된다).

$$(+3) \times (-2) = (-6)의 \ 의미$$

이것은 이득이 되는 $+3$인 흑색 카드 두 장을 동시에 빼앗겼을 때, -6점이 된다, 즉 6점의 손실이 된다. 그러면

$$(-3) \times (-2) = (+6)의 \ 의미$$

는 무엇일까? 이미 눈치챘을 것이다. 손해가 되는 -3점인 적색 카드 두 장을 동시에 빼앗겼을 때를 생각하면 된다. 그러면 $+6$점이 된다. 즉 6점의 이익이 된다는 것이다.

이와 같이 해서 위의 트럼프 게임은 스탕달과 같은 고민을 가진 사람들의 의문을 해결했으므로 그의 작품과 연관되는 '적과 흑의 트럼프 게임'이라고 명명되었다. 더욱이 이 게임을 더 한층 재미있는 것으로 개량할 여지가 있다.

예를 들면, '꼴찌 스톱'이라는 것을 만든다.

이것은 마이너스와 플러스를 역전시키는 스톱으로 플러스인 흑색 카드를 마이너스로, 마이너스인 적색 카드를 플러스로 그 순간부터 역전시켜서 계산하는 것이다. 이렇게 하면 가난한 사람이 하룻밤에 부자가 되는 꿈을 즐길 수 있다.

수 맞추기 게임: 상자를 사용한 방정식

상자 안의 수를 맞혀 보자

색깔이 다른 상자에 수가 적힌 카드가 한 장씩 들어 있다. 같은 색깔의 상자에는 같은 수가 들어 있다. 카드에 적혀 있는 수를 맞춰 보자(백색 상자와 적색 상자라고 하자).

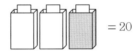

힌트 1. 세 상자에 적힌 수의 합계는 20이다.

　물론 이것만으로는 답을 알 수 없다. 어림짐작으로 맞힐지 못 맞힐지의 내기가 되어버린다.

　이 경우는 백색 상자 1 · 적색 상자 18이더라도, 백색 상자 10 · 적색 상자 0이더라도 합계는 20이 된다. 자연수로 한정해서 생각 하더라도 9쌍, 한정하지 않으면 무수하게 만들어진다. 그러나 여기 에서는 상자 안에 들어 있는 카드의 수를 맞히는 것이므로 어느 것 이라도 올바른 답이라고 할 수 없다.

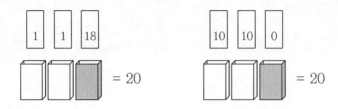

"이것만으로는 답이 정해지지 않는다."라고 하는 것도 중요한 사항이다.

그래서 힌트 2가 다음과 같이 주어진다.

힌트 2. 위와 같은 색깔의 상자에 같은 수가 적힌 카드를 넣으면, 백색 상자·적색 상자 하나씩 해서 13이 된다.

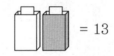

문제를 정리해서 다시 적으면 다음과 같다.

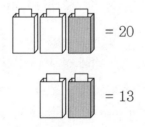

답을 내는 방법은 여러 가지

아이들이 생각하는 몇 가지 사고방법이 있는데, 몇 개 들어보자.

• 사고방법 1 적당히 수를 끼워 맞춰서 만족할 때까지 시험해본다.

위의 문제라면 이 방법으로도 가능한데, 문제의 수치에 따라서는 간단하지 않은 경우도 있다. 그래서 추천할 수는 없다.

이제부터 그림 설명은 상자 대신에 □, ■로 적는다.

● **사고방법 2** 상단과 하단을 비교해본다. 백색 상자가 두 개에서 한 개로 줄면, 수는 20에서 13으로 7 줄어든다. 그러므로 백색 상자에 들어 있는 수는 7이다.

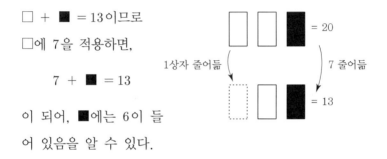

□ + ■ = 13이므로
□에 7을 적용하면,

7 + ■ = 13

이 되어, ■에는 6이 들어 있음을 알 수 있다.

● **사고방법 3** 상자 하나에는 무엇이 들어 있는지 알 수 없지만, □■를 세트로 하면 합계가 13임을 알 수 있으므로 이 두 개를 분리하지 않고 생각한다. 문제의 상자를 한 종류로만 하기 때문에 상단에서 □■를 없애고 오른쪽 수에서도 13을 뺀다.

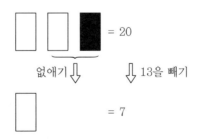

백색 상자의 카드의 수를 알면, 적색 상자 쪽은 사고방법 2로

알 수 있다.

🔖 연립이원일차방정식과 상자

사고방법 2의 경우와 사고방법 3의 경우를 정리해서 계산식으로 하면, 뺄셈으로 같은 식이 된다.

□를 x로, ■를 y로 나타내면 연립이원일차방정식

$$\begin{cases} 2x + y = 20 \\ x + y = 13 \end{cases}$$

이고, 이 해법은 가감법이다.

상자 안에 들어 있는 수를 양수로, 더욱이 자연수로 한정하면, 문제를 다룰 수 있는 연령을 훨씬 끌어내릴 수 있다.

안에 들어 있는 수를 여러 가지로 바꿀 뿐만 아니라, 상자의 개수를 바꾸면 많은 문제를 만들 수 있다. 적색 상자의 개수를 상단과 하단에 똑같이 두면, 대부분 같은 사고방법으로 답을 구할 수 있다.

상자의 개수가 일치하지 않을 경우는 같은 것을 몇 세트라도 준비해서(몇 배로 해서) 같은 개수로 맞춰 생각하면, 마찬가지 방법으로 답을 구할 수 있다.

(예)

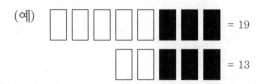

이처럼 상자를 사용함으로서 여러 가지 방정식을 문자를 사용하지 않고서 생각할 수 있다.

🐞상자 방정식의 한계

모든 이원일차방정식을 상자로 바꿀 수 있는 것은 아니다.

$2x + y = 20$의 2(x의 계수)는 상자의 개수이다. 상자의 개수는 자연수이므로 식으로 했을 경우에 x나 y의 계수가 자연수인 문제밖에 만들 수 없다. 마이너스 상자를 생각하는 사람도 있는데, 약간 무리가 있는 것으로 생각되며, 상자의 개수를 분수나 소수로 하는 것은 더욱 무리이다. 이러한 한계는 있지만, 문자를 사용하지 않고서 방정식을 생각할 수 있으므로 문자의 이해에 도움이 된다.

수 맞히기 게임을 할 때는 두 팀 사이에 한쪽이 출제자로 다른 한쪽이 해답자가 되어 1회전을 하고, 다음에 공격과 수비를 바꾸어서 2회전을 하면 된다.

📀 메모리: 눈금

$i = \sqrt{-1}$ 을 시각적으로 표현한, 즉 복소수를 평면 위에 나타낸 사람은 가우스Gauss, 1777~1855 이다. 이 평면을 가우스 평면이라고 하는데, 복소수 $a+bi$를 그림과 같이 눈금으로 새긴다는 것이다. 이 가우스 평면을 이용하여 즐기는 것이 가능하다.

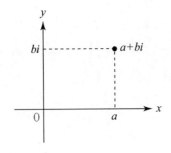

먼저, 평면 위의 점 A~F로 나타난 복소수를 조사한다.

A : 1   B : 0.5i C : -2

D : $-2.5+0.5i$ E : $-2.5-0.5i$ F : $-i$

각각에 $(4+2i)$를 곱해보자. 예를 들면,

---

1) 제목에 '메모리'라는 말이 들어간 것은 '눈금'을 뜻하는 일본어가 '目盛'인데, 그 발음이 '메모리'이기 때문이다. 또한 이 '메모리'는 영어의 'Memory'와도 연관된다.

$$\text{A}:1\times(4+2i)=4+2i$$
$$\text{D}:(-2.5+0.5i)\times(4+2i)=-11-3i$$

이다. 계산 결과인 새로운 복소수를 평면 위에 점으로 눈금을 새기고, 본래 그림과 같이 선으로 연결한다. 이렇게 해서 완성된 것이 다음 그림이다. 제목을 붙이면 '씹지 않고 삼킨 작은 물고기'이다.

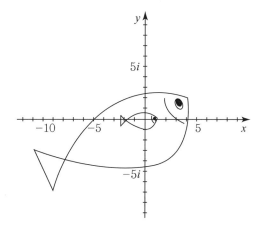

왜 이렇게 될까? 그 구조는 직사각형 등 단순한 그림을 그려서, 다음과 같은 단계를 따라 가보면 알 수 있다.

(1) 먼저 $\times i$로 확인한다.

(2) 다음에 $\times 4$로 확인한다.

(3) 또 $\times 2i$로 확인한다.

(4) 마지막으로 $\times(4+2i)$로 확인한다.

(《수학공부 이렇게 하는거야 (상)》의 "허수는 있는가 없는가"를 참조하면 된다.)

메모리: memory

독일의 가우스가 가우스 평면을 생각해내고, 복소수가 시민권을 얻는 데는 약 200년이나 걸렸다. 복소수의 역사를 들여다보자.

영국의 월리스 John Wallis, 1616~1703 는 허수를 '가짜 수'에서 해방시켜 기하학적인 표시를 시도한 최초의 사람이다. 허수를 양수와 음수의 비례중항²⁾으로 생각했다. 따라서 실수를 나타내는 직선과 허수를 나타내는 직선과는 직각이 되어야 한다고 생각했다.

측량 기사였던 노르웨이의 카스파르 베셀 1745~1818 은 복소수를 평면 위의 점으로 나타내는 것을 착상했는데, 그의 논문(1797)은 100년 동안 잊혀져 있어서 또 다른 발견자인 가우스가 유명하게 되었다고 한다.

스위스의 장 아르강 Jean Robert Argand, 1768~1822 은 복소수 $a+bi$ 를 평면에 있는 점으로 나타내고, 복소수의 도형 위에서의 가감승제 방법을 말하였다.

더욱이 스위스의 오일러 Euler, 1707~1783 와 프랑스의 코시 Cauchy, 1789~1857 는 적극적으로 복소수를 생각했는데, 수로서 인정되는 것에 반대하는 사람도 많았다고 한다.

메모리: 계속되는 눈금

처음에 점 P를 1로 하고, 차례로 계속 $a+bi$ 를 곱하면, 점 P는 어떻게 될까?

---

2) 두 내항이 같은 비례식에서의 내항. $a:b=b:c$ 와 같은 비례식에서 b 를 비례중항이라고 한다.

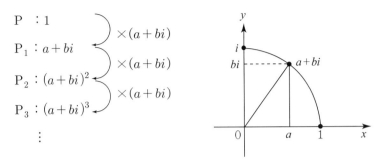

이 결과는 독자 여러분에게 맡긴다. i 는 오늘날 수학의 세계뿐만 아니라, 현실 세계에 깊게 메모리되어 있다.

문자에서 머뭇머뭇

질문을 머뭇머뭇

칸몬연락선 關門連絡船[1]이 있었을 때는 큐슈 九州에서 혼슈 本州로 갈 때 모지 門司[2]역에서 내릴까 모지항 역까지 갈까 망설여져, 모지역에 가까워지면 머뭇머뭇하면서 차장에게 묻는 사람이 많았다고 한다.

산수·수학에서도 사용하는 문자의 의미를 잘 알지 못하는데 질문하는 것이 부끄러워서 머뭇머뭇하며 넘겨버리고서 "문자는 싫어!"라며 수학에서 도망쳐버리는 사람이 많다. 참으로 유감스러운 일이다. 도망치지 않고 목적지에 도착하도록 '문자역 文字驛'을 안내해보려고 한다.

문자의 역할

먼저, 문자가 어떤 역할을 가지고 있는가에 대해서 안내한다.

① 문자에는 단어와 마찬가지로 수나 양을 정리해서 나타내는 역할이 있다(결집작용).

---

1) 이것은 일본국유철도(국철)가 1901~1964년까지 야마구치 山口현 시모노세키 下關 시의 시모노세키 下關 역에서 후쿠오카 福岡현 키타큐슈 北九州시 모지 門司 구의 모지항 역 사이를 운항하던 철도연락선이다.
2) 후쿠오카 福岡현 縣 키타큐슈시에 있는 지역명이다.

튤립, 장미, 코스모스, 벚꽃 등을 일괄하여 나타내는 것으로 '꽃'
이라는 단어가 있다. '야채', '생선' 등의 단어도 마찬가지이다. 이들
은 어느 것이나 그림과 같이 상자에 라벨을 붙여 생각하면 된다.

산수·수학에서 사용하는 문자도 비슷한 것으로, 예를 들어 다
음과 같이 생각하면 된다.

- 사람이 시속 4km로 3시간 걸었을 때, 거리는 얼마일까?
- 달팽이가 분속 20cm로 5분 동안 지나간 거리를 구하여라.
- 초속 11km의 로켓은 120초 동안에 얼마나 나아갈까?
  ⋮

등 어떤 거리를 구하는 것을 생각할 경우, 각각의 양을 상자로 만
들어서 속도는 'velocity'의 v를, 시간은 'time'의 t를, 거리는
'distance'의 d를 라벨로 하여 상자에 붙이면 그림과 같이 된다. 어
느 경우에도

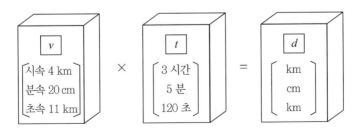

$$v \times t = d$$

라는 단 하나의 식으로 정리하여 나타낼 수 있다. 즉, 문자는 수나 양을 정리하여 나타내기 때문에, 문자를 사용하면 같은 관계는 하나의 식으로 나타낼 수 있게 되어 편리하다.

이처럼 산수·수학에서 사용하는 문자란, 같은 종류의 수나 양을 일괄되게 하는 '상자'의 역할을 한다.

② 수나 양을 넣는 장소를 나타낸다(빈 상자).

같은 종류의 수나 양을 정리하여 상자에 담는다고 하는 것은 관점을 바꿔서 생각하면, 그 상자는 같은 종류의 수나 양을 자유롭게 넣을 수 있는 빈 상자의 역할을 하고 있는 것이 된다. 이것이 '문자에 수를 대입하는 것'이지만, 이것에 대해서는 다른 항목(다음 절에서)인 '문자의 어디에 수를 넣을까?'를 참조하기 바란다.

문자의 의미

수학에서는 문자가 도처에 사용되고 있는데, 그 문자들은 도대체 어떤 의미를 가진 상자로 사용되었을까? 이것에 대해 살펴보자.

① 미지의 상수를 나타내는 문자

"과일가게에서 한 개에 50원 하는 감귤을 x개 사고, 60원짜리 바구니에 넣어서 y원을 지불했다고 하자. 이때 지불한 금액이 560원일 경우, 감귤은 몇 개 샀을까?"라는 문제는 다음 그림과 같이 나타낼 수 있다.

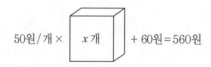

이 문제는 몇 개 구입했을까를 정하는 것인데, 아직 모르고 있다. 이러한 수를 미지의 상수, 즉 줄여서 '미지수'라고 한다.

아직 모르고 있는 것에 자주 사용되는 x라고 붙이면,

$$50x + 60 = 560$$

이라는 식이 되며, 이것을 풀어서 x의 값을 구할 수 있다.

여기서 사용한 x가 미지의 상수를 나타내는 문자이다.

② 변수를 나타내는 문자

위의 문제에서는 감귤을 몇 개 구입하는가에 따라 지불하는 대금도 여러 가지로 바뀐다. 지불하는 대금을 y원이라고 하면, 위의 관계는

$$50x + 60 = y$$

가 된다.

감귤은 몇 개를 구입해도 되므로 x의 상자에는 여러 가지 수량이 들어간다. 몇 개의 예를 들어보면 다음 그림과 같다.

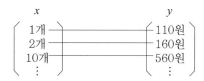

x상자에 무엇을 넣는지에 따라, y상자에 들어 가는 수가 정해진다.

이처럼 여러 가지 수를 넣는 상자로서의 의미를 가지는 문자가 변수로서의 문자이다.

③ 일반 상수를 나타내는 문자

이것은 카드를 넣을 수 없도록 뚜껑을 덮어버린 상자이다.

즉 상자 속에 어떤 수가 들어 있는가라든지, 어떤 수를 넣을까 하는 것보다도 상자 그것이 문자로서 조작의 대상이 되는 측면이 강하다.

예를 들면, 앞에서 이야기한

$$v \times t = d$$

에 대해서 생각해보면, 문자 v, t, d는 각각 속도, 시간, 거리를 나타내는 상자로, 상자 속의 카드에 무엇이 적혀 있을까 하는 것보다도

$$(속도) \times (시간) = (거리)$$

라는 관계를 안다는 것이 중요하다.

다만 어떤 값이라도 취할 수 있다는 의미에서는 변수이며, 한 번 정해지면 다시 변하지 않는다고 하는 측면에서는 상수이다. 이러한 문자를 '일반 상수'라고 한다.

'문자역'의 차장으로서 한마디를 덧붙인다. "일본의 학교에서는 제일 알기 어려운 '일반 상수'부터 지도하기 있기 때문에 문자에서 머뭇머뭇하는 사람이 많다."

문자의 어디에 수를 넣을까?

문자는 상자

김 씨 : 박 씨, 아들 녀석이 "대입 代入 이란 뭐예요. 학원 숙제예요."
　　　 라고 물어 보는데. 어떻게 설명해야 할지.

박 씨 : 음, 자동판매기를 본 적 있지?

김 씨 : 돈을 넣으면, 주스 또는 커피가 나오는 그거 말인가?

박 씨 : 그래, 그것을 사용해서 '수학의 세계'를 탐험할 수 있어.

이 씨 : 자동판매기로 수학을?

박 씨 : 그것과 비슷한 거지. 여기에 상자가 있어. 입구에 뭔가를
　　　 넣으면 출구에서 뭔가가 나오지. 상자 안의 구조는 비밀이
　　　 야. 그래서 블랙박스라고도 하고 B · B라고도 적지. 자판
　　　 기도 B · B의 일종이라고 볼 수 있지.

김 씨 : 넣는 것은 아무것이라도 괜찮은가?

박 씨 : 여기에서는 수로 해두지. 넣는 것을 '입력', 나오는 것을 '출력'이라고 하세. 지금 B · B에 2를 넣 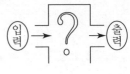 으면 6, 3을 넣으면 9, 4를 넣으면 12가 나온다고 하세. 이 B · B 안의 움직임은 어떻게 되어 있을까?

김 씨 : [자신 없는 듯] 2→6, 3→9, 4→12이므로 입력을 3배 한 것이 출력이 되는 것인가?

박 씨 : 그렇지. 잘 아네. B · B의 움직임은 "입력을 3배 한다."이고, 수학 용어로는 입력을 ( )로 하면, ( )×3 이라든지 3( )로 쓴다네.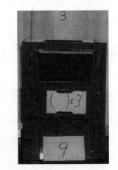

이 씨 : 그럼, "입력을 3배 하고 1 더한다."라고 하는 것은 '3( )+1'인가?

박 씨 : 그렇지, 그렇지.

김 씨 : 이 씨, 잘 하네.

박 씨 : 이 씨의 B · B로 입력이 2일 때, 출력은 무엇이 될까?

김 씨 : 이번에는 나에게 맡겨줘. ( ) 안에 2가 들어간다는 말이지. $3(2)+1=3\times2+1=6+1=7$이므로 7이네.

박 씨 : 그럼, 입력이 −4일 때는 어떻게 되지?

이 씨 : 그건 $3(-4)+1=3\times(-4)+1=-12+1=-11$이지, 어때?

박 씨 : 좋아 좋아, 입력에 무엇을 넣더라도 괜찮겠지?

김 씨, 이 씨 : 얼마든지. 자, 해 봐.

박 씨 : 그럼, 입력이 x일 때는?

김 씨 : 에? 뭐지?

이 씨 : 이런 거 아닐까? $3(x)+1=3\times x+1=3x+1$.

박 씨 : 그렇지, ( )는 입구로 보고, 여기에 계속 수와 문자를 집어 넣는 거지.

김 씨 : 이 씨, 대단하네. 역시 우리 친구야.

박 씨 : 그럼, 이번에는 입구가 두 개 있 는 것을 해보세. 자판기 중에 그 런 것이 있지. 위에서 넣은 것을 5배 하고, 아래에서 넣은 것을 3 배 해서 더한다.

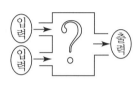

이 씨 : '5( )+3( )'인가?

김 씨 : 그래도 이렇게 하면 ( )가 위인지 아래인지 모르잖아. ( ) 라, 이거 어렵네.

이 씨 : 앞의 x를 사용하는 것일까. 그러나 입력이 두 개라서 ….

박 씨 : 좋은 것을 깨달았네. 위와 아래는 각각 다른 것을 넣을 수도 있기 때 문에, 이런 때는 다른 문자를 사용 한다네. 위를 x로, 아래를 y로 한 다든지 말이야.

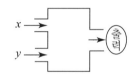

김 씨 : 과연, 그렇군. 그럼 $5(x)+3(y)=5x+3y$인가?

이 씨 : 김 씨, 꽤 잘하는데?

박 씨 : 위에서 2, 아래에서 4를 넣을 때의 출력은 어떻게 되지?

이 씨 : $5x+3y=5(2)+3(4)=10+12=22$.

박 씨 : 그렇지. $5x+3y$의 x와 y의 자리에 2와 4를 넣으면 되지. 이것을 $x=2$, $y=4$를 대입한다고 하잖아. 대입이라는 것

은 '문자 대신에 수를 넣는다.'는 것이네.

김 씨, 이 씨 : 정말, 그렇군. 납득이 가는 것 같아.

박 씨 : 그럼, $3a + 7b$에 $a = 4$, $b = 5$를
대입해보세.

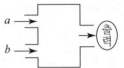

김 씨 : 음. 아, 알았다. 이것은 입력이 a와 b
라고 생각하면 되네. $3a + 7b = 3(4) + 7(5) = 12 + 35 = 47$이
네.

박 씨 : 정답!

김 씨 : 박 씨 덕분에 아들 녀석에게도 면목이 서게 되었군.

대입 게임

먼저, 대입 계산에 필요하다고 생각되는 식을 카드(B5 크기의 종이)에 적어둔다. 두 사람이 게임을 하는 경우를 생각하자.

$5x + 2y$, $2x - 3y$, $3xy$ 등 30매의 식 카드를 준비하자. 그리고 식의 문자와 같은 크기의 카드 표에 x, y의 문자를, 뒷면에 -9에서 9까지의 정수를 적은 것을 각각 30매씩 준비한다(매수는 조정해도 된다).

게임은 다음과 같이 실시한다.

잘 자른 식 카드를 뒤집어 쌓아놓은 더미에서 1매씩 집어서 자기 앞에 표로 만들어 둔다. 다음에 x, y의 카드에서 각각 1매씩 집어 와서, 식의 카드 아래에 둔다. 그리고 x, y의 카드를 식의 x, y 문자 위에 얹어서 뒤집는다. 차례는 그림과 같다.

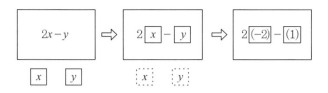

여기서, 수에 ( )를 붙이는 것은, 교과서에는 '×'를 넣어서 $2 \times (-2) + 1$처럼 하고 있는데, $2 \times -2 + 1$처럼 하는 학생이 나오는 것을 방지하고 '×'의 생략이나 이후에 학습할 함수의 경우에 도움이 되도록 하기 위해서이다.

대입이 끝나면, 계산을 해서 식의 값을 말한다. 이 경우는 -5다. 상대방이 "맞다."라고 확인하면 다음과 같이 자신의 득점표에 기입한다. 다음에 상대방이 같은 방법으로 대입 계산을 해서 자신의 득점표에 기입한다. 이렇게 해서 5회전이 끝나면, 득점을 합하고 큰 쪽이 이기는 것으로 한다.

회	1	2	3	4	5	합계
득점	-5					

게임을 재미있게 하기 위해서 식 카드에 "아쉽지만, 이번에는 0점이다."라든지 "유감스럽지만, 득점은 모두 몰수한다."라고 하는 카드를 넣어두는 여러 가지 아이디어가 있어도 좋을 것이다.

어떻든 간에 '연습을 게임처럼 하는 것'이 최대의 목표이다.

인수분해, 아주 싫어요

인수분해는 모두가 싫어한다. 왜일까? 무엇이 인수(바탕이 되는 수)일까, 어디부터 손을 대는 것이 좋을까 등 종잡을 수 없기 때문이다. 더욱이 공식을 외워두지 않으면, 완전히 속수무책이다.

① $a^2 + 2ab + b^2 = (a+b)^2$

② $a^2 - b^2 = (a+b)(a-b)$

③ $x^2 + (a+b)x + ab = (x+a)(x+b)$

④ $acx^2 + (ad+bc)x + bd = (ax+b)(cx+d)$

⑤ $a^2 + b^2 + c^2 + 2ab + 2bc + 2ca = (a+b+c)^2$

⑥ $a^3 + 3a^2b + 3ab^2 + b^3 = (a+b)^3$

⑦ $a^3 + b^3 = (a+b)(a^2 - ab + b^2)$

이러한 공식을 전부 외우는 것은 매우 힘든 일이다. 만약 몽땅 암기했다고 하더라도, 어떻게 사용하면 좋을지 모른다. 예를 들면,

"$2y^2 - 5xy + 2x^2 - ay - ax - a^2$ 을 인수분해하여라."

라고 해도, 이것에 적합한 공식을 찾으려면 잘 눈에 띄지 않는다. "이게 어떻게 인수분해가 돼? 절대 할 수 없어."라며 화가 나게 된다. "이런 문제를 출제하는 사람이 나쁜 건지, 공식이 나쁜 건지.

바로 적용할 수 없으면 공식이 아닌 거야.", "힝, 싫어. 인수분해 같은 거 아주 싫어."라고 되어버린다.

🪙 인수분해란?

한 변이 x cm인 정사각형의 세로 길이를 2cm 늘이고, 가로 길이를 3cm 늘여서 만든 직사각형의 넓이를 구하여라.

그림을 그려서 생각하자.

	x	$+3$
x	① x^2	③ $+3x$
$+2$	② $+2x$	④ $+6$

전체를 한 번에 구하는 식은

$$(x+2)(x+3)$$

이고, 따로따로 구하면

$$x^2 + 2x + 3x + 6 = x^2 + 5x + 6$$

이 된다. 그러므로

$$(x+2)(x+3) = x^2 + 5x + 6$$

이 되고, $x^2 + 5x + 6$이 직사각형의 넓이가 된다.

$(x+2)$와 $(x+3)$을 곱해서 넓이 $x^2 + 5x + 6$이 만들어졌다. 이 때 $(x+2)$와 $(x+3)$을 $x^2 + 5x + 6$의 인수라 한다.

$$(x+2)(x+3) = x^2 + 5x + 6$$

세로 × 가로 = 넓이

이와 같이 곱셈을 해서 (   )을 없애는 것을 전개라고 하며,

$$x^2 + 5x + 6 = (x+2)(x+3)$$

과 같이 (   )에 넣는 것을 인수분해라고 한다. 전개의 역이 인수분해가 된다.

공식 따윈 필요 없어

전개나 인수분해는 공식을 사용해 푸는 것이라 말할 수 있다. 그러나 공식에 의존하고 있으면 공식을 잊어버린다든지, 잘못 기억하고 있는 경우에는 풀 수 없게 된다. 인수분해가 공식을 외우지 않아도 된다면 상당히 편해진다. 인수분해는 "직사각형의 세로와 가로의 길이를 구하는 것과 같다."라고 하는 것을 알아두면, 공식을 기억할 필요가 없어진다. 그것을 설명해보자.

예 $x^2 + 7x + 10$을 인수분해하여라.

$x^2 + 7x + 10$을 직사각형의 넓이라 하자. 앞에서와 같이 직사각형에 넣자.

① x^2과 $+10$을 다음과 같이 기입한다. 이 둘로부터 변의 길이를 예상한다.

② 곱해서 x^2이 되는 것, 곱해서 10이 되는 것을 찾는다.

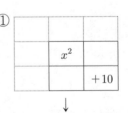

$$x^2 = x \times x, \ 10 = 2 \times 5$$

와 같이 x와 x, 2와 5를 찾았다.

③ 그래서 각각의 길이를 곱해본다.
$+2x$와 $+5x$가 동류항이므로 더하
면 $+7x$가 된다. 따라서 $(x+2)$와
$(x+5)$가 $x^2+7x+10$의 인수가
된다. 이처럼 인수분해하면 된다.

②

	x	$+5$
x	x^2	
$+2$		$+10$

↓

③

	x	$+5$
x	x^2	$+5x$
$+2$	$+2x$	$+10$

인수분해는 직사각형의 변의 길이를 구하는 것이므로, 그림처럼 직사각형에 격자를 그려서 문자나 수를 기입해간다.

예 $3x^2-14x-5$를 인수분해하여라.

앞에서와 마찬가지로 격자 안에 기입해본다. 이차항과 상수항을 그림처럼 대각선으로 넣는다. 곱해서 $3x^2$과 -5가 되는 것을 찾는다. 찾았으면, 각각 곱해서 동류항의 합이 $-14x$가 되는가를 본다.

	$3x^2$	
		-5

→

	$3x$	-1
x	$3x^2$	
$+5$		-5

→

	$3x$	-1
x	$3x^2$	$-x$
$+5$	$+15x$	-5

동류항을 정리해보면, $+15x-x=+14x$로 $-14x$가 되지 않는다. $+5$와 -1의 부호를 바꾸어 본다.

	$3x$	$+1$
x	$3x^2$	
-5		-5

→

	$3x$	$+1$
x	$3x^2$	$+x$
-5	$-15x$	-5

동류항이 $-15x$와 $+x$로 $-14x$가 된다. 따라서 $3x^2-14x-5$ $=(x-5)(3x+1)$이다.

이처럼 동류항의 합이 맞지 않을 때는 부호나 수를 바꿔 넣는 다든지 하면, 대개 맞는 인수를 찾게 된다. 찾을 수 없으면, 인수분해를 할 수 없다. 또 가로와 세로 인수는 바꿔 넣어도 된다.

예 $4x^2-12xy+9y^2$을 인수분해하여라.

격자 안에 넣어 본다.

	$4x^2$	
		$+9y^2$

→

	$2x$	$+3y$
$2x$	$4x^2$	$+6xy$
$+3y$	$+6xy$	$+9y^2$

→

	$2x$	$-3y$
$2x$	$4x^2$	$-6xy$
$-3y$	$-6xy$	$+9y^2$

이것도 $+3y$를 $-3y$로 고치면 맞다.

$(2x-3y)(2x-3y)=(2x-3y)^2$이므로

$$4x^2-12xy+9y^2=(2x-3y)^2$$

이다.

예 $9a^2-16b^2$을 인수분해하여라.

	$3a$	$-4b$
$3a$	$9a^2$	
$+4b$		$-16b^2$

→

	$3a$	$-4b$
$3a$	$9a^2$	$-12ab$
$+4b$	$+12ab$	$-16b^2$

동류항이 $+12ab - 12ab = 0$이므로

$$9a^2 - 16b^2 = (3a+4b)(3a-4b)$$

이다.

예 $x^2 - 2xy + x + y^2 - y - 6$을 인수분해하여라.

항이 많으므로 격자를 늘린다. 제곱인 항과 상수항을 먼저 넣는다.

	x	$+y$	-3
x	x^2	$+xy$	$-3x$
$+y$	$+xy$	$+y^2$	$-3y$
$+2$	$+2x$	$+2y$	-6

$\rightarrow$

	x	$-y$	$+3$
x	x^2	$-xy$	$+3x$
$-y$	$-xy$	$+y^2$	$-3y$
-2	$-2x$	$+2y$	-6

이 경우도 부호를 바꿔 넣으면, 동류항의 합이 맞다.

$$x^2 - 2xy + x + y^2 - y - 6 = (x-y-2)(x-y+3)$$

이처럼 꽤 복잡한 인수분해도 격자를 사용해서 생각하면 쉽게 풀 수 있다. 단, 격자에 넣을 때 항이 많은 식은 이차항(x^2, $4y^2$과 같은 항)을 먼저 넣어서 생각한다. 조금 숙달이 되면 간단하게 넣을 수 있게 된다.

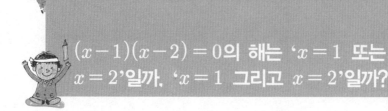

$(x-1)(x-2)=0$의 해는 '$x=1$ 또는 $x=2$'일까, '$x=1$ 그리고 $x=2$'일까?

결론부터 먼저 말하면, 방정식 $(x-1)(x-2)=0$의 해는 '$x=1$ 또는 $x=2$'라고 해도 '$x=1$ 그리고 $x=2$'라고 해도 어느 쪽도 괜찮다. 그러나 수학 용어로서 '또는 or'과 '그리고 and'는 "아주 다르다."라고 할 정도로 사용방법이 다르다. 어떻게 다를까? 다른데도 "어느 쪽도 괜찮다."라는 것은 왜일까?

✏️ '또는'과 '그리고'

일상용어로 "사과 또는 밀감을 사 오세요."라고 말하면, 사과만 사오든지 밀감만 사오든지 둘 중 하나이다. 사과와 밀감 둘다 사오는 경우는 거의 없다. 이것이 수학 용어가 되면, 사과만을 사오더라도 밀감만을 사오더라도 사과와 밀감 양쪽을 사오더라도 괜찮은 것이 된다. 즉 적어도 사과나 밀감 어느 한 쪽을 사거나, 물론 양쪽을 사는 경우도 있다. 그래서 일상용어인 '또는'을 배타적 용법이라고 한다.

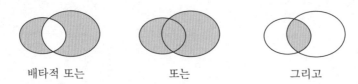

배타적 또는　　　　또는　　　　그리고

한편, 일상용어로서 "사과 그리고 밀감을 사오세요."라고 하면,

"사과 그리고 밀감 둘 다 사와라."는 것이다. 수학 용어로도 '그리고'는 '또한'이라든가 '동시에'라고 사용한다. 이 경우는 일상용어와 거의 틀리지 않는다.

🕹 항등식과 부등식

그런데 다음 세 가지 식에서 공통으로 있는 것은 무엇이고, 다른 것은 무엇일까요?

① $2(x-1) = 2x - 2$

② $(x-1)(y-2) = 0$

③ $(x-1)(x-2) = 0$

먼저, 공통으로 있는 것은 세 가지 모두 '=(등호)'로 좌우(좌변과 우변이라고 한다)가 연결되어 있다는 것이며, 이러한 것을 '등식'이라고 한다. 또 어느 식도 x나 y 같은 문자를 포함하고 있다.

다음으로 다른 것은

①은 문자 x에 어떤 값(예를 들어, $x = 1$, $x = 100$, $x = -2$)을 대입하더라도 등호가 성립한다. 좌변을 계산해서 우변이 되었으므로 당연하다. 이러한 것을 '항등식'이라 한다.

②와 ③은 x, y에 마음대로 값(예를 들어, $x = 3$, $y = 4$)을 대입하는 것으로는 등호가 성립하지 않는다. 특정한 값(예를 들어, $x = 1$)을 대입하면 성립한다. 이러한 등식을 성립시키는 특정한 값을 '해(또는 근)'이라 한다. 이 "모든 해를 구하는 것"을 "방정식을 푼다."라고 한다.

변수 x나 y를 미지수라 하고, 이것이 ③처럼 x 한 종류뿐이면 '일원방정식'이라 하며, ②와 같이 x, y 두 종류이면 '이원방정식'

이라 한다.

💰 방정식의 해

그런데 ②는

$$(x-1)(y-2)=0$$

도 $(x-1)$과 $(y-2)$를 곱해서 0이 된다는 것이므로 양쪽이 모두 0
이 아니라면, 곱해서 0이 될 리가 없다. 따라서 어느 한쪽이 0이
아니면 안 된다. 즉

$$x-1=0 \ \text{또는} \ y-2=0$$

이다. 따라서

$$x=1 \ \text{또는} \ y=2$$

이다. 이것을 구체적으로 말하면,

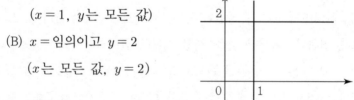

   (A) $x=1$이고 $y=$임의
       ($x=1$, y는 모든 값)
   (B) $x=$임의이고 $y=2$
       (x는 모든 값, $y=2$)

이고, 특히

   (C) $x=1$이고 $y=2$ ($x=1$, $y=2$)

라도 괜찮다. 이런 이유로

$$\text{"해는 } x=1 \ \text{그리고} \ y=2\text{"}$$

라고 쓰면, 위의 (C)인 경우만 해당하고 (A), (B)인 경우를 제외해 버리기 때문에 적당하지 않다. 결국

$$\text{"해는 } x = 1 \text{ 또는 } y = 2\text{"}$$

라고 하지 않으면 안 된다(내포적 표현). 만약 '그리고'를 사용했으면

$$\text{"해집합은 가로 직선 } x = 1 \text{ 그리고 세로 직선 } y = 2\text{가 된다."}$$

라고 해야 한다(외연적 표현).

③인 경우도

$$(x-1)(x-2) = 0$$

이므로 앞에서와 마찬가지로

$$x - 1 = 0 \text{ 또는 } x - 2 = 0$$

이다. 따라서

$$x = 1 \text{ 또는 } x = 2$$

이다. 단, ②와는 달리 $x = 1$이고, 동시에 $x = 2$라는 것은 일어날 리가 없기 때문에, 이 경우는

  (A') $x = 1$
  (B') $x = 2$

인 두 가지 경우에 한한다. 바른 것은

　　　　"해는 $x = 1$ 또는 $x = 2$" （내포적）

또는

　　　　"해집합은 1 그리고 2" （외연적）

라고 한다. 그러면

　　　　"해는 $x = 1$ 그리고 $x = 2$"

라고 적으면, 완전히 틀린 것일까? 그렇다고 하면, 이 경우는 ②와 달리 $x = 1$ 그리고 $x = 2$가 양립하는 것은 아니므로, ②인 경우와 같은 오해를 초래할 우려는 없다. 그래서 이처럼 적더라도 아쉬운 대로 허락된다.

결론

　　②와 같은 이원이차방정식 $(x - 1)(y - 2) = 0$의 해는

'$x = 1$ 그리고 $y = 2$'는 부적당하며,
'$x = 1$ 또는 $y = 2$'가 좋다.

　　③과 같은 일원이차방정식 $(x - 1)(x - 2) = 0$의 해는

'$x = 1$ 또는 $x = 2$'라도,
'$x = 1$ 그리고 $x = 2$'라도,
'$x = 1$, $x = 2$'라도
'$x = 1$, 2'라도 좋다.

이 경우에는 정색을 하고 화낼 것 없이 어느 쪽도 다 된다.

매그니튜드

뉴스에서 "○○지방에서 매그니튜드 5.2인 지진 발생"이라고 하는 기사를 본 적이 있을 것이다. 이 매그니튜드 magnitude 란 어떤 수일까? 매그니튜드 3과 6은 어떤 차이가 있을까?

우리들의 일상감각으로 6은 3의 두 배라는 느낌이 강하며, 매그니튜드 6은 매그니튜드 3의 두 배 크기의 지진이라고 생각하는 경향이 있지만, 이것은 옳지 않다.

지진의 크기를 나타내는 것으로 '매그니튜드'와 '진도震度' 두 가지가 있다. 매그니튜드는 지진 그 자체의 에너지 크기를 나타내며 "○○지진의 매그니튜드는 4.5"라는 표현을 하는 데 반해, 진도는 각 지면에서 흔들리는 크기를 나타내며 "△△지방에서 발생한 ○○지진의 진도는 4"라는 표현을 한다. 사전에 의하면, 매그니튜드란 일반적으로 크기, 양을 나타낸다.

	정 의	표 현
매그니튜드	지진의 크기	M6.2와 같이 한 자리 정수와 한 자리 소수로 표현
진 도	진동의 강도	"책상 위의 꽃병이 넘어진다."와 같이 인체가 느끼는 정도를 0~7까지의 여덟 단계로 표현

따라서 진도는 같은 지진이라도 지방에 따라 인체가 느끼는 정도가 달라지기 때문에 표현도 달라진다. 예를 들면, 칸토[1] 대지진

(1923년 9월 1일)은 '매그니튜드 7.9'이며, 칸토 지방은 '진도 6', 도호쿠 東北 지방은 '진도 4'라는 것처럼, 지진에 따른 흔들림의 크기는 진원지로부터의 거리에 따라 달라진다.

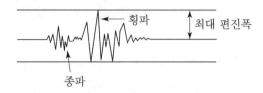

1935년 캘리포니아 공과대학의 찰스 리히터 C.F. Richter 는 진앙으로부터 100km 떨어진 우드·앤더슨 Wood–Anderson 식 지진계의 바늘의 흔들림의 최대 편진폭[2]을 마이크로미터(0.001mm) 단위로 재어, 그것을 상용대수로 나타낸 것을 '매그니튜드'라고 정의했다. 예를 들면, 최대 편진폭이 1mm일 때는 1mm = 1000마이크로미터이며, $\log_{10}1000 = 3$이 되어, 매그니튜드는 3이다. 최대 편진폭이

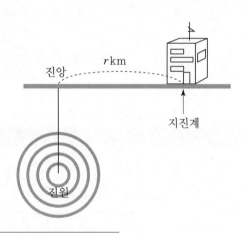

---

1) 칸토 関東 지방은 일본 혼슈 本州 의 동부에 위치하는 일본의 지방이다. 이바라키 茨城 현, 터치키 栃木 현, 쿤마 群馬 현, 사이타마 埼玉 현, 치바 千葉 현, 도쿄 東京 도 都, 카나가와 神奈川 현의 한 개의 도와 여섯 개의 현으로 이루어져 있으며, 일본 총인구의 3분의 1이 집중되어 있다.
2) 진폭의 반을 편진폭이라 한다.

10mm일 때는 $\log_{10}10000 = 4$이며, 매그니튜드는 4이다. 매그니튜드의 값이 1 크게 되면, 진폭은 10배가 된다.

또한, $\log_{10}a = b$는 $10^b = a$와 같은 관계를 나타내고 있다. 즉 $\log_{10}a$는 10을 몇 제곱하여 a가 되는 b를 구하는 것을 의미한다. 상용대수를 사용함으로써, 큰 수치를 비교하기 쉬운 작은 수치로 바꾸어 표현하는 것이다.

그런데 진앙으로부터 100km 지점에 언제나 관측점(관측소)이 있다고 할 수도 없고, 우드·앤더슨 식 지진계가 반드시 설치되어 있다는 것도 보장할 수 없기 때문에, 리히터가 정한 매그니튜드와 같은 값이 되도록 각국이 각각 매그니튜드를 정하는 방법을 만들고 있다. 일본 기상청은 다음과 같은 식으로 매그니튜드를 나타내고 있다.

$\sqrt{}$ 안은 남북 진동과 동서 진동을 벡터적으로 합성한 것으로, 수평 진동의 최대 진폭을 나타내고 있다.

$$\text{매그니튜드} = \log_{10}a + 1.73\log_{10}r - 0.83$$
$$(a = \sqrt{A_N^2 + A_E^2})$$

여기서, r은 진앙으로부터의 거리이다. 일본 각지에서 계산한 매그니튜드의 값도 일정하지 않다. 그래서 각 관측소의 평균을 취하여 매그니튜드를 정하는 것으로 하고 있다.

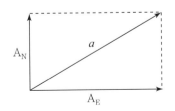

이제, 칸토 대지진의 진앙으로부터 100km인 지점에서 침의 흔들림(진동)은 어느 정도였을지 계산해보면,

$$7.9 = \log_{10}a + 1.73\log_{10}100 - 0.83 = \log_{10}a + 1.73 \times 2 - 0.83$$

$$\log_{10}a = 5.27, \quad a = 10^{5.27} \fallingdotseq 186500(마이크로미터)$$

즉 18.65cm가 된다.

매그니튜드와 지진의 개략은 다음과 같다.

매그니튜드와 지진의 개략

		깊이가 약 60km 이내의 얕은 지진인 경우	일본 부근에서 발생 빈도
소지진	3~	진앙 부근에서 느끼는 경우가 있다.	1일 수십 회 정도
	4~	진앙 부근에서 느낄 수 있음. 진원이 얕으면, 진앙 부근에 가벼운 피해	1일 수 회
중지진	5~	피해가 나는 경우는 적지만, 조건에 따라서는 진앙 부근에 피해	1년 100~150회
	6~	진앙 부근에 작은 피해. 매그니튜드 7에 가까우면 조건에 따라 피해	1년 10~15회
대지진	7~	내륙 지진으로는 큰 피해. 해저 지진은 쓰나미를 동반한다. (침의 흔들림(진동)은 2.345cm)	1년 1~2회
	8~	내륙 지진으로는 광역에 걸쳐 근처에 큰 피해. 해저에서 일어나면 큰 쓰나미 (침의 요동은 23.45cm)	10년에 1회 정도

매그니튜드 3과 4는 지진계의 침의 흔들림(진동)이 10배이므로, 지진의 에너지 규모도 10배가 아닐까 하지만, 그렇지는 않다.

매그니튜드 1인 지진은 약 180g의 TNT 화약을 폭발시켰을 때의 크기라고 말한다. 매그니튜드가 1 증가함에 따라, 지진의 크기는 31배의 규모가 된다. 매그니튜드 9인 지진은 매그니튜드 1인 지

진의 31^8배, 즉 약 8500억 배가 되어, 약 1.5억 톤의 TNT 화약을 폭발시켰을 때의 크기가 된다. 지금까지 세계에서 일어난 지진은 모두 매그니튜드 9 이하이다.

바코드의 범람

오늘날에는 당연히 모든 상품에 바코드가 붙어 있다. ○○기념 선물도 바코드로 응모한다든지 바코드 배틀러 Barcode Battler [1]라는 가위바위보와 같은 장난감마저 아이들 사이에 유행했다. 슈퍼마켓과 편의점 등은 바코드를 독해하여 계산을 하는 시스템으로 되어 있기 때문에, 바코드가 붙어 있지 않으면 상품을 가게에 둘 수 없다. 책의 바코드는 책의 전체 디자인을 망친다는 의견도 있었지만, 바코드와 유통의 힘은 이길 수 없는 것 같다. 이 바코드에는 어떤 정보가 들어 있는 것일까?

바코드에도 여러 종류가 있는데, 여기에서는 문방구나 식료품, 잡화 등 슈퍼마켓이나 백화점에서 살 수 있는 상품에 붙어 있는 JAN쟌 코드라고 불리는 것에 대해서 이야기하려 한다.

먼저, 주변의 물건에서 5개 정도의 바코드를 모아보면, 다음과 같은 것을 알게 된다.

① 13자리의 수가 인쇄되어 있다.

② 작은 상품 가운데에는 8자리의 수가 인쇄되어 있는 것도 있다.

③ 최초의 두 자리는 49인 것이 많다.

④ 바 bar 에는 굵은 바와 가는 바가 있으며, 좌·우측과 중앙은

---

1) 동경도 東京都 에 본사를 둔 일본의 완구 메이커인 에포크 EPOCH 사가 1991년에 발매한 전자 게임기이다.

다른 바보다도 약간 길다.

더욱이 10개 정도의 바코드를 모아보면, 같은 회사의 제품에 붙어 있는 바코드는 전반부의 수가 같다는 것을 알 수 있다.

사실, 13자리 바코드는 왼쪽에서 두 자리는 나라 코드, 다섯 자리는 회사 코드, 다섯 자리는 상품 코드, 한 자리는 체크 디지트 check digit[2]로 되어 있다. 한 회사 코드로 10만 개(10^5개)의 상품을 등록할 수 있도록 되어 있으므로, 이론상으로는 한 나라 코드에 $10^5 \times 10^5 = 10^{10}$(100억) 개의 상품이 등록할 수 있도록 되어 있다.

일본의 나라 코드는 49이다. 해외여행의 선물을 받을 기회가 있으면, 나라 코드를 살펴보기 바란다(일본에서 49 이외에도 02나 04로 시작하는 바코드가 있는데, 이것은 그 가게에서만 통용하는 코드이다. 02 이후는 자유롭게 코드를 배당해도 되며, 생선식료품이나 통신판매의 상품, 수입품에서 많이 볼 수 있다).

마지막 한 자리인 체크 디지트는, 해독 오류를 방지하기 위한 수로, 간단한 사칙연산(*)으로 계산할 수 있다. 금전등록기에서 바코드를 해독하면 최초의 12자리를 계산해서 체크 디지트와 같은 수인가 조회한다. 수가 틀릴 때에는 해독 오류임을 '삑' 하는 소리로 알려주는 구조로 되어 있다.

---

2) 이것은 검사숫자檢査数字로 번역되기도 하고, 줄여서 CD, C/D라고 하기도 한다. 부호의 입력 오류 등을 체크하기 위한 숫자 기호이다.

그렇다면 가격은 어떻게 해서 알게 될까?

금전등록기는 컴퓨터와 연결되어 있으며 실제 가격은 가게의 컴퓨터에 입력되어 있다. 또 가게의 컴퓨터는 어떤 상품이 어떤 바코드인가를 통신회선에 의해 정보를 얻고 있다. 모든 통신회선이 연결되어 있기 때문에 전국의 상품 판매상황을 순식간에 집계할 수 있어 주문이나 납품 등 재고관리에 크게 위력을 발휘한다.

예 (∗) 계산

$491234512345*$ · · · $(4+1+3+5+2+4)+(9+2+4+1+3+5)\times3=91$

$10-(91$의 일의 자리$)=9$다. 따라서 체크 디지트는 9다.

다음에 바코드의 바 bar 의 비밀을 알아보자.

한 개의 숫자는 백白과 흑黑으로 이루어진 일곱 개의 바 열로 나타낸다. 이 일곱 개의 바를 적당하게 한데 묶어서 '백흑백흑' 모양이 되도록 칠하면, 예를 들어 아래 그림과 같다. 실제로 우리들이 볼 때는 흑색 바밖에 보이지 않기 때문에, 한 개의 숫자는 굵기가 다른 두 개의 흑색 모양으로밖에 보이지 않는다.

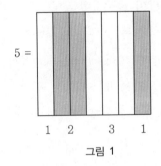

그림 1

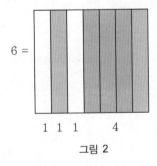

그림 2

이러한 '백흑백흑' 모양을 몇 가지나 만들 수 있을지 적어보기 바란다(계산해보고 싶은 독자는 다음과 같이 경우를 나누어 생각해보면 된다).

- '백흑백흑'의 네 가지 흑과 백의 모양 가운데, 한 개가 네 개의 바에, 나머지 세 개가 한 개의 바로 구성되어 있는 경우는 몇 가지일까? (예 : 그림 2) $4! \div 3! = 4$(가지)이다.
- '백흑백흑'의 네 가지 흑과 백의 모양 가운데, 두 개가 한 개의 바, 한 개가 두 개의 바, 한 개가 세 개의 바로 구성되어 있는 경우는 몇 가지일까? (예 : 그림 1) $4! \div 2! = 12$(가지)이다.

$$\vdots$$

그렇게 하면 20가지의 모양이 생긴다. 마찬가지로 '흑백흑백' 모양도 20가지이다. 40가지 모양 가운데, 30가지 모양을 그림 1과 2처럼 네 개의 숫자로 나타냈을 때, 숫자와 모양의 대응은 다음 표와 같이 만국 공통으로 정해져 있다.

일본의 경우, 13자리 바코드는

$$4 \quad 9 \quad * \quad * \quad * \quad * \quad * \quad \quad * \quad * \quad * \quad * \quad * \quad *$$

나 가 나 나 가 가   나 나 나 나 나 나

흑 백 흑 백   백 흑 백 흑

과 같이 바를 칠하는 것으로 정해져 있다. 더욱이 최초의 4는 바와는 관계되어 있지 않다.

여덟 자리 바코드는 다음과 같이 정해져 있다.

$$4 \quad 9 \quad * \quad * \quad \quad * \quad * \quad * \quad *$$

가 가 가 가   나 나 나 나

백 흑 백 흑   흑 백 흑 백

자기 스스로 바코드의 확대판을 칠하여, 실제 물건과 비교해보면 한층 더 잘 알 수 있다.

	가	나	
0	3211	1123	3211
1	2221	1222	2221
2	2122	2212	2122
3	1411	1141	1411
4	1132	2311	1132
5	1231	1321	1231
6	1114	4111	1114
7	1312	2131	1312
8	1213	3121	1213
9	3112	2113	3112

백흑백흑   흑백흑백

제3장

함수

대응에 어떻게 대응할까?

"대응에 어떻게 대응할까?"란 말장난 같은 물음이다. 《코지엔広辞苑》 사전에 따르면, 대응이란 ① 서로 마주 보는 것, 상대하는 관계에 있는 것, ② 양자 관계가 균형이 잡힌 것, ③ 상대나 정황에 따라 행동을 하는 것이라 하는데, 표제의 "어떻게 대응할까?"가 ③의 의미임은 분명하다. 그리고 수학에서 사용되는 대응은 ①의 의미라고 생각된다.

대응은 수학의 시작

"헤아린다"라고 할 때의 절차를 생각해보자. 양 떼를 헤아리기 위해서 문으로 들어오는 한 마리 한 마리마다 작은 돌을 늘어 놓는다. 그러면 작은 돌이 양의 수를 나타낸다. 이때 양 떼와 작은 돌의 집합은 "일대일로 대응한다."라고 한다. 양 한 마리는 작은 돌 한 개, 또 반대로 작은 돌 한 개는 양 한 마리에 반드시 응하고 있기 때문이다. 이렇게 하면 수사数詞(수를 나타내는 단어)를 모르더라도 두 집합(사물들의 모임)의 크기를 비교할 수 있다. 헤아린다고 하는 것은 결국 사물에 대한 수사를 일대일로 대응시키는 특수한 대응이다. 그러므로 대응이라는 것은 집합과 함께 수학에 있어 가장 원시적인 개념이라고 할 수 있다.

⚙️ 대응 능력은 타고나는 것일까?

헤아린다고 하는 이 개념이 원시적이라 해서 누구에게나 가능하다고 생각할지 모르겠지만 그렇지도 않다. 보육원이나 유치원에서 잘 관찰하면 어린아이는 그렇게 쉽게 헤아리지 못한다는 것을 알 수 있다.

수를 10까지나 20까지도 소리 내어 외울 수 있는 아이에게 실제 눈앞에 있는 바둑돌 등을 헤아리도록 시키면 손가락으로 가리키는 동작과 입으로 헤아리는 것이 보조를 맞추지 못하고 어느 쪽인가가 늦어져 버린다. 이것은 똑같이 헤아린다고 하더라도 단지 수사를 외우는 것과는 달리, 사물과 수사의 일대일 대응 없이는 성립하지 않는다는 것을 나타내고 있다.

그러나 동작이 없는 경우는 어떨까? 잘 생각하면 사물과 이름을 대응하고 있지만, 이러한 대응은 한 살 반 정도의 유아라도 (물론 무의식적으로) 사용하고 있는 것처럼 보인다. 단어를 외운다는 것은 그러한 것일 거다. 그렇다고 하면 일대일 대응을 행하는 능력은 대부분의 사람들이 타고난 것이라고 말할 수 있다. 대응은 수학에 있어 기초일 뿐만 아니라, 인간이 행하는 것의 기반이기도 하다.

⚙️ 대응의 실제

일상생활에서도 일대일 대응을 필요로 하는 경우는 흔히 있다. 예를 들면, 학교 교실에서의 출결 확인 등이 그러하다. 선생님이 출석부 순서대로 소리 내어 읽어 목소리로 응답을 구하는데, 사실은 그것만으로 끝나서는 안 된다. 예를 들어, 출석부에 있는 전원이 출석해 있다고 해도 그 이외의 다른 학급 학생이 들어와 있을

지도 모른다. 그것을 체크하기 위해서는 거꾸로 출석자 한 사람 한 사람의 이름을 불러주어 확실하게 명부에 등재되어 있는지 어떤지를 조사하지 않으면 안 된다(물론 대리 출석 등은 없는 것으로 하지만, 설령 있다고 해도 이런 역 체크로 드러난다).

따라서 잘 생각해보면, 일대일 대응은 서로 역방향의 두 개의 동작으로부터 이루어진 것임을 알 수 있다. 두 동작 가운데 한쪽은 한 개의 집합 M의 각 원소에 대해서 다른 집합 N의 원소가 대응하고 있는지 어떤지를 확인하는 것이며, 다른 한쪽은 거꾸로 집합 N의 각 원소에 대해서 집합 M의 원소가 대응하고 있는지 어떤지를 확인하는 것이다.

사상이란 무엇일까?

그래서 가장 기본적인 것은 오히려 한 개의 집합 M에서 다른 집합 N으로의 대응이며, 이것은 일반적으로 사상 寫像; mapping 이라 불린다. 기호로는

$$M \xrightarrow{f} N \text{ 또는 } f : M \to N$$

으로 나타낸다. 또 사상 f에 의해 M의 원소 x에 N의 원소 y가 대응하는 것을

$$f : x \mapsto y \quad \text{또는 } y = f(x)$$

등으로 적고, y를 f에 의한 x의 상像; image, x를 y의 원상 原像; preimage 이라 한다. 이 경우 다른 x에 같은 y가 대응하는 것도 허용한다(즉 중복출석이다). 물건에 이름을 붙일 때에도 여러 개의 물

건에 같은 이름이 붙어 있는 경우가 있을 것이다.

이처럼 사상이라는 것은 x에 대해서 y쪽이 일의적으로 대응하는 것만 요구하기 때문에, M에서 N으로 향하는, 이를 테면 '방향성'을 가진 대응이다. 그러므로 화살표를 사용하여 나타낸다.

예1 M : 어떤 학급의 학생 40명의
　　　집합 $\{x_1,\ x_2,\ \cdots,\ x_{40}\}$

　　N : 홍팀, 백팀

　　f : 제비를 뽑아 홍백 두 팀으로
　　　나눈다.

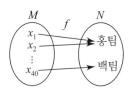

예2 M : 자연수의 집합
　　　$\{1,\ 2,\ 3,\ \cdots\}$

　　N : 짝수의 집합
　　　$\{2,\ 4,\ 6,\ \cdots\}$

　　f : M의 원소에 그 두 배가 되는 N의 원소를 대응시킨다.

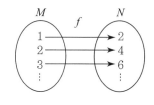

예3 M : $\triangle \mathrm{ABC}$

　　N : $\triangle \mathrm{A'B'C'}$

　　f : $\triangle \mathrm{ABC}$ 내의 점 P
　　　에 대해서 $\overline{\mathrm{OP}}$를
　　　O를 중심으로 하
　　　여 k배 확대한다.

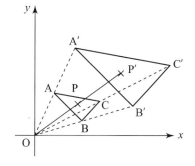

🎯 일대일 대응의 정확한 정의

집합 M에서 N으로의 사상 f에서, 특히 N의 각 원소 y에 대

해서도 그 원상 x가 단 한 개인 경우를 생각해보자. 그렇게 하면, y에 대해서 x를 대응시키는 것에 의해 N에서 M으로의 사상 g가 생긴다. 이것을 f의 역사상逆寫像; inverse mapping이라 하고, f^{-1}로 나타낸다.

$$f : x \longmapsto y \text{에서} \quad f^{-1} : y \longmapsto x$$

이런 경우에 집합 M, N이 일대일로 대응한다.

즉, 출결 확인의 절차 바로 그것이다. 보통 M에서 N으로의 사상 f를 만드는 단계에서 원상이 한 개밖에 없는 것도 동시에 확인할 수 있으므로, 그 다음은 N의 원소가 모두 대응되었는지 어떤지만 조사해보면 끝나는 경우가 많다. 그러나 수가 많다든지 복잡하다든지 할 경우에는 쌍방향의 사상을 만들지 않으면 안 된다.

이것을 헤아리는 경우에 대해서 말하면, 누락없이 헤아리거나 중복이 없다고 하는 것이다. 대응에의 대응은 이렇게 해서 확실하게 되었다.

함수! 알 수 없는 것

토끼는 잠자고, 거북은 달린다

위의 그림에서 거북이 영차영차 달리고 있는 느낌을 드러내는 부분이 있다. 이 부분이 함수의 비밀이다. 그 비밀이란 ….

수학에서는 거북의 위치 변화를 관측값을 늘어놓은 표로 나타낸다.

시 각(분)	0	1	2	3	4	5	6	...
거북의 위치(m)	0	3	6	9	12	15		

Q : 6분일 때, 거북의 위치는 몇 m일까?

A : 18m

Q : 왜?

A1 : 1분 동안 3m씩 나아가기 때문에 $15 + 3 = 18$이므로 18m.

A2 : 1분 동안 3m씩이므로 6분에 $3 \times 6 = 18$m.

아직 확실하다고 의식하고 있지 않지만,

> 5분까지의 관측으로부터 거북의 이동 법칙(1분당 3m)을 포착하여 아직 관측하지 않은 6분 후(미래)의 위치를 예측할 수 있다.

여기에는 변화를 포착하는 인간의 지적 활동의 소박한 원형이 있으며, 이 변화 상황을 해명하는 하나의 도구가 함수이다.

지금처럼 예측이 가능하게 된 것은 각 시각(분) x에 거북의 위치(m) y를 대응시켜서, 그 규칙성을 간파한 덕분이다. 이렇게 수에 수, 혹은 양에 양을 대응시키는 사상을 소위 함수라고 한다.

함수의 그래프

표와 계산에 의한 방법 이외에, 직관적으로 대응이나 변화의 법칙성을 보는 유효한 도구가 또 하나 있다. 바로 그래프이다.

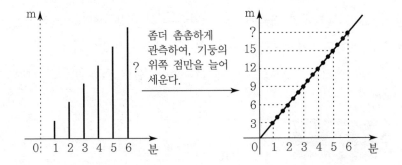

1분당 3m 나아간다는 법칙성은 다음 그림(그래프)과 같이 나타난다.

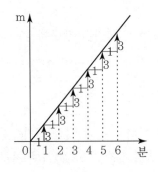

변화의 비율이 주요 포인트!

앞의 대화에서 A1과 A2도, 1분당 3m(일정)의 변화가 일어나고 있음을 시사하고 있다. 이러한 방법은 관측이 도중에 시작되었을 때에도 사용할 수 있다. 또 시각을 x(분)로 했을 때, 거북의 위치 y(m)와의 관계를 나타내는 식을 구할 수 있는 힘도 된다.

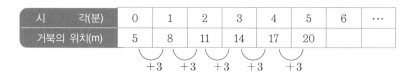

시　　각(분)	0	1	2	3	4	5	6	⋯
거북의 위치(m)	5	8	11	14	17	20		

6분일 때의 거북: $\underline{5m}+3m/분\times6분=5m+18m=23m$
　　　　　　　　　↑
　　　　　　　처음의 위치

x(분)일 때의 거북: $y=5+3\times x=5+3x$(m)

이것으로 거북의 위치변화를 x의 식으로 나타낼 수 있다.

다음으로 변화의 비율이 일정하지 않을 경우를 생각해보자. 물체를 떨어뜨렸을 때 낙하거리를 표로 나타내면, 대개 다음과 같다.

시　　각(초)	0	1	2	3	4	5	6	⋯
낙하거리(m)	0	5	20	45	80	125	(가)	

$+5$　$+15$　$+25$　$+35$　$+45$　(나)

$+10$　$+10$　$+10$　$+10$

두 번째 단의 (나)는 ⋯, 25, 35, 45, 다음으로 (55)라고 생각해도 되며, $5+10\times5=55$라고 계산해도 좋다.

5초 후일 때는 세 번째 단의 $+10$이 네 번, x(초)일 때는 $+10$이 $(x-1)$번이라고 생각하게 되면, 시각 x(초)일 때

$$(가) = 0 + \{5 + 15 + 25 + \cdots + (10x - 5)\}$$

$$(나) = 5 + 10 \times (x - 1) = 10x - 5$$

가 된다. { } 속의 계산은 다음과 같이 할 수 있다.

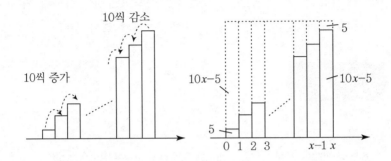

순서를 거꾸로 해서 겹쳐서 만든 오른쪽 그림에서 세로가 $5 + (10x - 5)$, 가로가 x인 직사각형이 되므로

$$(가) = \frac{1}{2}\{5 + (10x - 5)\} \times x = 5x^2$$

이다. 이렇게 해서 떨어지는 순간부터 x(초)일 때의 낙하거리 y (m)는 $y = 5x^2$이라는 식으로 나타낸다.

✺ 순간의 수수께끼

시속 100km로 달리는 새 차를 찍은 CM 비디오에서도 스톱을 건 순간의 상태를 보면, 정지해 있다. 그렇다면 이 순간에 차의 속도는 0일까? 0은 몇 번 더하더라도 0이므로 이 차는 달리지 않는다? 달리고 있는 차도, 실은 언제나 멈춰 있다? 그럴 리가 없다. 사실은 순간 멈춰 있는 이 차도 시간이 지나면 움직이는 성질(속도)이 내재되어 있다. 보이지 않는 속도를 계산으로 드러나게 하는 방법이 있다.

낙하 식 $y = 5x^2$을 이용하여 생각해보자.

시　　각(초)	x	x_Δ
낙하거리(m)	$5x^2$	$5x_\Delta^2$

여기서 x_Δ (초)는 x (초)보다 아주 작은 이후 시각으로 한다.

$$평균\ 속도 = \frac{5x_\Delta^2 - 5x^2}{x_\Delta - x} = \frac{5(x_\Delta^2 - x^2)}{x_\Delta - x}$$

인수분해와 약분이라고 하는 계산을 실행하면, 위의 식은

$$평균\ 속도 = \frac{5(x_\Delta - x)(x_\Delta + x)}{x_\Delta - x} = 5(x_\Delta + x)$$

가 된다. 예를 들면, 3초 후 $3_\Delta = 3.0000\cdots$ (초)라면,

$$속도 = 5(3.0000\cdots + 3) = 5 \times 6.0000\cdots = 30.0000\cdots$$

이다. 이 $.0000\cdots$는 0이 무한히 계속된다는 것을 나타내고 있다. 이상의 수법은 '미분법'이라 부르는 것이다.

왜일까? 알 수 없는 것

함수의 분위기는 파악했나요? 잘 모르겠나요? 어쨌든 함수는 인간 역사에서도 천년 이상 걸린 수학의 테마이기 때문에 그럴 수 있답니다.

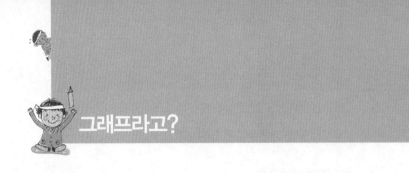

신문과 텔레비전에 등장하지 않는 날이 없을 정도로 그래프는
실생활의 모든 곳에 얼굴을 내밀고 있다. 건강검진 시 사용되는 심
전도, 뇌파도 그래프의 일종이다. 오선지에 쓴 악보도 열차의 운행

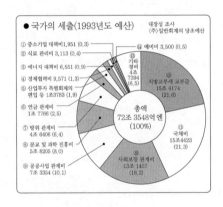

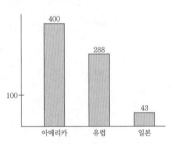

각국의 농업예산의 증감

1991년의 농산물 가격 소득지지 예산을 1980년을
100으로 한 지수로 나타낸 것

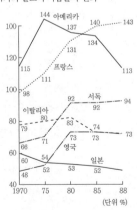

주요 국가의 칼로리 자급률의 변화

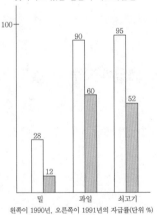

낮아지고 있는 일본의 식료자급률

원쪽이 1990년, 오른쪽이 1991년의 자급률(단위 %)

다이어그램도 그래프라고 할 수 있다. 원 그래프로 된 국가 예산을 보면 정부 정책을 읽을 수 있으며, 농업예산·식료자급률을 그래프로 나타내보면 농작물 수입자유화의 문제점도 보인다.

그래프들은 다양한 수량관계나 통계 데이터를 보기 쉽게 하기 위한 도형이다. 오늘날에는 퍼스널 컴퓨터와 워드 프로세서에 데이터를 입력해두면, 키를 두드리는 것만으로도 원하는 그래프를 그릴 수 있다. 다만, 무엇이든지 그래프로 하면 좋다는 것은 아니어서, 그래프를 그리는 목적이나 관점을 중요하게 생각하지 않으면 의미가 없다.

그런데 수학에서 그래프라고 하면, 보통은 '함수의 그래프'를 가리킨다. 함수는 물체의 운동이나 양의 변화를 나타낸 것이다. 그리고 함수의 변화를 분석하고, 운동이나 변화의 규칙성을 탐구하는 수학 분야가 '미분·적분'이다.

운동변화	등속도운동	등가속도운동	같은一樣 배 변화
함　　수	일차함수	이차함수	지수함수
식	$y = f(x) = ax + b$	$y = f(x) = ax^2 + bx + c$	$y = f(x) = a^x$
그래프	(직선)	(포물선)	

운동변화 함 수	주기적 변화	일반함수
	삼각함수	
식	$y = f(x) = \sin x$	$y = f(x)$
그 래 프		

또 최근에는 '그래프 이론'이라는 것이 유행하고 있는데, 이 그래프는 함수의 그래프와는 아주 다르다. 점과 점을 잇는 선으로 된 단순한 기하학적 도형으로 선형 그래프라고도 불린다. 단순하게 그물코, 네트워크라고 하는 쪽이 알기 쉽다. 스위스의 수학자 오일러 Euler, 1707~1783 가 '쾨니히스베르크 Königsberg 의 다리 문제'를 해결한 1736년 논문이 이 이론의 출발이라고 한다.

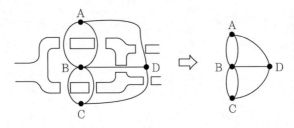

'점과 선의 연결' 성질을 생각하는 그물코로써의 그래프도 실생활의 온갖 곳에 있다. 예를 들면, '한붓그리기' 퍼즐에서부터 기차의 노선도, 전기회로 등이 모두 이러한 그래프로 간주되며, 인간관계, 가계도, 조직도, 정보의 흐름도 그래프로써 표현할 수 있다. 플로 차트 flow chart 도 일종의 그래프이다. 이 그래프는 함수의 그래프와 마찬가지로 시각에 호소하여 이해를 돕는 동시에 경제학·사회학·심리학·정보 및 다른 분야와 결합되어 현대사회를 분석하는 강력한 무기 가운데 하나로 되어 있다.

변화의 비율이란 무엇일까?

먼저, 문장의 □에 알맞은 단어를 넣어 보세요.

① □□□ 의 변화가 크다. ② □□□ 의 변화의 비율이 크다.

대개 ①에 대해서는 기온 등의 단어를 쉽게 떠올리겠지만, ②에 서 잠깐 생각하게 될 것이다. '변화의 비율[1]'이 현재 중학생을 괴롭 게 하고 있다.

일본의 어떤 중학교 3학년 교과서에는 다음과 같이 되어 있다.

y가 x의 함수일 때, 이 함수의 변화의 비율은 다음의 식으로 구할 수 있다.

$$(변화의\ 비율) = \frac{(y의\ 증가량)}{(x의\ 증가량)}$$

이라고 정의한다. 그 다음에

"$y = x^2$에 대해서, x의 값 -3에서 3까지 1씩 증가할 때의 변 화의 비율을 구하여라."

가 나오는데, 많은 중학생들이 여기서 따라가지 못하게 되어버린 다. 이런 추상적인 표현은 어떠한 이미지도 생겨나지 않기 때문에

---

1) '변화의 비율'에 관한 내용의 경우, 일본에서는 중학교 3학년에서 다루고 있으며, 우리 나라에서는 중학교 2학년에서 다루게 되어 있다.

실패하는 것도 무리는 아니다.

변화의 비율

다시 앞의 '① 기온의 변화
가 크다.'를 생각해보자. 예를
들면, 푄 fohn 현상인지 무엇인
지 모르지만 아침부터 수은주
가 자꾸만 올라가서 아침 8시
에 15℃였던 기온이 10시에 2

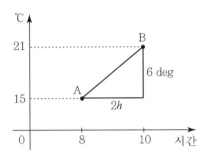

1℃까지 올라갔다고 하면, 기온의 변화는 6도이다.

$$21℃ - 15℃ = 6deg \ (기온 \ 차는 \ deg로 \ 나타낸다.)$$

그러나 이 변화가 어느 정도 급했나를 보려고 하면, 이 변화의 절
대량만으로는 알 수 없다. 두 시간에 6도였으므로, 1시간당 3도,
10분당 0.5도이다.

$$6deg/2시 = 3deg/시 ,$$
$$6deg/12 \times 10분 = 0.5deg/10분$$

이렇게 급하게 변화하면 몸의 상태도 이상해진다.

단지 '변화'라고 하면 절대적인 변화량(즉 외연량)을 가르키며,
'변화의 비율'은 그것을 변수(이 경우는 시각)의 변화로 나눈 단위
당의 양(내포량)이다. 그래프에서 말하면, 변화는 세로선의 길이의
차(A, B의 높이의 차)에 불과하지만, 변화의 비율은 사선 AB의 기
울기 상태이므로 꽤 비슷하면서도 서로 다르다.

이것을 자동차가 달리는 장면에서도 생각해보자.

"자동차가 3시간에 180km 나아간다."

라고 하면, 변화는 나아간 거리 180km이지만, 변화의 비율은 180km/3시＝60km/시로, 자동차가 달린 속도이다.

거리의 '변화의 비율'＝속도

순간속도

그러나 자동차가 반드시 일정한 속도로 달리는 것은 아니므로 60km/시라는 것은 3시간의 평균속도에 지나지 않는다. 자동차가 달리기 시작했을 때는 천천히 가다 차츰 속도를 올리고, 멈출 때는 점차 속도를 떨어뜨린다. 도중에 신호가 있으면 정차를 반복하게 된다. 주행계에서 3시간의 거리 변화를, 그리고 속도계에서 그 사이의 속도의 변화를 그래프로 그리면 다음과 같을 것이다.

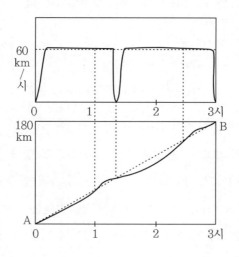

위의 속도계의 그래프를 보면 자동차는 도중에 한 번 정차하였

음을 알 수 있고, 일정속도로 운전을 하고 있는 동안의 속도는 60km/시보다 조금 컸음을 알 수 있다. 이 그래프에서 높이를 평균하면, 60km/시가 된다는 것이다.

한편, 주행계의 그래프를 보면, 평균속도 60km/시는 그래프 위의 출발점 A(0시, 0km)와 도달점 B(3시, 180km)를 곧게 이은 선(점선)의 기울기로 실제 주행 그래프는 이 선을 몇 번인가 가로지르면서 A에서 B로 향하고 있다.

이제부터 시속 60km라고 하더라도 1시간 달리지 않고 순간속도로서 그렇게 되는 경우도 있으며, 60km/시 이상이 되는 순간도 있을 수 있음을 알 수 있다.

여기까지 오면, 다음의 짧고 재미있는 이야기에 웃을 수 있을 것이다.

"여자가 운전하는 자동차가 경찰 오토바이에 붙잡혔다. 경찰이 그녀가 있는 곳에 와서 이렇게 말한다. "부인은 시속 60마일로 달리고 있었네요!" 그녀는 말한다. "그럴 리가 없어요. 아직 7분밖에 달리지 않았는데요. 이상하네요. 아직 한 시간도 달리지 않았는데, 한 시간 60마일을 달릴 수 있나요? …"2)

---

2) 《파인만Feynman 물리학 Ⅰ》, 坪井忠二 역, 岩波書店.

열차 다이야 이야기

다은 : 아빠, JR 차장 아저씨들이 가진 시각표를 가지고 있지요?
나라선(교토 京都 ~ 나라 奈良)의 시각표요! 지금 나라에 친구
들과 갈려고 해요.

아빠 : 시각표는 가지고 있지 않지만, 다이야는 가지고 있지.

인혁 : 예? 다이아몬드!

아빠 : 아니. 다이어그램이라고 하는 시각표의 근원이 되는 그래프
같은 거야.

다은 : 수학에 나오는 그 그래프? 아휴 싫어, 어려운데.

아빠 : 뭐, 그런 거지. 그래도 그렇게 어려운 건 아니야. 어떤 의미
에서는 시각표보다 꽤 알기 쉽고, 게다가 훨씬 편리해. 직원
들은 모두 다이야를 가지고 일하고 있지. 자, 이거.

인혁 : 와~! 선이 가득 있네요!

아빠 : 그러니까, 몇 시에 코하타 木幡를 출발하는 게 좋을까?

다은 : 우지 宇治 역에서 쾌속열차로 바꿔 타는 것이 편리하겠네요,
거기서 신덴 新田 의 친구도 탈 수 있으면 좋은데.

아빠 : 상·하행선 양쪽을 동시에 조사하기 위해서는 다이야가 안
성맞춤이지. 자, 여기 우지 역인 곳, 이것을 쭉 오른쪽으로
따라가면, 여기, 오른쪽 하행열차 선이 만나는 곳이 있지.
A(0시 30분, 우지), 이것은 쾌속열차가 우지 역에서 따라붙

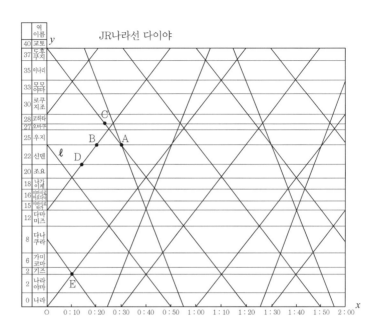

어 추월한다는 것을 나타내고 있어. 다음은 이 앞에 우지 역
에 도착하는 상행(오른쪽으로 올라가는 선)을 보면 돼.

다은 : 그렇게 하면, 이거네요, B(0시 20분, 우지).

아빠 : 여기서 가면, 너는 C(0시 23분, 코와타)의 하행, 친구는 D(0
시 14분, 신덴)의 상행열차에 타면 되겠네. 이해되니?

다은 : 네, 고마워요. 그런데 '(0시 30분, 우지)'라는 것, 혹시 좌표
인가요?

아빠 : 응. 좋은 거 발견했네. 다이야는 가로축(x좌표)이 시각, 세
로축(y좌표)이 위치야.

그러므로 열차끼리 몇 시에 어디서 서로 스치는지, 추월하는
지를 한눈에 금방 알 수 있지. 특히 나라선 등의 단선은 몇
시에 어디에서 스쳐 지나가가 열차 운행을 위해서는 중요
하단다!

시각표에서 이러한 것을 생각한다면 너무 복잡해서 만들어 지지 않아. 또 운행이 흐트러졌을 때는 다이야 위에 선을 그음으로써 다시 만들게 되지. 그렇게 해서 충돌 등의 사고를 방지할 수도 있지. 이해되니?

다은 : 네.

인혁 : 아빠, 직선은 무엇 때문에 같은 방향을 향하고 있어요?

다은 : 같은 방향이라는 것은 평행이라는 것이야.

아빠 : 인혁이도 좋은 것에 착상했네. 먼저 직선이 되는 것은 언제라도 어디에서라도 같은 속도로 달리고 있기 때문이지. 역에서 머무는 시간은 1분도 안 되므로 보통은 무시하고 있어. 열차의 속도가 같은 것은 같은 방향을 향하지. 그러므로 보통 열차는 모두 같은 방향을 향하고 있어. 상행은 상행으로, 하행은 하행으로. 또 쾌속열차끼리도 같은 방향을 향하고 있지.

인혁 : 정비례인가요?

아빠 : 그렇지, 잘 알고 있네. 그러나 이것은 시각과 위치가 정비례하고 있다는 것과는 다르며, 시각의 변화량(시간)과 위치 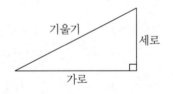 의 변화량(거리)이 정비례하고 있지. 조금 까다롭지만, 하나 하나 살펴보자.

다은 : 평행한 직선의 식은 …, 잊어버렸네.

아빠 : "평행한 직선의 식의 기울기는 같다."이지?

다은 : 맞아, 맞아!

아빠 : 기울기라는 것은

$$\frac{\text{세로}}{\text{가로}}, \ \text{즉} \ \frac{y\text{의 변화량}}{x\text{의 변화량}}$$

으로 나타내지.

이 경우, 가로(x의 변화량)는 시간, 세로(y의 변화량)는 거리가 돼. 그러므로 $\frac{\text{거리}}{\text{시간}}$ 란다.

인혁 : 아~, 그게 속도로군요!

아빠 : 그렇지. 초등학교에서도 배우지? 이해가 되니?

인혁 : 그런데 보통열차의 속도는 어느 정도인데요?

아빠 : 그것도 다이야를 보면 알 수 있지. 다인이는 중학생이니 할 수 있을 텐데. 계산하기 쉬운 곳을 보면,

$$\text{O}(0{:}00, \ \text{나라 } 0\text{km}), \ \text{E}(0{:}10, \ \text{기즈}_{木津} \ 5\text{km})$$

이므로

$$\frac{y\text{의 변화량}}{x\text{의 변화량}} = \frac{5\text{km} - 0\text{km}}{0{:}10 - 0{:}00} = \frac{5\text{km}}{10\text{분}} = 0.5\text{km/분} \qquad ①$$

이고 시속으로 하면 30km/시가 된단다.

다은 : 저는 식에 약해요. "x절편이 ○이고, y절편이 ○인 식을 구하여라."든가 ….

아빠 : 그러면 예를 들어, ℓ열차를 볼까? x절편이 50분, y절편이 25km이지. 먼저, 속도(기울기)는

$$\frac{-25\text{km}}{50\text{분}} = -0.5\text{km/분}$$

이지. 음수가 되는 것은 위치의 속도(km 정도)가 감소하고 있기 때문이야.

y절편(우지 역)에서 x분 후에 $y$km인 위치까지 나갔다고 하고, ①식과 마찬가지로 생각해보렴.

다은 : 음~, 그러면

$$\frac{y의\ 변화량}{x의\ 변화량} = \frac{y - 25km}{x - 0:00} = -0.5km/분$$

이 되는 거요?

아빠 : 그렇지, 이 식을 변형하면

$$y - 25 = -0.5(x - 0), \quad y = -0.5x + 25$$

가 되지.

인혁 : +25가 붙은 것이 정비례 식과 다르네요.

아빠 : 응, 거기가 조금 다르다고 말한 부분이야. 일차함수라고 부르는 것이야.

식을 사용하면 좀더 편리한 것이 있지. 그것은 다이야의 일부분밖에 입수하지 않더라도, 계산으로 몇 분 후에 어느 위치에 있을까를 바로 알 수 있지. 그러므로 이러한 '함께 변하는 두 양'의 법칙(함수)을 생각할 때에는 식과 그래프, 대응표를 능숙하게 사용할 필요가 있어.

JR에서는 속도를 구할 때 이외에는 식을 사용하지 않지만, 대응표에 해당하는 것이 시각표이며, 그래프에 해당하는 것이 다이야이지. 이해됐니?

다은 : 네 …. 또 아빠의 "이해됐니?"인가요. 나라에 갈 때 용돈을 주면 더 산뜻하게 이해할 수 있을 것 같아요.

아빠 : 아차 ….

인혁 : 저도요!

커피가 식는 방법은?

갓 끓인 뜨거운 커피를 놓아두면 차차 식어버린다는 것은 누구라도 경험으로 알고 있다. 식은 커피를 냉커피로 생각하고 마시더라도 맛은 별로이다. 그것은 잠시 제쳐놓고, 커피가 식는 방법은 어떤 것일까?

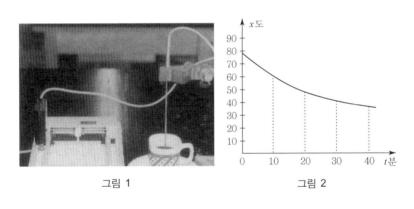

그림 1   그림 2

그림 1은 시간이 지남에 따라서 커피의 온도가 어떻게 식어 가는가를 자동적으로 측정해서 기록하고 있는 장면이며, 그림 2는 그것을 기록한 것이다.

이것을 보면 처음에는 큰 폭으로 식지만 점차 둔하게 되어가는 상황임을 알 수 있다.

조금 생각해보면, 이 현상을 지배하고 있는 것은 "주변의 외부 기온과의 차가 클수록 식는 것이 빠르다."라는 법칙임을 알 수 있다. 정확하게는

"대기 중에 놓여 있는 물체의 냉각속도는 그 물체의 온도와 외부 기온과의 차에 비례한다."

라는 법칙으로, 이것을 '뉴턴의 냉각법칙'이라고 한다.

이 법칙에 따르면, 시각 t(분)일 때 커피의 온도를 x(℃), 외부 기온을 p(℃)라고 하면,

$$\frac{dx}{dt} = -k(x-p) \quad (k$은 커피의 양 등에 의해 정해지는 상수$)$$

라는 미분방정식을 얻을 수 있다. 이 날의 외부 기온은 31℃였으므로

$$\frac{dx}{dt} = -k(x-31)$$

이 된다.

원래는 미분방정식을 풀어야 하지만, 대충 어림잡아 계산해도 된다면, 초등학교 6학년 정도의 계산으로도 풀 수 있다.

먼저, 뉴턴의 냉각법칙을 바꿔

"물체가 냉각하는 속도의 느림은 외부 기온과의 온도차에 반비례한다."

라고 해보자. 느림, 즉 1분당 내려가는 온도는 냉각속도의 역수(역내포량)이므로 정비례가 반비례로 변한다. 그래서 반비례하는 두 양의 곱은 일정(비례상수)하다는 것을 상기하자.

[냉각속도의 느림(정도)] ×(온도차) = 일정

최초의 10분 동안 이 일정한 값이 어떻게 되는가를 생각해보자.

커피 온도는 78℃에서 59℃가 되었으므로 10분 동안 78℃ − 59℃ = 19deg(온도는 섭씨로, 온도차는 deg로 나타낸다)만큼 내려갔다는 것이 되고, 내려가는 정도는

$$10분 \div 19\text{deg} = \frac{10}{19}분/\text{deg}$$

이다. 한편, 온도차는 78℃ − 31℃ = 47deg이므로, 일정한 값은

$$\frac{10}{19}분/\text{deg} \times 47\text{deg} = \frac{10 \times 47}{19}분$$

이다. 다음 10분 동안도 값이 같아야 하므로, 그 사이의 온도 강하를 $x(\text{deg})$라고 하면 온도차는 59℃ − 31℃ = 28deg가 된다. 그러므로

$$\frac{10}{x}분 \times 28\text{deg} = \frac{10 \times 47}{19}분$$

$$x = \frac{19}{47} \times 28\text{deg} = 11.32\text{deg} \fallingdotseq 11\text{deg}$$

이라서 20분 후 커피의 온도는 약 59℃ − 11deg = 48℃ 가 된다. 마찬가지로 20분 후부터 30분 후까지의 온도 강하 $y(\text{deg})$는

$$\frac{10}{y}분 \times (48℃ − 31℃) = \frac{10 \times 47}{19}분$$

$$y = \frac{19}{47} \times 17\text{deg} = 6.87\text{deg} \fallingdotseq 7\text{deg}$$

이고, 30분 후의 커피의 온도는 대략 48℃ − 7deg = 41℃ 이다. 30분 후부터 40분 후도 마찬가지로 구하면,

$$z = \frac{19}{47} \times 10\text{deg} \fallingdotseq 4\text{deg}$$

이므로 커피의 온도는 37℃ 까지 내려간다. 이렇게 해서 다음과 같은 표를 얻게 된다.

시　　각(분)	0	10	20	30	40
커피 온도(℃)	78	59	48	41	37

만일 원래의 미분방정식을 풀면,

$$x = 31 + Ce^{-kt}$$

가 되며, 여기서 $t = 0$일 때 커피의 온도가 78℃ 였다는 것을 이용한다. 그러면

$$x = 31 + 47e^{-kt}$$

가 되고, 더욱이 10분 후 커피의 온도가 59℃ 가 되었다는 것으로부터

$$x = 31 + 47\left(\frac{28}{47}\right)^{\frac{t}{10}}$$

이 나온다. 이것이 이날 커피가 식은 곡선의 식이다. 이 식에 따라 계산해보면, 예상대로 앞에서 다룬 계산값을 얻을 수 있다.

최초의 실측값과 비교해보자. 꽤 잘 맞다는 것을 알 수 있다.

진자의 비밀

최근에는 시계가 모두 디지털로 되어 진자振子라는 것을 전혀 보지 못하게 되어버렸다. 이것은 매우 섭섭한 일이다. 진자하면 기둥시계이고, 기둥시계라고 하면 똑딱똑딱하며 시각을 새기는 할아버지 시계가 떠오른다.

진자의 등시성

1925년에서 1935년 사이에 태어난 세대라면, 전쟁 전의 국정교과서(초등학교 4학년 국어)에 실려 있던, 갈릴레오가 18세 때 진자의 등시성을 발견한 이야기를 기억할 것이다. "해질녘 피사의 대성당에는 천장에 매달려 있는 램프가 흔들린다. 흔들리는 폭(진폭)은 차츰 작아지는데, 갔다가 돌아오는데 걸리는 시간(주기)은 어쩐지 일정한 것 같다. 보고 있던 갈릴레오는 자신의 맥脈을 짚어 이것을 확인한다."라는 이야기이다.

이런 발견에 관한 이야기는 대개 나중에 만들어진 전설이다. 미심쩍은 것을 발견하면 가슴이 두근두근해서 맥도 빨라질 테니 말이다. 어쨌든 이야기만으로는 재미있다. 덧붙여서 말하면, 진자의 등시성을 바탕으로 진자시계를 만든 사람은 네덜란드의 호이겐스이다.

여기서, 진자의 등시성이라는 것은 진자의 주기가 길이에 따라 정해지며 진폭을 바꾸더라도, 물론 추(분동)의 무게를 바꾸더라도 주기는 변하지 않는다는 것이다.

🪙 1m = 1초!

1m의 끈에 추를 달아서 진자를 만든다. 이 진자를 흔들어서 편도시간(주기의 반)을 재어 본다. 다섯 번 왕복시켜서 시간을 재고, 이것을 10으로 나누면 된다. 그러면 편도시간은 거의 정확하게 1초임을 확인할 수 있다.

$$1m = 1초!$$

이것은 매우 흥미로운 사실이다. 하지만 그럴 것이다. m는 지구의 자오선의 길이를 바탕으로 정해진 것이며(1m = 적도와 극極 사이의 거리의 1천만 분의 1), 1초는 지구의 자전 주기(1일)의 86400분의 1인 시간이므로, m와 초는 원래 관계없이 정해진 단위이다.

🪙 길이를 바꾸면 …

진자의 길이를 짧게 하면 진자는 빨라지며, 길게 하면 느려진다. 그렇다면 진자의 길이와 주기는 비례하는 것일까?

실제로, 진자의 길이를 2m, 3m, …, 0.5m, 0.25m 등으로 해서 편도시간을 측정하면 다음 표와 같다.

진자의 길이(m)	편도시간(초)
1	1
2	1.4
3	1.7
4	2
0.5	0.7
0.25	0.5

길이를 2배, 3배, 4배로 하더라도, 시간은 2배, 3배, 4배가 되지 않으므로, 이것은 비례 관계가 아니다. 길이를 4배로 하면 비로소 시간은 2배가 되고, 길이를 $\frac{1}{4}$로 하면 시간은 $\frac{1}{2}$이 된다. 잘 주의해서 살펴보면, 편도시간의 값을 제곱하면 대략 길이의 값이 되는 것을 알 수 있을 것이다. 즉, 길이를 $l(\text{m})$, 편도시간을 $T(\text{sec})$라고 하면

$$T^2 = l, \quad 즉 \quad T = \sqrt{l}$$

이라는 관계가 된다. 단, 이것은 근삿값이며 더 정확하게는 비례상수를 붙여서

$$T = \frac{\pi}{\sqrt{g}} \sqrt{l}$$

이 된다. 여기서 π는 원주율, g는 지구의 중력에 따른 가속도이며 대개 9.8m/sec^2이다.

그런데 $\sqrt{g} = \sqrt{9.8} = 3.13$, $\pi = 3.14$이므로 $\sqrt{l}$의 앞에 붙어 있는 비례상수는 $1.003 \cdots$이다. 따라서 거의 1로 가정할 수 있다. 결국 '1m = 1초'는 유감스럽게도 우연이며, 지상의 중력 가속도 g (m/sec^2)의 제곱근이 우연히 π에 매우 가깝다고 하는 이유에 기인한다. 달에 가면 중력 가속도가 바뀌기 때문에, 1m인 진자의 편도시간은 결코 1초가 될 수 없다.

그러나 이것이 반드시 우연만이 아닌 사정도 있다. 이미 알고 있듯이 미터법은 프랑스 대혁명 때 만들어졌다. 그 연구를 담당한 도량형위원회는 당초 지구 자오선의 북극에서 적도까지의 거리의 1천만 분의 1을 1m라고 할까, 주기 1초인 진자의 길이를 1m로 할까 두

가지 안이 있었지만, 후자는 지표의 위도緯度에 따라 차이가 나기 때문에 이 안이 폐기되었다는 이야기가 있다. 그러나 두 가지 안의 체면을 위해 '1천만 분의 1'이라는 수가 나온 것은 아닐까 라고 생각할 수 있다. 만약 인간이 사용하기 쉽다고 하는 점에서 말하면, 오히려 2000만 분의 1, 즉 50cm라든가 3천만 분의 1, 즉 30cm 쪽이 더 적당했을지도 모른다(그러나 오늘날 1m에 가까운 척도가 프랑스에서는 전통적이었으므로 뭐라고 말할 수도 없다).

🪙 사이클로이드 진자

엄밀하게 말하면, 위에서 말한 것처럼 진자의 등시성은 진폭이 너무 크지 않을 때에만 성립하는 근사법칙이어서 진폭이 크면 성립하지 않는다.

그림과 같이 진자의 지점支點(지렛목)을 사이클로이드[1]라는 곡선의 뾰족한 부분에 끼우면, 이 진자는 진폭이 증가함에 따라서 실이 조금씩 짧아지게 되어 큰 진폭에 대해서도 주기성을 정확하게 보전할 수 있다(아래 그림 참조). 이것을 사이클로이드 진자라고 하는데, 호이겐스가 발견했다.

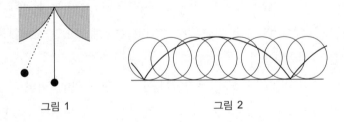

그림 1   그림 2

---

1) 원주 위의 어떤 한 점에 표시를 붙여 둔다. 이 원주를 직선을 따라 미끄러지듯이 굴렸을 때, 이 표시가 그린 곡선이 사이클로이드이다.

🌀 지구는 움직인다

진자는 언뜻 보기에는 언제까지나 같은 하나의 연직평면 안에서 왕복운동을 반복하고 있으며, 이 평면(진동면)은 부동인 것처럼 보인다. 진자 운동의 원동력은 바로 아래로 작용하는 중력뿐이므로 당연하다. 그러나 진자를 긴 시간 동안 계속 흔들면 진자의 진동면은 결코 부동이 아니며 시간과 함께 회전하고 있음을 관찰할 수 있다. 이것은 진자가 놓여 있는 지구 자체가 자전하기 때문이다.

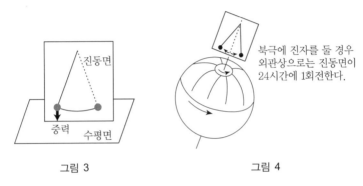

그림 3	그림 4

진동면이 어느 정도 회전할까 하는 것은 진자를 둔 위치의 위도緯度에 따라 다르다. 극pole에 두었을 때는 24시간에 1회전한다. 적도 위에서는 회전이 일어나지 않는다. 동경은 북위 36도이므로 그 중간이며, 약 41시간에 진동면이 1회전한다. 한 시간당 9도 정도이다.

동경의 우에노上野에 있는 국립과학박물관에는 길이 19.7m인 스테인리스 선에 49.6kg의 스테인리스 구를 달고 있는 장대한 진자가 있다. 추의 바로 밑 바닥면에는 눈금이 새겨져 있으며, 시간의 경과에 따른 진동면의 변화를 알 수 있도록 되어 있다.

이 장치는 프랑스 사람인 푸코 Jean Bernard Léon Foucault; 1819~1868[2]

---

2) 프랑스 물리학자로, 파리국립연구소를 거쳐 1853년 파리천문대에서 물리학을 맡아 근

가 지구의 자전을 증명하기 위해, 1852년 파리의 팡테온Panthéon에서 실험한 것으로, 그 이름을 따서 푸코 진자라고 부른다. 전시하고 있는 설명에 의하면, 그는 팡테온의 높은 천장에 길이 67m인 실에 추를 달아 내렸다고 한다. 당시는 아직 천동설을 믿는 사람이 많아서, 지구의 자전을 눈앞에서 보인 이 실험의 의의는 컸다고 한다.

무하였고, 1865년 과학아카데미 회원이 되었다. 그는 공기 속과 물 속에서의 빛의 속도를 비교하여, 공기 속에서의 빛 속도가 더 빠르다는 파동설을 최종적으로 확정지었다. 1851년에는 푸코 진자를 고안하여, 지구의 자전을 실험적으로 증명하였고, 이와 관련하여 1852년 자이로스코프gyroscope를 발명하였다. 1855년 푸코 전류(맴돌이 전류)를 발견하였고, 이어 1856년 반사망원경 연구에서 업적을 올리는 등 등광학燈光學 발전에 기여하였으며, 이듬해에는 니콜프리즘의 일종을 만들었다. 1862년 회전경 回轉鏡 을 써서 빛의 속도가 초속 29만 8000km라는 정확한 값을 알아내는 데 성공하였다.

공정한 투표는 가능한가

🚲 소선거구제는 민주주의의 무덤

"선거제도의 혁명은 민의의 충실한 반영에 있다. 그것을 왜곡하는 제도는 허용할 수 없다!" — 많은 국민들의 반대하는 목소리를 무시하고, 히고노쿠니 肥後國[1]의 주군을 수반으로 하는 연립정부는 지금까지 자민당 自民黨 정권이 수십 년 걸려서도 실현하지 못했던 소선거구 제도를 정치개혁이란 미명으로 슬쩍 바꿔 도입했다. 1994년 봄의 일이다.

민의를 충실하게 반영한다는 점에서 (단순) 소선거구제도가 최악의 것임은 자세한 설명을 필요로 하지 않을 것이다. 현실적인 시뮬레이션으로 전국에서 60% 정도의 사표 死票(의석에 반영되지 않는 표)가 나올 것이라고 어림잡아 계산되고 있다고 한다(단순다수결을 반복하기 때문). 병립제 竝立制나 연용제 連用制로, 가령 비례대표제와 조합하더라도 기본적으로 소선거구제도를 채택하는 한 민의를 충실하게 반영한다는 것은 불가능하다.

차라리 현행의 중선거구제도 쪽이 한 표 가치의 평등함을 해치지 않도록 인구 변동에 맞춰 인원수를 조정한다면, 훨씬 충실하게 민의를 반영한다고 말할 수 있다.

---

1) 히고노쿠니는 일본의 지방행정 구분의 하나로서, 현재의 쿠마모토 熊本 현에 해당한다.

🪙 민의의 충실한 반영은 비례대표제

가장 민의를 충실하게 반영하는 제도로써, 소선거구제의 정반대에 위치하고 있는 것이 비례대표제이다.

일본에서는 참의원 선거에 있어, '구속명부식 비례대표제'라는 제도를 채택하고 있다. 정당에 대한 투표에 따라, 사전에 순위를 기입한 명부에 의해 당선인을 결정하는 방법이다. 여기에 채택되어 있는 '돈트[2] 방식'도 비례배분의 한 가지 방식이다.

비례대표제도에서는 선거인의 지지율을 가능한 한 충실하게 당선인의 구성비에 가깝게 하지 않으면 안 된다. 그러므로

$$(인원수) \times (지지율) = (당선인)$$

이라고 하면 좋은데, … 문제는 우수리(끝수)의 처리이다.

주주총회처럼 득표수에 비례해서 의결권을 가지면 100% 충실한 것이 되는데, 실무적으로 불가능하며 무엇보다도 이것은 국민투표가 되어버려 대의제도에는 맞지 않는다.

사실 지방자치 가운데 리콜 recall 제라든지, 조례 제정 개폐청구와 같은 제도(지방자치법 제12, 13조)도 있지만, 국정 수준에서는 헌법 제96조에 있는 헌법 개정의 승인이 유일한 국민투표이다. 그러나 이것은 유사 이래 실시된 적이 없다. 최고재판소 재판관의 국민심사도 비슷하지만 약간 성격이 다른 것 같다. 우선, 파면할 수 없도록 되어 있어 불공평한 것임은 틀림없다.

---

2) 돈트 Victor D' Hondt; 1841~1901 는 벨기에의 법률가이자, 수학자이다.

🔧우수리를 어떻게 할까? — 알라바마 패러독스

우수리 처리 방법으로 여러 가지 배분방식을 생각할 수 있다.

먼저 단순한 것은 사사오입四捨五入 방법이다. 수학의 경우에도 가장 일반적인 처리방법이지만, 의석 배분에서는 합계가 인원 정수와 일치하는가 어떤가의 보증이 없으므로 채택할 수 없다.

다음으로 생각할 수 있는 것은 최대잉여법最大剩餘法이다. 이것은 정수 부분을 먼저 배분하고, 인원수에 대한 나머지는 소수 부분이 큰 쪽부터 차례로 배분해가는 방법이다. 인원수는 확정되며 일견 합리적이지만 단순하다.

그런데 엉뚱한 문제가 발생할 수 있다. 의외의 함정이 있다!

이것은 알라바마 패러독스Alabama paradox라고 하는 것으로 미국에서 1881년에 발견되었다고 한다. 당시 미국 하원의원 정수는 299명으로 인구에 비례하여 각 주에 배분되었다. 이 당시 알라바마 주의 배분은 여덟 의석이었는데, 의원 정수가 1명 늘어서 300명이 되면 배분수가 일곱 의석으로 줄어버린다는 현상을 알게 되었다. 이런 어처구니없는 일이! 하지만 다음 예를 보자.

이것은 네 개의 정당이 다투는 모델로써, 인원 정수가 12명일 때와 한 명 늘어서 13명이 되었을 때 각 정당의 의석 배분을 나타낸 것이다.

(가) 정수가 12명일 때

	A당	B당	C당	D당	합계
득 표 율	43%	27%	19%	11%	
정수부분	5	3	2	1	11
소수부분	.16	.24	.28	①.32	1
배분의석	5	3	2	2	12
의석점유율	41.7%	25.0%	16.7%	16.7%	

(나) 정수가 13명일 때

A당	B당	C당	D당	합계
43%	27%	19%	11%	
5	3	2	1	11
①.59	②.51	.47	.43	2
6	4	2	1	13
46.2%	30.8%	15.4%	7.7%	

(가)의 경우는 정수 부분으로 배분하고 남은 한 의석은 소수 부분이 가장 큰 D당이 배분을 받는다. (나)의 경우는 나머지가 두 의석이므로 소수 부분이 큰 순서대로 A, B당이 각각 배분을 받는다.

그렇다면 어떻게 될까? 인원 정수가 늘고 득표율이 같음에도 불구하고, D당이 받는 배분은 오히려 2에서 1로 줄어버린다. 이것은 난처한 일이다. 해보면 최대잉여법도 그다지 좋은 것은 아니다.

돈트 방식의 수리 數理

한편, 일본에서 채택하고 있는 것은 19세기 벨기에의 정치학자 돈트가 생각해낸 것으로 최대평균법이라고도 불린다.

구체적으로는 각 당의 득표수를 정수인 1, 2, 3, … 으로 차례로 나눠서 그 몫을 비교하여 정해진 인원수까지 순위를 매긴다. 득표율은 위와 같다고 하자. 가령 총득표수를 10,000표라 하고 해보자. 의석 배분은 다음과 같다. ( ) 안은 의석의 점유율(%)이다. 그 결과는 인원수가 12일 때

A…6(50)   B…3(25)   C…2(16.7)   D…1(8.3)

이 된다.

정당	A	B	C	D
÷1	① 4300	② 2700	④ 1900	⑦ 1100
÷2	③ 2150	⑥ 1350	⑨ 950	550
÷3	⑤ 1433	⑩ 900	⑭ 633	367
÷4	⑧ 1075	⑬ 675	475	⋮
÷5	⑪ 860	540	⋮	⋮
÷6	⑫ 717	⋮	⋮	⋮
÷7	⑮ 614	⋮	⋮	⋮

이 숫자가 무엇을 비교하고 있는지 생각해보자.

A당의 득표를 정수 n으로 나누었을 때의 몫은 A당의 의석 배분이 n이라고 가정했을 때 한 의석당의 평균득표수이다. 그러므로 $\div 1$, $\div 2$, … 라는 조작은 그 당의 배분 의석이 1, 2, … 일 때 각각의 평균득표수를 산출하고 있는 것이 된다. 그 값이 큰 쪽부터 배분을 정해가는 방법이 돈트 식이다. "다시금 한 의석이 증가하여 어느 당에 배분할 때, 한 의석당의 평균득표수가 가장 크게 될까?"라는 것을 전체 의석에 적용했다고 생각하면 알기 쉽다.

정말 상당히 합리적인 사고방법이다. 문제는 없는 것 같다.

그런데 "이것은 경험적으로 큰 정당에 너무 유리하게 되므로 나누는 수를 홀수인 1, 3, 5, … 로 하자."(생트 라그[3] 방식[4]), "이것은 작은 정당에 너무 유리하므로, 처음은 1이 아니라 $\sqrt{2}$ 로 하자."(생트 라그 방식의 수정) 등의 안案도 있는 것 같은데, 수학적인 의미는 별로 없다.

미국 하원선거에서는 $\sqrt{n(n+1)}$ $(n = 1,\ 2,\ 3,\ \cdots)$로 나누는 방법을 채택하고 있다. 이것은 한 의석당 평균득표수의 불규칙성을 가능한 한 작게 하려고 생각한 것 같다.

선거가 개인 본위에서 정당 본위로 바뀔 때, 비례대표제는 더 충실하게 민의를 대표하고 있다고 할 수 있다. 그 배분방법의 하나로서 돈트 방식이 상대적이라고는 하나, 큰 불합리는 없는 것 같다.

---

3) 앙드레 생트 라그 André Sainte-Laguë; 1882~1950 는 프랑스의 수학자로서, 그래프 이론의 선구자이다.
4) 정당명부 투표제도로써 대의원을 균등하게 배분하는 방법 가운데 하나이다.

음악 용어인 '점차 빠르게'를 이탈리아 어로 아첼레란도 accelerando
라고 한다. 영어 사전에는 accelerate 가속하다, accdleration 가속도,
accelerator 가속장치 등으로 되어 있다.

차를 운전할 때, 액셀러레이터를 밟으면(엔진에 힘을 가하면),
속도가 서서히 증가(가속)하여 쾌적한 드라이브를 즐길 수 있다.
또 차를 멈출 때는 브레이크를 밟아서 속도를 떨어뜨린다(음 陰의
가속 = 감속).

물리학이나 경제학에서는 물체의 운동(자연낙하운동, 원운동, …)
과 사물마다의 변화(방사선 양의 감소, 인구 증가, 물가 상승, …)
가 시각이나 시간에 대해 어떻게 변화하는가를 조사한다.

일직선 위를 오른쪽 방향(양의 방향)으로 하든지, 왼쪽 방향(음
의 방향)으로 하든지 같은 속도로 운동하는 경우, 속도 v(m/sec)는
시간 t(sec)와 그 시간에 움직인 거리 x(m)에 대해

$$v = \frac{x}{t}$$

가 된다. 그러나 일반적으로는 일정한 속도로 운동과 변화를 하는
물체는 거의 없으며, 언제나 빨라진다든지(가속) 느려진다든지(감
속) 하는 복잡한 운동이나 변화를 한다.

시간 t(sec) 사이에 속도가 v(m/sec)에서 V(m/sec)로 바뀌었

을 때, 그 평균 가속도 $\alpha\,(\mathrm{m/sec^2})$는

$$\alpha = \frac{V - v}{t}$$

이다.

그런데 여기에 관성의 법칙이라는 것이 있어서 힘이 작용하지 않으면 속도는 일정하며 가속도는 0이 된다. 역으로 말하면, 가속도 0, 즉 속도가 변하지 않으면 힘이 작용하지 않기 때문에 아무것도 느끼지 못한다. 전철이 선로 위를 관성주행하고 있으면 침대 위에서 잠들어 있는 것과 같아서 새근새근 선잠(가수면)에 들어버린다. 역에 가까워져서 감속하면 힘이 작용하기 때문에 잠에서 깨게 된다. 이것이야말로 매일(?) 느끼는 뉴턴의 운동법칙이다. 잠에 들지 않았을 때는 전동차의 천장에 걸린 광고를 보면 된다. 전동차가 가속했을 때는 모두 일제히 후방으로 쏠린다. 감속할 때는 반대로(전방으로) 쏠린다(단, 이것은 창을 열고 있지 않을 때).

지표에서의 자연낙하운동에서는 지구의 인력(일정한 크기의 힘)에 따른 등가속도운동이 된다. 그러므로 낙하운동은 점점 빠르게 된다. 이것은 일상에서도 경험하는 것이다.

일직선 위를 언제나 똑바로 운동하는 물체가 아닌, 예를 들면 등속원운동을 하는 물체에서는 언제나 원의 중심을 향해서 (일정한 크기의 힘으로) 잡아당기고 있지 않으면, 물체는 그대로 날아가 버린다. 따라서 원의 중심으로 향하는 가속도를 생각할 수 있다.

방사선 양의 감소, 세균 번식, 인구 증가, 물가 상승 등에서는 일정시간에 대해서 '~배·~배'라는 지수함수적 변화를 하기 때문에, 가속도도 일정하든지 지수함수적으로 변화한다. 특히 인구는

초가속도적, 즉 가속도가 가속도적으로 증가한다(중복 지수함수)고 한다.

이렇게 가속도적에는 여러 가지 예가 있는데, 일상적으로 사용되는 가속도적이라는 단어는 "등속이 아니다.", 즉 "가속도가 0이 아니다."라는 의미로 사용된다.

사람의 수명은 아무리 길어도 100년 정도로, 누구라도 자신이 살아 있는 동안 이 지구상의 자연환경의 변화를 인식할 수는 없다. 하지만 20세기 마지막 10년~20년 동안의 변화는 백만 년, 천만 년, 억 년 단위로 만들어져 온 지구의 자연환경을 수 년, 수십 년 단위로 파괴하고 있는 것은 아닐까 하는 생각이 든다. 삼림 파괴나 지구 온난화, 프레온 가스[5])에 의한 오존층의 파괴, 자동차의 배기가스 등에 의한 산성 비, 산업폐기물이나 생활오수에 의한 공기나 물의 오염 등, 이 지구적 규모의 환경 파괴가 가속도적인 것은 아닐까?

또 물가 상승은 1955년부터 1960년에 일본의 어떤 지방도시의 식당에서 정식을 조식·중식 30엔, 석식 40엔 하던 것이 현재는 800엔~1000엔으로 20배~30배가 되었다는 것이다. 땅값은 당시 한 평당 5천 엔(대졸 첫 임금의 약 $\frac{1}{3}$개월 분)에 샀던 것이 1975년 대에는 한 평당 3만 엔으로 되었고, 현재는 똑같은 토지가 한 평당 백만 엔 이상이 아니면 살 수 없게 되어 30년 동안 200배 이상이 되었다. 이것도 종종 가속도적 변화라고 한다.

---

5) 염소·불소·탄소의 화합물로써, 냉장고 등의 냉각 매체로 쓰고 있다.

피아노의 조율

다른 동물이 가지고 있는 여러 가지 능력을 동물의 초능력이라고 사람들은 말한다. 그러나 그 분야에서 '프로'라고 불리며 초능력이라고 생각되는 기술을 가진 사람이 많다. 그 중에서 피아노 조율을 하는 사람의 귀 안을 들여다보고 싶을 때가 있다.

맥놀이

P, Q 사이에 현弦이 장력 T로 걸려 있다(그림 1). 사이를 손으로 튕기면, 현은 한쪽으로 팽창하였다가 그 탄력으로 본래 자리로 되돌아오지만 중앙에서 멈추지 않고 지나쳐서 반대쪽으로 또 팽창하기를 반복한다(그림 2). 이와 같이 현이 진동하면 공기도 마찬가지로 진동하고, 그것이 귀의 고막까지 전해져서 음이 들리는 것이다.

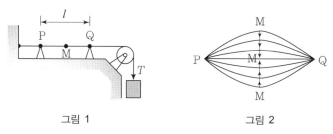

그림 1   그림 2

한가운데의 M이라는 점에 연필을 동여매었다고 하자. 그림 3의 (1)과 같이 왔다 갔다 하며 온통 새까맣게 칠할 것이다. 그때 시간과 함께 종이를 겹치지 않도록 조금 옮겨서 해보면, 그림 3의 (2)

와 같은 물결 모양이 그려진다.

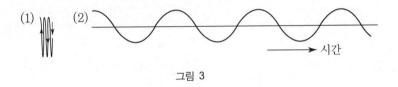

그림 3

1초 동안에 몇 번 진동하는가(물결의 수는 몇 개인가?)를 진동수(주파수)라고 하며, Hz(헤르츠 Hertz)로 나타낸다. 그림 1에서 현의 길이를 l, 현의 밀도를 δ라고 할 때, 현의 진동수 f는

$$f = \frac{n}{2l} \sqrt{\frac{T}{\delta}} \ \text{(Hz)}$$

로 나타난다. 인간이 느끼는 음의 고저는 이 진동수에 따라 바뀐다. 귀의 청력을 검사하는 오디오미터 audiometer 에서 1000Hz보다 4000Hz쪽이 높다는 것을 경험했을 것이다.

한 줄의 현이 있고 $n = 1$일 때 f의 값을 기본진동수라고 한다. 분자 n은 2, 3, 4, ⋯가 될 수 있다. 더 자세하게 말하자면 2배, 3배, 4배, ⋯인 진동수의 음(배음)을 낼 수 있다. 이것은 쉽게 확인할 수 있다. 피아노의 G_2 건반을 소리가 나지 않도록 살짝 눌러서 댐퍼 damper [1]를 들어올린 채로 한 옥타브 높은 G_3 건반을 강하게 두드리고 바로 놓으면, G_2의 현이 G_3의 진동수로 울리고 있음을 들을 수 있다(공명). 즉 G_2의 현이 2배음을 내고 있다.

현의 길이 l을 $\frac{1}{2}$로 하더라도 진동수는 2배가 되어 2배음을 내지만, $n = 2$에서 스스로 낼 수 있는 음이므로 그것을 한 옥타브 높

---

1) 울림을 억제하는 장치이다. 단음 斷音 장치 또는 지음기 止音器 라고도 한다.

은 같은 음이라 하게 되었다. $\frac{1}{4}$, $\frac{1}{8}$로 하면 4배, 8배가 되어 각각 두 옥타브, 세 옥타브 높은 음이 된다.

진동수가 f_1, f_2와는 다른 두 현을 동시에 켜면, 그림 4와 같은 두 개의 물결 모양의 합성이 되어 '붕~ 붕~'이라는 음의 강약 맥놀이를 일으킨다. 산과 산이 겹쳐진 강한 부분에서 다음의 강한 부분에 가기까지 물결이 한 번 조금 벗어나는 것으로부터, 맥놀이의 강약 횟수는 두 진동수의 차 $f_1 \sim f_2$가 된다.

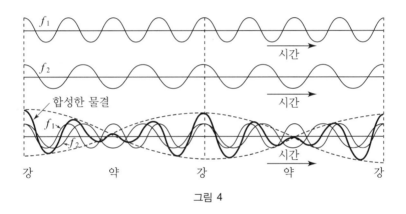

그림 4

🪙 어울림음

길이의 비가 2 : 3이 되면, 불가사의하게 조화롭고 상쾌한 음이 된다.[2] 이유는 아마 길이가 2인 현의 2배음과 3인 현의 3배음이 같은 진동수이고, 둘이 같은 음을 낸다는 것에 기인한다. 4 : 5도 어울림음이 되며, 이러한 배음이 겹치게 되는, 길이가 정수비인 현은 어울림음이 된다고 한다.

---

2) 2 : 3을 이용하여 피타고라스 음계가 만들어진다. 《수학 공부 이렇게 하는 거야 (상)》의 '음악 속의 수학'을 참조.

유명한 세 개의 삼화음 C·E·G(도·미·솔), G·B·D(솔·시·레), F·A·C(파·라·도)는 진동수의 비가 4 : 5 : 6인 어울림음이다. 이 비를 사용하여 만들어진 음계를 '자연음계'라 하며, 완벽한 화음을 얻을 수 있는 이상향이다. 그러나 한 개의 음만으로는 단어 그대로 '단조'이며, 여러 가지 '전조(조바꿈)'를 궁리하지만 4 : 5 : 6의 비를 유지하려고 하면 많은 진동수의 음이 필요하게 된다. 피아노는 현이 고정되어 있어 자유롭게 길이를 바꿀 수 없으므로, 그 수만큼의 많은 현(＝건반)이 필요하게 되어 고생스러운 것이 된다.[3]

평균율 음계

그래서 다소의 진동수의 차이는 감수하고, 한 옥타브를 12개의 균일한 음 칸으로 분할한 평균율 음계를 생각해냈다. 그것은 한 옥타브에서 진동수가 2배로 되므로, 반음마다 균일하게 r배가 되며, 12번으로 2배가 된다고 생각한다.

$$a \times r \times r \times r \times r \times r \times r \times r \times r \times r \times r \times r = a \times 2$$
$$r^{12} = 2, \ r = \sqrt[12]{2} \fallingdotseq 1.059463094$$

A_4 음의 진동수를 440.000으로 하는 것은 국제적으로 약정되어 있다. r을 하나 붙일 때마다 반음씩 올라, 두 번째인 B_4 진동수는

$$440.000 \times (1.0594631)^2 = 493.88$$

이다.

---

3) 성악과 바이올린에서는 피타고라스 음계에 가까운 음계로 연주하는 경우가 많다.

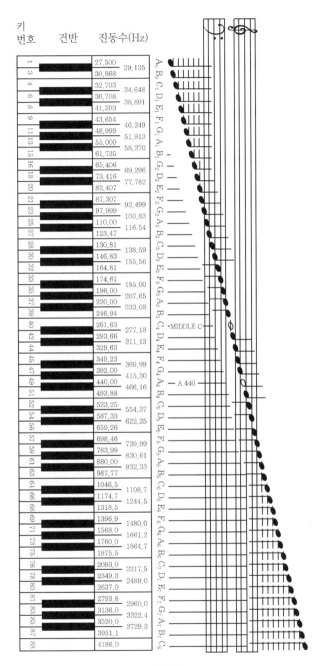

키
번호   건반   진동수(Hz)

그림 5

이와 같이 해서, 그림 5의 표와 같은 평균율 음계가 만들어진다. 세 개의 삼화음은 어느 것이라도 어떠한 변조가 일어나더라도

$$1 : (1.0594631)^4 : (1.0594631)^6 = 4 : 5.039 : 5.993$$

$$(\doteqdot 4 : 5 : 6)$$

이 된다.

✦ 조율

간단하게 말하면, 조율이란 현의 한 끝을 휘감은 사각 핀(볼트)을 튜닝 햄머(렌치)로 단단히 죄고 장력 T를 변화시킴으로써, 그림 5의 표의 진동수에 맞춰가는 것이다. 그 맞추는 방법은 다음과 같다.

(1) 현의 진동을 전기부호로 바꿔 오실로스코프 Oscilloscope [4])를 보면서 조율하는 방법.

이 원리로 튜닝미터 tunning meter [5])도 만들어져 있다.

(2) 한 옥타브 12개의 소리굽쇠(음차)로 현을 하나씩 차례로 맥놀이를 없애어 맞추는 방법.

(3) 소리굽쇠를 이용하여 A_4를 맞추고, 그 배음으로 A_5 880.000을 맞춘다. D_4 293.664의 3배음 880.994 사이에 생기는 맥놀이 횟수는 진동수의 차에 의해 매초 0.994회, 즉 10.1초 사이에 10회의 비율이 된다. 이것을 헤아려서 5도 아래의 D_4의 현을 맞춘다.

---

4) 브라운관으로 전기의 진동 현상을 관측하는 장치이다.
5) 악기를 조율하기 위한 전자기기이다.

이처럼 5도음이라든지 4도음의 맥놀이를 헤아려 맞추는 방법 등이 있는데 실제로 맥놀이를 헤아리는 것은 꽤 어렵기 때문에, 먼저 협화음으로 자연음계의 음정으로 조율하고, 그것에서 '음의 흔들림'(그 음정의 음은 1초에 한 번의 맥놀이보다 약간 많은가 적은가의 경험상의 폭에 대한 직감)에 따라 평균율 음계의 음정에 맞추고 있는 것은 아닐까 라고 말해지고 있다.

조율이 프로인 사람들은 $\frac{1}{20}$음 이하의 조율도 거의 착오 없이 할 수 있는 것 같다.

카오스

최근 카오스라는 말이 자주 쓰이기도 하고 들리기도 한다. 카오스라는 것은 직접적으로는 영어의 Chaos에서 온 것이지만, 본래는 그리스어가 그 기원으로 가장 원시적인 혼돈의 신을 가리킨다고 한다.

이 단어에 10년 남짓 전부터 새로운 의미가 과학 쪽에서 덧붙여졌다. 즉 카오스라고 하는 단어에는 두 가지 의미가 있다.

시험 삼아 최근 두 개의 사전, 1993년 발행의 이와나미쇼텐 岩波書店 의 《코지엔 広辭苑》 제4판과 1989년 발행의 산세이도 三省堂 의 《다이지린 大辭林》 8쇄에서 이 단어를 찾아보면, 재미있게도 오래된 산세이도 쪽에 세 개의 의미가 적혀 있다. 이와나미 쪽은 하나밖에 적혀 있지 않다.

《다이지린》의 카오스 : ① 혼돈, 혼란. ② 그리스 신화의 우주개벽설에 있어, 만물 발생 이전의 질서 없는 상태. 또 동시에 모든 사물을 낳을 수 있는 근원 케이오스 khaos. ③ 결정론적인 방정식으로 기술되는 계系에 나타나는 불안정한 거동. 난류 亂流[1]나 생태계의 수학 모델 등에서 보여진다.
(③은 앞에서 말한 과학 방면에서 나온 새로운 의미이다.)

《코지엔》의 카오스 : 그리스 천지창조 이전의 세계의 상태. 혼돈.

---

[1] 영어로는 turbulence이다.

바꿔서 대혼란. 케이오스 ↔ 코스모스
(이것은 산세이도의 《다이지린》에서 ①과 ②의 의미일 뿐이다.)

오늘날 카오스라고 말하는 것은 대개 이와나미쇼텐의 의미를 말하는 경우가 많다고 생각하지만, 왜 대혼란이라고 말하지 않고 카오스라고 말할까? 사실 과학에서 카오스라고 하는 것은 1973년 메릴랜드 대학의 수학교수 요크 James A. Yorke 가 붙인 것이다. 아마도 외래어 카오스는 십수 년 전에 등장했고 일반 시민이 이전부터 대혼란이라고 말하던 것을 카오스라고 말하면서 좀더 세련된 느낌을 내려고 한 것은 아닐까 생각한다.

이러한 정황은 부득이하다고 생각된다. 왜냐하면 산세이도의 《다이지린》에서 ③의 의미인 카오스는 상당히 오래된 어려운 개념이기 때문이다. 실제로 카오스는 수학자들이 말한 개념이지만, 아직 정의는 하나로 정리되지 않고 여러 개 있다. 그 가운데 하나로 요크와 그의 제자 리 Tien-Yien Li 가 1974년의 논문에서 사용한 것을 서술해본다.

다음과 같이 어떤 점화식으로 정의된 수열 $x_n (n = 0, 1, 2, \cdots)$ 을 생각해보자.

(1) $x_{n+1} = f(x_n)$ $(0 \leq x_n \leq 1)$

이렇게 정해지는 수열 $x_0, x_1, x_2, \cdots, x_n, \cdots$ 이 만일 다음 두 가지 성질을 가진다면, 법칙 (1)을 '카오스적'이라고 한다.

① x_0를 적당하게 취함으로써 위의 수열 $\{x_n\}$은 어떤 주기라도 가질 수 있다. 예를 들어, $p = 100$이라고 하자. x_0을 잘 취하면, $x_0 = x_p = x_{100}$으로 n이 100보다 작을 때는 절대로

$x_0 = x_n$은 되지 않는다.

② x_0를 적당하게 취하면, $\{x_n\}$이 어떠한 주기도 가지지 않도록 할 수 있다. 즉 비非주기적으로 할 수 있다. 그런 x_0은 가산可算; countable 개보다(1, 2, 3, … 이라는 자연수보다) 많다.

리와 요크는 1973년경 카오스적 법칙 (1)이 일어나는 조건을 찾아서, 리와 요크의 조건

"구간 [0, 1] 위의 연속함수 f에 대해서 네 개의 점 p, q, r, s 가 있어,

$$s \le p < q < r$$
$$f(p) = q, \ f(q) = r, \ f(r) = s$$

를 만족한다."

를 발견했다. 하지만 너무 간단하고 초등적이어서 미국의 정평 있는 수학 잡지에 발표하는 것을 그만 두고, 수학교사 대상의 〈미국 수학월보〉에 보냈는데, "논문 내용이 너무 어렵다."고 해서 반송되어버렸다. 두 사람은 낙심하여 논문을 묻어두고 다음 해인 1974년 개체군 생물학자인 로버트 메이Robert May 의 강연을 듣고 마음을 바꿨다. 1975년 〈주기 3은 카오스를 의미(포함)한다Period Three Implies Chaos [2]〉라는 제목으로 증명을 세심하게 하여 발표했는데, 반향이 엄청나서 200부였던 인쇄물은 전 세계로부터의 요구로 2개월이 채 못 되어 완전히 매진되었다고 한다. 카오스라는 이름의 등장에 숨은 이야기 가운데 하나이다.

---

[2] *American Mathematical Monthly*, Vol. 82 No. 10, 985-992에 게재되어 있다.

리와 요크의 조건은 생물의 개체수 변동을 나타내는 미분방정식

$$\frac{dx}{dt} = Ax(N-x)$$

로부터 나오는 매우 단순한 함수

$$f(x) = ax(1-x)$$

에서도 만족된다.

예 $f(x) = ax(1-x)$에서 a가 4보다 작고, 4에 아주 가까울 때 $(a_c = 3.5699456\cdots < a \leq 4)$, 그림에서처럼 $q = \frac{1}{2}$에서 조건 p, q, r, s를 취할 수 있다.

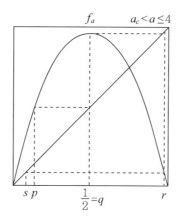

실은 $a = 4$일 경우 x_n이 $\left[0, \frac{1}{2}\right)$에 들어가면 A, $\left(\frac{1}{2}, 1\right]$에 들어가면 B라고 쓴다면($x_n = \frac{1}{2}$일 때는 어느 쪽으로 해도 상관없다.), A, B를 무한에서 취해서 동전던지기 데이터의 뒷면일 때 A, 앞면일 때 B라고 한 경우의, 어떤 동전던지기의 데이터를 나

타내도록 x_0을 잡을 수 있다. 이후에 기술한 열 列은 우연열 偶然列이며, (1)은 결정론의 법칙이다. 이 둘은 같은 것으로 생각할 수 있다(증명방법은 예를 들면, 야마구치 마사야 山口昌哉[3]의 《카오스와 프랙털》(블루백스 B128)을 참조). 이것은 산세이도의 《다이지린》에서 ③의 의미이다.

이 의미를 좀더 생각해보자. 이제까지 결정론적 법칙의 대표는 뉴턴역학이라고 생각되어 왔다. 한편, 랜덤 random 현상은 어떤 예측도 허용하지 않는 것으로, 주사위의 눈처럼 틀림없이 '나오는 눈'이라고 간주되어 왔다. 그러나 위에서 기술한 예는 이들이 어떤 종류의 경계영역에 있음을 나타내고 있다고도 말할 수 있다. (1)은 일의적인 함수의 반복이므로 확실히 결정론적인 법칙이지만, 그 중에서도 카오스적 현상, 즉 예측불가능한 행동이 나타날 경우가 있을 수 있다. 리와 요크의 결과가 나타내는 것은 그러한 경우에는 그쪽이 오히려 많다고 하는 것이다. 지금까지 여러 분야, 일기예보, 난류 亂流, 생물증식, 주가 등에서 경험적으로 느끼고 있던 것이 어느 정도 해명되었다고 하는 것에서 각계의 주목을 받고 있다고 할 수 있다.

---

3) 1925년부터 1998년까지 생존한 일본의 수학자로서 비선형수학을 전공하였다. 특히 수학 역학계 분야인 카오스, 프랙털 연구의 선구자이다.

제4장

기하

넓이를 재는 여러 가지 방법

🪙 농업에서 생겨난 넓이

인간은 왜 넓이라는 생각을 필요로 했을까? 사실 넓이의 단위는 밭을 경작하는데 며칠이 걸릴까, 종자가 얼마만큼 필요할까 등과 결합되어 생겨났다. 또 가을에 거두어들일 수확의 많고 적음이라는 것에서도 넓은 정도라는 것에 관심을 가졌을 것이다. 인간은 농업을 통해서 넓이라는 것을 생각하게 되었다는 것이다. 독일에서는 소 한 마리로 오전 중에 경작할 수 있는 넓이를 1모르겐[1](모르겐morgen은 독일어로 '아침')이라 불렀으며, 일본에서는 한 묶음의 벼를 거둘 수 있는 넓이를 '히토시로 一代'라고 했다. 지금 생각하면 엉성하지만, 어떤 모양의 토지에서라도 나타낼 수 있는 편리함은 있었다. 그후, 농경사회의 발달로 세稅로써 연공年貢[2]의 징수가 행해졌다고 하며, 어느 정도의 토지에서 어느 등급의 곡물이 수확될까를 알 필요가 생겼고, 넓이를 재어 수량화할 필요가 생기게 되었다. 중국에서는 2200년 이전, 진秦나라 무렵에 출판된 《구장산술》이라

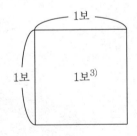

---

1) 1모르겐은 약 $\frac{2}{3}$ 에이커에 해당하며, 원래 독일의 바이에른 지방, 러시아, 노르웨이, 덴마크 등에서 썼다.
2) 옛날 전답, 저택, 토지 등에 해마다 부과하던 조세이다.
3) 보步는 토지 넓이의 단위로써 약 3.3제곱미터이다.

는 책에는 1보步를 한 변으로 하는 정사각형을 단위로 넓이를 재는 방법이 실려 있다. 일본도 1300년 정도 전에, 중국에서 배워 길이를 재고 넓이를 구하는 것이 생겨났다. 수확으로부터 얻은 사실인

① 같은 모양, 같은 크기의 밭에서는 같은 정도의 수확이 얻어진다.
② 수확은 밭을 둘로 나눠 따로따로 재어서 더하더라도 바뀌지 않는다.

에서, 넓이의 기본성질

①′ 합동인 도형의 넓이는 같다.
②′ 넓이는 도형을 둘로 나눠 각각 재어서 더하더라도 바뀌지 않는다.

이 유도되었다.

🪙 넓이의 뿌리는 직사각형

직사각형의 넓이는 왜 '(가로의 길이)×(세로의 길이)'로 나타낼까? 예를 들어, 3cm 길이를 가진 크레용을 가로로 4cm 움직였다고 생각하자.

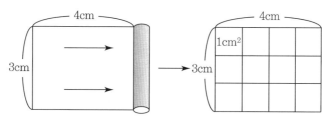

$1cm^2$가 3×4로 12개 만들어지므로 넓이는 $12cm^2$이다.

이 사실을 3cm×4cm＝12cm^{2}라고 나타내고 있다. 도형의 넓이를 구하는 공식은 어느 것이나 직사각형이 바탕이 되어 있다.

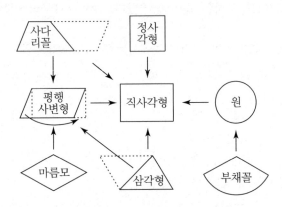

원도 직사각형에 근사시킬 수 있음을 다음 그림에서 알 수 있다.

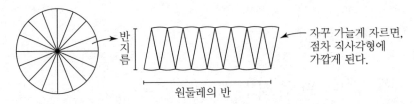

직선으로 둘러싸인 도형의 넓이는 삼각형으로 나누어서 더하면 구해진다.

✐ 곡선으로 둘러싸인 도형의 넓이를 구하는 방법

그렇다면 곡선으로 둘러싸인 도형의 넓이는 어떻게 해서 구할 수 있을까?

이나와시로 猪苗代 호수[3]의 넓이를 구해보자. 직선으로 둘러싸인

---

3) 후쿠시마 현의 아이즈와카마쓰 会津若松 시, 고리야마 郡山 시, 야마 耶麻 군에 걸쳐 있는 일본에서 네 번째로 큰 호수이다.

도형의 넓이를 구할 때 단위로 사용한 정사각형(한 변이 1)을 이용해서 모눈종이 위에 놓아 보자.

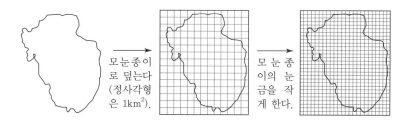

위의 그림에서 완전한 정사각형은 81개, 불완전한 정사각형은 46개인데, ◣나 ◢를 □의 반이라고 간주하면, 이 넓이는

$$(완전한\ 정사각형)\ +\ \frac{(불완전한\ 정사각형)}{2}\ = 81 + \frac{46}{2} = 104$$

가 되며, 실제 넓이 $103km^2$에 거의 가까운 값이 된다. 모눈종이의 눈금을 차차 작게 해가면 오차도 작아지게 되어, 곡선으로 둘러싼 부분의 넓이에 한없이 가깝게 간다. 이 방법을 발전시킨 것이 구분구적법이라는 사고방법이다. 이상의 계산을 간단히 하기 위해 직사각형에서 생각해보자.

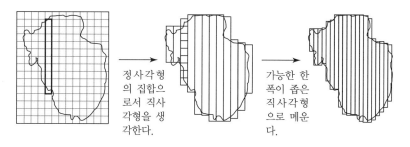

잘게 나눈 것의 합을 구하는 사고 방법이 적분법이다.

픽의 정리

모눈종이를 입혀서 곡선으로 둘러싸인 도형의 넓이를 구하는 이 방법을 직선도형에 적용해보면 넓이를 구하는 재미있는 방법이 얻어진다. 모눈종이에 그려진 △ABC의 넓이를 격자점을 헤아리는 것으로 구할 수 있다(격자점이란 모눈의 각 선의 교점). 그것은

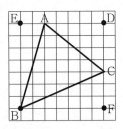

$$\text{넓이} = (\text{내부의 격자점의 개수}) + \frac{(\text{변 위의 점의 개수})}{2} - 1$$

이라는 공식이다.

△ABC의 내부에 있는 격자점은 21개, △ABC의 변 위에 있는 격자점의 수는 3개이다. 이것을 공식에 대입하면,

$$21 + \frac{3}{2} - 1 = 21.5$$

이다. 보통의 방법으로 △ABC의 넓이를 계산하면

$$\square\text{EBFD} - (\triangle\text{AEB} + \triangle\text{BCF} + \triangle\text{ADC})$$
$$= 7 \times 7 - \left(\frac{7 \times 2}{2} + \frac{7 \times 3}{2} + \frac{5 \times 4}{2} \right) = 21.5$$

가 되어 같은 결과가 된다. 이 공식은 발견한 사람의 이름을 따서

픽 Pick 의[4] 정리라고 한다.

마지막으로 하나 더, 삼각형의 변 위를 한 번 도는(세 변의 길이를 안다) 것만으로 넓이를 구하는 방법을 소개한다. 이 방법은 실제로 토지의 넓이를 구할 때 위력을 발휘한다.

• 헤론의 공식

$\dfrac{a+b+c}{2}=s$ 라 두면, $\triangle ABC$의 넓이 S는

$$S=\sqrt{s\,(s-a)(s-b)(s-c)}$$

이다.

---

4) 픽 Geory Alexander Pick, 1859년~1942년 : 오스트리아 수학자.

솔로몬의 황금 수수께끼

"시바의 여왕이 주님의 이름으로 유명해진 솔로몬의 명성을 듣고, 까다로운 문제를 가지고 그를 시험해보려고 찾아 왔다."(《구약성서》 열왕기 상 10장 1절)

성서에는 유대의 왕 솔로몬의 지혜를 시험하려고, 시바의 여왕이 많은 질문을 했다고 되어 있다. 솔로몬은 모든 질문에 답을 했기에 경탄한 시바의 여왕이 금 120키칼 kikar (1키칼은 약 34.2kg)과 많은 보물을 솔로몬 왕에게 바쳤다고 한다.

그 가운데 다음 질문이 있었는지도 모른다.

"왕이시여, 묻겠습니다. 제가 가지고 온 황금 안에는 앞에서 보면 사각으로 보이고, 옆면에서 보면 삼각으로 보이며, 위에서 보면 원으로 보이는 물건이 있습니다. 자, 그 모양을 상상할 수 있겠습니까?"

이 형태를 '솔로몬의 황금'이라고 하자.

우리들은 입체의 세계에 살고 있지만, 종이에 기록할 때는 평면에 나타내야 한다. 입체를 평면에 기록하는 방법으로 바로 떠오르는 것은 본 그대로 그리는 방법이다. 즉 사물을 비스듬히 본 것처럼 그리는 방법

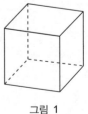

그림 1

이다(그림 1). 이것을 겨냥도라고 한다. 우선 직감적으로 입체 모양임을 알 수는 있지만, 각각의 길이를 이 그림에서 직접 재어서 조사할 수는 없다.

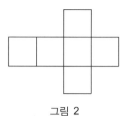

그림 2

그래서 어떤 변도 직접 재어서 조사할 수 있도록 한 것이 그림 2의 전개도이다. 이것은 잘라서 그대로 조립할 수 있다.

그러나 이것으로는 본래 입체를 상상하는 것이 매우 어렵다(그림 1처럼 주사위 꼴이라면 알 수 있지만).

그래서 나온 것이 위에서 본 그림, 앞에서 본 그림, 옆에서 본 그림을 나란히 그려 놓은 투영도(그림 3)이다. 이것이라면 길이도 어느 정도 직접 잴 수 있으며, 본래의 입체를 상상하는 것도 전개도만큼 어렵지는 않다.

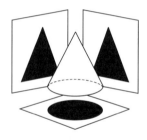

그림 3

그러나 투영도에서도 본래 입체를 상상하는 것은 입체에 따라서 사실은 상당히 어렵다.

이 문제를 바로 알 수 있는 사람은 얼마나 있을까?

다음과 같이 생각하면 좋을지 모르겠다.

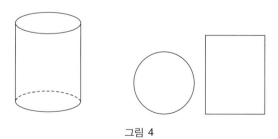

그림 4

먼저 세 개를 한꺼번에 생각하는 것은 무리이므로 위에서 보면 원, 앞에서 보면 사각인 입체를 생각한다. 이것은 원기둥이다(그림 4). 그러나 그것은 옆면에서 보면 삼각이 되지 않는다. 그래서 옆면에서 삼각으로 보이도록 원기둥을 자르면 된다(그림 5).

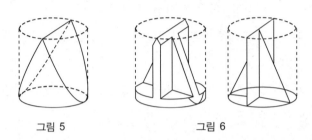

그림 5   그림 6

다른 방법으로 위에서 보면 원, 옆면에서 보면 사각이 되도록 원판과 사각판을 짜 맞추고, 앞에서 보면 삼각이 되도록, 삼각판을 짜 맞추어도 된다(그림 6).

시바의 여왕이 또 이렇게 물었다.

"그렇다면 위에서 보면 원, 옆면에서 보면 사각, 앞에서 보면 십자형인 모양으로 보이는 입체를 상상할 수 있겠습니까?"

그림 7

자, 여러분 상상할 수 있을까요?

투시도는 본 그대로라고 말할 수 있을까?

'보인다'는 것은 무엇일까?

영어로 "You see?"라는 표현이 있다. 예전에, 이것을 "너, 보이니?"라고 번역하여, 영어 선생님이 웃었던 적이 있었다. 그런 일도 있던 탓인지, 어째서 'see'가 '알다'가 되는가 하는 의문을 계속 가지고 있었다.

확실히 우리들은 보인다는 것에 대한 지대한 신뢰를 가지고 있다. 이 신뢰를 전제로 '보는 것＝아는 것'이라는 등식이 생겨났다고 생각한다.

그러나 '본다'는 단순한 행위조차도, 유아일 때부터의 게으름 없는 학습의 결과임을 곧 잘 잊는다. 우리들은 삼차원인 외계外界를 이차원인 망막에 형성되는 상像에 의해 인식하지 않을 수 없다. 따라서 이차원의 상에서 삼차원인 외계의 정보를 입수하기 위해서는 상의 각 점이 균질均質하지 않음을 학습해야 한다. 즉 외계의 제3의 차원인 '깊이'를 고려한 감각을 익히지 않으면 안 된다.

제3의 차원인 감각에는 어떠한 것이 있을까 생각해보자.

먼저 같은 크기의 것은, 멀리 있는 것일수록 시각視角이 작은 것에 대응해야 한다. 이 때문에 가까이 있는 것은 크게 보이고, 멀리 있는 것은 작게 보이며, 상당히 먼 것은 점으로 보일 필요가 있다.

그러나 원근에 따라 상이 변화했을 때 찌그러지면 곤란하므로 곧은 것은 곧게, 굽은 것은 굽은 그대로 보일 필요는 있다.

이렇게 해서 우리들의 감각 안에 삼차원인 외계의 정보를 읽어 들인 일종의 '시각공간'이 만들어진다.

역사적으로는 시각공간을 표현하는 방법으로 르네상스 시대에 망막의 상을 캔버스의 그림으로 표현하는 '투시도법'이라는 회화 방법이 만들어졌다. 이 방법은 눈에 모이는 광선을 캔버스 평면에서 절단해서 모양을 그려내는 것이다.

캔버스의 그림과 망막의 상은 닮음이 된다는 것을 다음 그림에서 알 수 있다.

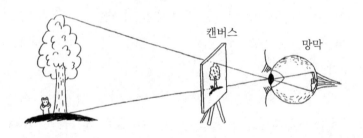

지면(평면)을 그린다

자신의 눈앞에 있는 지면(평면)에 좌우로 놓여 있는 직선을 (평행으로) 점차 멀리 보내면, 그 투시도는 자신의 눈의 높이와 수평인 직선에 가까워진다. 이 직선이 지평선(소실선)이다.

지평선 부근의 두 점은 멀기 때문에 그 사이의 거리가 매우 크다고 생각되므로, 서로 평행하고 비스듬한 기울기를 가지는 직선의 집합은 지평선 위의 다른 점에 가까워지는 것이 아니라, 동일한 점에 가까워짐을 알 수 있다.

이러한 것들을 이용하여, 투시도법에서 우리들이 서 있는 지면 (평면)을 그려보자. 표시를 위해 이 평면에 xy 좌표를 넣어 고양이의 일러스트를 첨부해둔다.

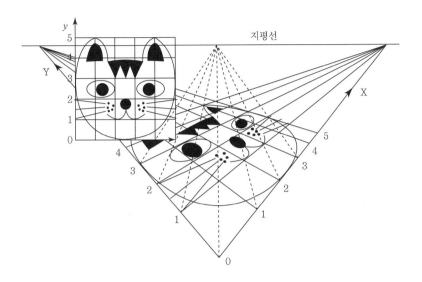

🚲 투시도법과 척도

그런데 고양이 그림을 바라보며, "어, 조금 이상한데? 아, 그렇지. 이 그림은 상당히 큰 그림이었지."라고 느낀 사람은 예리한 공간감각의 소유자이다. 이렇게 인공적으로 투시도를 그린 것과 현실과는 다소 차이가 생기는 경우가 있다.

이것은 투시도법에 있어서 척도Scale 의 문제이다.

풍경이나 정물의 스케치를 할 때에는 사물을 잘 관찰하고 투시도법을 미묘하게 조정하면서 그리기 때문에, 완성된 그림은 현실의 사물과 차이가 거의 나지 않는다.

사물을 잘 관찰하지 않고 관념적으로 혹은 인공적으로 투시도법을 사용하여 그림을 그리면, 현실감이 희박해진다.

그러나 인간 감각의 조정력은 굉장한 것이어서, 자신의 척도를 바꿔 어떻게든 그 그림을 받아들여버린다.

다음 두 개의 성냥갑 그림은 왼쪽이 보통 탁자 위에 놓여 있는 성냥갑을 그린 그림이고, 오른쪽은 인간이 개미 정도로 작게 되었다고 생각하고 그린 것이다. 또 두 빌딩 그림에서 오른쪽은 빌딩의 옆에서 본 그림이며, 왼쪽은 헬리콥터 등 상당히 높은 상공에서 본 그림이다.

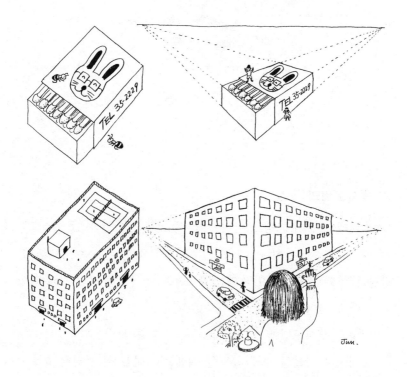

투시도법에 따른 원근감에 부자연스러움이 느껴지는 또 하나의 원인으로 시각의 항상성 恒常性 이라는 현상이 있다. 앞에서 서술한 것처럼 "멀리 있는 것일수록 작게 보인다."라고 하지만, 눈의 망막에 찍히는 상은 확실히 깊이에 반비례하여 작아지고, 이 감각이 대

뇌의 시각 영역에 도달해서 생기는 지각 단계가 되면 그다지 작게는 되지 않는다. 사물의 크기에 대한 지식에 따라 시視 지각은 수정되므로 '항상시 恒常視'라고 부른다. 우리들은 평소 앞의 고양이의 투시도처럼 지평선 위의 소점 消點에 수렴하는 평행선을 보는 경우는 거의 없으며, 항상시가 모순을 야기하는 경우도 거의 없다. 그러므로 우리들이 현실을 보는 방법은 먼 곳은 그다지 작게 느껴지지 않으며, 그런 점에서 아주 정직한 투시도는 어딘지 부자연스럽게 보이는 것이다.

이처럼 투시도법은 어느 경우에도 현실감을 가질 리가 없지만, 자신의 스케일을 바꾼다든지 투시도법의 원리를 상기한다든지 하여, 다소 현실감을 가진 것으로 볼 수도 있다.

요컨대 여러분이 어떻게 볼 수 있을까 없을까이다.

"You see?"

정사각형은 직사각형일까?

세계의 국기에 관한 책을 보고 있던 영희가 옆에서 바느질을 하고 있던 어머니에게 말했다.

영희 : 어느 나라의 국기도 모두 직사각형이네요.

엄마 : 사각형이 아닌 국기를 가진 나라가 하나 있을 텐데.

영희 : 어, 진짜네요. 네팔은 삼각형을 두 개 연결한 모양을 하고 있네요.

엄마 : 더욱이 스위스 국기는 정사각형이었다고 기억하는데.

영희 : 하지만 엄마, 정사각형이라면 직사각형이라고 해도 되잖아요.

엄마 : 어, 그렇니?

영희 : 직사각형은 마주보는 두 쌍의 변이 평행이고, 마주보는 변의 길이가 같으며, 네 각이 모두 90°인 사각형이에요. 그러므로 정사각형도 직사각형이라고 말할 수 있잖아요.

엄마 : 직사각형의 대각선은 수직으로 만나지 않는다를 덧붙이면, 정사각형의 대각선은 수직으로 교차하고 있으므로, 정사각형은 직사각형이라고 말할 수 없지 않니.

영희 : 네 개의 각이 모두 90°인 사각형을 직사각형이라고 하면, 정사각형은 직사각형이라고 할 수 있고, 거기에 대각선이 수직으로 만나지 않는다고 덧붙이면 그렇다고 할 수 없고…. 직사각형의 결정 방법은 어느 것이나 상관없나요?

엄마 : 그런 말이 되네.

영희 : ….

> 네 개의 점을 직선으로 연결해서 생긴 도형을 사각형이라 한다.
>
> 한 쌍의 마주보는 변이 평행한 사각형을 사다리꼴이라 한다.
>
> 두 쌍의 마주보는 변이 평행한 사각형을 평행사변형이라 한다.
>
> 네 변의 길이가 모두 같은 사각형을 마름모라 한다.
>
> 네 각이 각각 90°인 사각형을 직사각형이라 한다.
>
> 네 변의 길이가 모두 같고, 네 각이 모두 직각인 사각형을 정사
> 각형이라 한다.

이들 관계를 그림으로 나타내면 다음과 같이 된다.

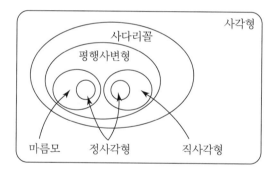

정사각형은 네 변의 길이가 모두 같으므로 마름모의 특별한 모양이라고 할 수 있다. 또 네 각이 모두 같으므로 직사각형의 특별한 모양이라고도 말할 수 있다.

그렇다고 하면, "정사각형은 직사각형이다."라고 하는 것이 맞다. 그러나 "한 면이 정사각형인 주사위"라고 하면 보통의 주사위를 상상하지만, "한 면이 직사각형인 주사위"라고 하면, 특별한 모

양을 한 직육면체가 생각난다.

일상생활에서는 역시 때와 장소에 따라 구별하여 쓰는 것 이외
에는 방법이 없다.

🪙 좌우가 서로 바뀔 리가 없다!?

철수 : 거울에 비친 세계는 특별히 좌우가 서로 바뀌지 않더라도,
상하가 서로 바뀌어 보이더라도 괜찮지 않나?

영희 : 그렇지만 얼굴의 맞은편에 다리
가 비치고, 다리의 맞은편에 얼
굴이 비치는 경우는 없기 때문
에, 상하는 서로 바뀌지 않아.

병훈 : 오른손의 맞은편에는 오른손이
비치고, 왼손의 맞은편에는 왼
손이 비쳐서, 결코 거꾸로 비치

는 것은 아니므로 논법에 따르면 좌우가 서로 바뀔 리는 없네.

영희 : 중력이 있기 때문에 상하를 절대적인 것으로 하고 있는 거야.
중력 이외에 다른 이유가 있을지도 모르겠는데. 예를 들면, 인
간의 육체가 상하는 비대칭이지만, 좌우는 대칭이기 때문이라
든지, 인간의 두 눈이 옆으로 늘어서 있기 때문이라든지 ….

철수 : '인간의 두 눈'이라는 너의 설명은 한쪽 눈을 감고 보더라도
상황은 바뀌지 않으므로 이유가 되지 않겠는데.

[세 사람 모두 잠깐 생각에 잠긴다.]

철수 : 그런데 상하가 거꾸로 보일 때도 있어.

영희 : 아~, 그래. 못에 비치는 풍경은 상하가 거꾸로 되어 있지.

왜 수직으로 둔 거울은 좌우가 서로 바뀌고, 평평하게 둔 거울은 상하가 바뀌어 보이지 않으면 안 되는 것일까? 평평하게 두었을 때 상하가 거꾸로 보인다면, 수직으로 두었을 때는 앞뒤가 서로 바뀌어서 보여야만 하는 것은 아닐까?

⊛ 거울의 비밀

영희 : 아무래도 심리적으로는 상하의 절대성 외에, 앞뒤의 절대성도 있을 것 같은데.

병훈 : 좌우가 서로 바뀌어 있다든지, 상하가 서로 바뀌어 있든지, 혹은 앞뒤가 서로 바뀌어 있다든지 하는 것은 실제로 거울 뒤에 서 있는 자신의 모습을 가정하여, 그것과 비교해서의 이야기이지. 그렇게 하면, 거울의 옆면을 지나 뒤로 돌아간 자신이 거울 위를 지나 맞은편에서 물구나무 서 있는 자신보다 상상하기 쉽기 때문이라고 생각되는데.

영희 : 거울이라고 하는 것은 자신의 앞모습을 볼 목적으로 만들어진 것이므로 거울을 마주보는 쪽은 당연히 자신이 보고 있는 것이라는 전제를 암묵적으로 인정하고 있으며, 그런 까닭으로 모두 앞뒤가 거꾸로 되어 있다고는 말하지 않는 거야.

철수 : 그렇다고 하더라도 이 문명 세상에서 거울에 비친 자신을 모습을 감지하는데 이런 까다로운 논리가 있다고 하다니 왠지

믿을 수가 없어. 그래. 앞서 앞모습에서 생각난 것인데, 삼면경을 직각으로 벌렸을 때 비스듬한 전방에 비치고 있는 모습은 좌우가 서로 바뀌어 있지 않는 것처럼 보이네.

영희 : 그림을 그려보면, 그렇구나! 거울에 두 번 반사하고 있으므로 좌우가 서로 바뀌었던 것이 다시 한 번 바뀌게 되어 본래대로 돌아왔다는 말이네.

병훈 : 지금은 인공위성도 띄우고 무중력상태를 인간이 경험할 수도 있게 되었지만, 상하의 구별이 없는 우주선 안에서 거울을 보면 어떻게 보일까? 경험한 사람의 이야기를 듣는다면, 상하의 절대성은 중력 때문일지 인간 신체의 모양에 의한 것일지 동작에 의한 것일지 또 하나의 결정적인 근거가 될 거야.

좀더 요약하면 다음과 같이 될까? 제삼자가 보면, 수직인 거울은 좌우도 상하도 서로 바뀌지 않고 앞뒤만을 바꾼다. 그러나 거울을 보고 있는 본인에게 있어서 거울에 박힌 상은 자기 자신이므로 거울 뒤로 돌아간 자신과 비교하면, 분명히 좌우만 바뀌어 있는 것이 된다.

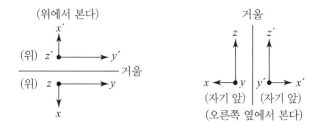

결국, 경상(鏡像)[1]은 한 좌표축의 방향만을 바꾸면 실현될 수 있다는 이야기이다.

🪙 맞거울질[2]

삼면경 대목에서 약간 서술했듯이, 거울의 개수를 늘리면, 몇 개의 상이 보인다. 여기에서는 두 개의 거울 사이에 둔 광원 L이 눈 E에 어떻게 보이는가를 그림으로 나타내 보자.

빛은 최단시간이 되도록 경로를 지나기 때문에, 보통은 똑바르게 나아간다. 먼저, 직접 보이는 경로는 L과 E를 잇는 선분이 되고, 한

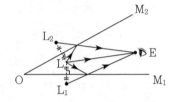

번만 반사해서 보이는 경로는 그림과 같이 두 개 있으며, 두 번 반사해서 보이는 경로도 두 개 있다.

세 번 반사해서 보이는 경로 가운데 하나로 그림과 같은 각도로 설정해보면, 여러 가지 특징을 알 수 있는데, L에서 반사해서 E에 도달하는 광선 가운데 반사회수가 최대인 것 등을 생각할 수 있다.

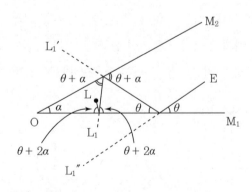

🏵️ 시간의 거울, 제3의 거울

토모나가 신이치로 朝永振—郎 저서인 《거울 안의 물리학》(코단샤 講談社 학술문고)을 참고로 하여, 이야기를 발전시켜 보자.

우리 주변의 자연계는 거울에 비쳤을 때, 마주보는 쪽이 반드시 같게 된다고는 할 수 없다. 예를 들면, 우리들의 얼굴은 거울에 비치더라도 같게 보인다. 그러나 심장은 왼쪽에 있으며, 간장은 오른쪽에 있다. 거울에 비추면 그것이 거꾸로 되지만, 그러한 인간은 현실세계에는 존재하지 않는다.

물리학의 세계에서는 어떨까? 예를 들면, 물체의 운동에서, 오른쪽에서 왼쪽으로 물체가 움직이는 현상은 거울 안에서는 왼쪽에서 오른쪽으로 물체가 움직이는 현상이 되고, 어느 쪽도 가능하여 같은 법칙을 따르고 있다. 마찰전기의 +, −는 거울 안에서도 같은 법칙이다. 자기 磁氣에 대해서는 그림과 같이 코일에 전류를 흘렸을 때, 이쪽 세계와 거울 안의 세계에서는 N극과 S극의 발생 방법은 거꾸로 되지만 서로 당긴다든지 반발한다든지 하는 법칙은 어느 쪽도 같게 된다.

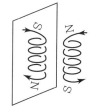

여기서 보통의 거울이 아니라, 시간의 앞뒤를 서로 바꾸는 거울을 생각해보자. 즉 어떤 현상을 비디오로 촬영하여, 그 테이프를 거꾸로 돌려서 상영해보자. 예를 들면, 높은 곳에서 들고 있던 컵을 놓으면 위에서 아래로 떨어지며 점차 가속도가 붙어 지상까지 도달한다. 이것을 거꾸로 보면, 컵이 기세 좋게 위로 올라가며 차차 느리게 되어 멈춘다. 그리고 높은 곳에 있는 사람의 손에 들어간다. 이것을 보더라도 그다지 이상하게 생각하지 않는다. 이러한 현상도 실제로 일어난다. 그러나 컵이 지상에서 산산조각 나서 흩어져 버리는 현상은 역으로 돌려서 상영했을 때 매우 부자연스러우며, 현실에서는 거의 일어나지 않는다. 또 열이 관련된 현상도 시간을 역으로 하면, 현실에서는 일어나지 않는다.

미시적(미크로) 법칙(원자나 분자 하나하나를 지배하는 법칙)은 위에서 기술한 거시적(매크로) 법칙(원자나 분자의 거대한 집단인 어떤 물질을 지배하는 법칙)과 다르며, 시간을 역으로 한 현상은 현실에서도 일어난다고 생각하여, 모두 괜찮다고 생각하고 있다. 그런데 소립자(양자, 전자 등) 현상 가운데에는 설명할 수 없는 기묘한 현상이 존재한다는 것을 알았다. 그리고 이것을 설명하기 위해서는 좌우를 서로 바꾸는 보통의 거울, 시간의 거울에 덧붙여 제 3의 거울(전하 電荷 반전 또는 반물질로 바뀐다)을 생각하면 잘 설명된다고 하는 대발견을 했다.

🪙 다면체의 전개도

정육면체의 전개도를 생각하면 여러 가지가 있다.

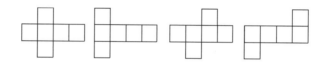

정팔면체의 전개도도 여러 가지가 있다.

정육면체도 정팔면체도 전개도가 각각 11종류 있음을 알 수 있다. 나머지 각각 7종류를 찾아보면 어떨까?

이들 가운데 어떤 전개도가 가장 좋은 것일까?

🪙 사과 껍질 벗기기 전개도

사과를 둥근 그대로 껍질 벗기기를 할 때, 위에서 차례대로 칼을 넣어서 하나의 테이프 모양으로 능숙하게 벗겨 껍질을 테이블 위에 펼쳐보면 그림과 같다. 사과 껍질 벗기기를 잘 하는 사람은 이렇게 된다.

점대칭인 S자형 전개도라고 볼 수 있다.

정육면체나 정팔면체도 사과 껍질 벗기기 방법으로 전개도를 만들어 보자.

한 면을 펼친 뒤, 그것에 인접하는 면을 차례대로 펼쳐보면 다음과 같다.

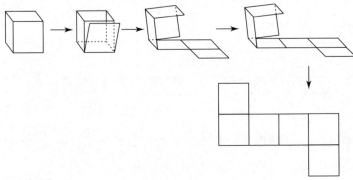

정팔면체

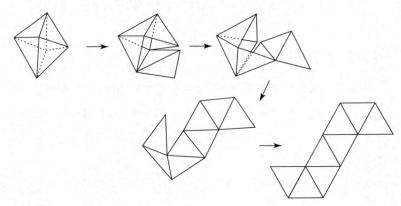

정이십면체도 면의 수가 많아서 어려울 수 있지만, 사과 껍질 벗기기와 마찬가지 방법으로 한 면을 펼친 뒤, 인접한 면을 차례대로 열어보면, 다음과 같은 전개도를 그릴 수 있다.

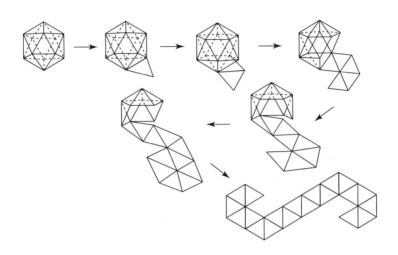

그리고 다섯 개의 정다면체를 사과 껍질 벗기기 방법으로 전개하면, 모두 점대칭 *S*자형 전개도가 된다.

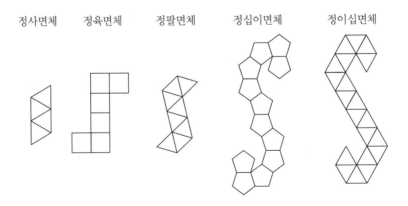

*S*자형 전개도에 따라 입체로 조립하면 예쁘게 완성된다.

정육면체의 사과 껍질 벗기기 전개도를 좀더 생각해보자.

잘라서 여는 순서대로 모든 변에 순번을 매기면,

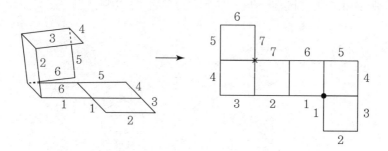

이 되며, ●에서 출발하여 ×에서 마치며, 전개도에서는 ●에서 좌우로 순번이 나눠 있는 모양임을 알 수 있다.

다른 정다면체도 마찬가지로 순번을 매길 수 있다.

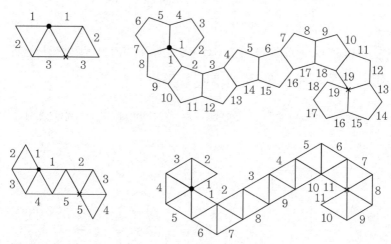

변이 차례로 대응하고 있으므로 ●에서 ×까지를 지퍼 fastener 라고 보고 판단하면, 지퍼를 닫으면 입체가 되고 지퍼를 열면 전개도가 생기게 된다.

작도 가능과 불가능

작도가 가능, 불가능이라는 것은 어떤 것일까?

한 변의 길이가 a인 정오각형의 작도를 생각해보자.

정오각형의 한 내각은 $108°$이라는 것에서 생각해보면, 다른 각은 그림 1과 같이 되어 $\triangle ABC$와 $\triangle APB$는 닮음이다. 따라서 대각선의 길이를 x라고 하면,

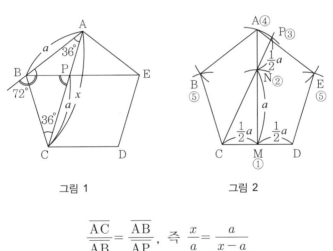

그림 1   그림 2

$$\frac{\overline{AC}}{\overline{AB}} = \frac{\overline{AB}}{\overline{AP}}, \ \text{즉} \ \frac{x}{a} = \frac{a}{x-a}$$

이다. 이 식을 변형하면,

$$x^2 - ax - a^2 = 0$$

이 되어 근의 공식을 사용하면 길이는 양수이므로

$$x = \frac{a + \sqrt{5}\,a}{2} \qquad\qquad (1)$$

가 된다. 그러면 그림 2와 같이

① 길이 a인 선분 CD를 그어 그 중점 M에서, 그것에 수선을 세우고,

② 그 위에 $\overline{MN} = a$인 점 N을 잡고,

③ 직선 CN 위에 $\overline{NP} = \dfrac{a}{2}$가 되는 점 P를 잡는다.

다음으로

④ C를 중심, $\overline{CP}$를 반지름으로 하는 원을 그리고, 수선 MN 과의 교점을 A라고 하자(직각삼각형 CMN의 빗변 CN은 피타고라스의 정리에 의해 계산하면 $\dfrac{\sqrt{5}\,a}{2}$가 되므로 $\overline{CP}$, 즉 대각선 CA의 길이는 결국 (1)과 같다).

마지막으로

⑤ A와 C, D를 중심으로 반지름 a인 원을 그리고, 이들의 교점 을 B, E라고 하면, 오각형 ABCDE가 구하는 정오각형이다.

이 작도는 단순히

 I. 자를 사용하여 두 점을 지나는 직선을 긋는다.

II. 컴퍼스로 원을 그린다.

는 것뿐만 아니라, 길이를 옮기고($\overline{CD}$, $\overline{MN}$, $\overline{NP}$), 선분의 중점을 잡고(선분의 이등분), 수선을 그리는 것으로 그 과정을 분해하면 I 과 II를 조합시켰을 뿐이며 그 외의 조작을 필요로 하지 않는다.

초등기하에서 작도 가능, 불가능이라는 것은 이 I과 II만을 가지고 할 수 있느냐 할 수 없느냐 하는 것이다.

이것은 그리스 기하학의 주류가 직선과 원만을 자연스러운 것, 성스러운 것이라고 생각하여 그외의 도형을 배척한 것에서 그렇게 된 것이겠지만, 그리스 시대에도 I과 II의 '기하학적 작도'의 틀을 벗어난 '기계적 작도'를 시도한 사람들도 있었다.

🪙 3대 난문

위에서 기술한 의미에서, 작도 불가능 문제로 유명한 것에는

임의로 주어진 각을 삼등분하는 문제,
주어진 정육면체의 두 배의 부피를 가지는 정육면체의 작도,
주어진 원과 같은 넓이를 가지는 정사각형의 작도

가 있다. 실은 문제들이 자와 컴퍼스만으로는 작도 불능이라는 것이 증명되었다. 하지만 19세기가 되어 아벨이나 갈루아에 의한 방정식 이론의 출현을 기다려야 했기 때문에 그때까지 수많은 학자들이 이 문제를 풀려고 헛된 노력을 했다. 그러나 '기계적 작도'에 따르면 세 개 모두 풀리며, 그리스 시대에 이미 여러 방법이 발견되었다. 그 방법들은 '궤변학파'라고도 불리는 소피스트들에 의해 발견되었는데, 각의 삼등분 문제의 해법 중 하나를 소개하겠다.

그것은 기원전 5세기의 소피스트 가운데 한 사람인 히피아스 Hippias; BC 560?~ BC 490 가 생각한 것인데, 그림 3에서 원의 반지름 $\overline{OR}$이 중심 O인 둘레를 등속

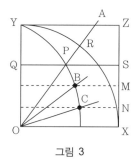

그림 3

으로 회전하여 $\overline{OX}$에서 $\overline{OY}$까지 움직인다. 한편, $\overline{OY}$에 수직인 $\overline{QS}$가 등속 평행운동을 하여 $\overline{OX}$에서 $\overline{YZ}$까지 움직인다. 게다가 이 두 가지 운동은 동시에 시작하여 동시에 끝난다. 이때, $\overline{OR}$과 $\overline{QS}$의 교점 P의 궤적이 그림의 곡선이다. 이 곡선을 이용하여 그림의 $\angle AOX$를 삼등분한다. $\overline{SX}$를 삼등분하는 점 M, N에서 $\overline{OY}$에 수선을 그어 곡선과의 교점을 B, C라고 하면, $\overline{OB}$, $\overline{OC}$가 구하는 삼등분선이다(히피아스 곡선은 '원과 같은 넓이를 가지는 정사각형의 작도'에도 이용되어, '사각형화 곡선'이라고도 부른다).

작도 가능한 조건

자와 컴퍼스로 사칙연산과 근호 풀기를 할 수 있다.

길이 a, b인 선분이 주어졌을 때, 길이가 $a+b$, $a-b$인 선분을 작도할 수 있음은 말할 것도 없다.

길이가 ab인 선분을 만드는 것은 그림 4에서 알 수 있다(왼쪽 삼각형을 b배로 확대). 그림에서 ab를 a로 고쳐 쓰면, a인 곳이 $\dfrac{a}{b}$가 되어 나눗셈도 할 수 있게 된다.

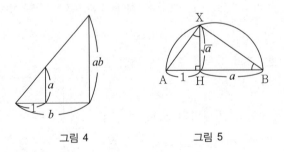

그림 4   그림 5

또, 그림 5의 $\overline{AB}$를 지름으로 하는 원과 H에서 $\overline{AB}$에 세운 수선과의 교점을 X라고 하면, $\triangle AHX$와 $\triangle XHB$는 닮음이므로

$$\frac{\overline{AH}}{\overline{HX}} = \frac{\overline{XH}}{\overline{HB}}, \quad \text{즉} \quad \frac{1}{\overline{HX}} = \frac{\overline{HX}}{a}$$

이고, 이로부터 $\overline{HX} = \sqrt{a}$ 가 되어 어떤 길이라도 근호를 풀 수 있다.

그러므로 주어진 양에 가감승제와 $\sqrt{}$ 를 몇 번 사용하여 얻어지는 양은 자와 컴퍼스로 작도할 수 있다. 그러나

사칙연산과 $\sqrt{}$ 조작을 몇 번 하더라도 얻을 수 없는 양은 자와 컴퍼스만로는 작도할 수 없다는 것이 증명되어 있다.

예를 들면, 정칠각형이나 정구각형은 자와 컴퍼스만으로는 그릴 수 없지만, 정십칠각형은 그 내각의 cos (여현 餘弦)이 다음과 같이 제곱근만으로 나타나기 때문에, 자와 컴퍼스로 작도할 수 있다 (이것은 가우스에 의한 위대한 발견이며, 그는 이것을 방정식에 대한 이론적인 고찰에서 얻었다).

$$16 \cos \frac{360°}{17}$$
$$= -1 + \sqrt{17} + 2\sqrt{\frac{17 - \sqrt{17}}{2}}$$
$$+ 4\sqrt{\frac{17 + 3\sqrt{17}}{4} - \sqrt{\frac{17 + \sqrt{17}}{2}} - \frac{1}{2}\sqrt{\frac{17 - \sqrt{17}}{2}}}$$

우유 테트라팩의 비밀

‘테트라’란?

테트라팩 tetra pak 은 우유 등을 넣은 종이 제품의 용기로 슈퍼마켓에서 파는 커피우유를 연상하면 된다.

이 용기는 수년 전까지 아이들의 음료 용기로서 급식시간에 대활약을 했다. 그러나 이제 테트라팩은 완전히 모습을 감추었고, 우유 등을 넣는 용기는 대부분 긴 직육면체로 바뀌었다.

그런데 팩이라는 것은 작은 용기이지만, 테트라는 어떤 의미일까?

테트라를 사전에서 조사해보면, “그리스어의 tetra로서, 4를 의미하고 있다.”라고 되어 있다.

거듭 테트라팩을 조사해보면,

“어떤 유제품 제조회사가 사면체로 되어 있는 용기를 테트라팩이라는 이름을 붙여 상표명으로 했다.”

라고 적혀 있다. 즉, 테트라팩은 종이로 만들어진 사면체 용기의 상표명이다.

테트라팩의 사면체에 숨겨져 있는 비밀의 베일을 벗겨보도록 하자.

이제 테트라팩의 풀칠한 부분을 떼내어 평면 위에 펼쳐 보면, 재밌게도 그림 1과 같은 직사각형이 나타난다. 거꾸로 그림 1의 직사각형에서 점선을 산이 되도록 구부려서 붙이면, 테트라팩이 완성된다.

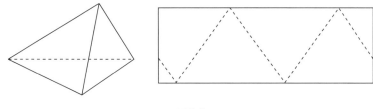

그림 1

🚲 테트라팩에 숨겨진 멋진 아이디어

테트라팩을 만드는 방법에는 훌륭한 아이디어가 있다.

테트라팩을 대량으로 제조하려고 할 때, 전개도가 그림 1처럼 되어 있는 것은 매우 효과적이다. 왜냐하면 일정한 폭을 가진 테이프 모양의 마분지를 직사각형이 되도록 많이 잘라서, 그림 1의 점선으로 접으면 대량의 테트라팩을 제조할 수 있기 때문이다. 게다가 쓸데없는 종이가 나오지 않는다. 더욱이 테트라팩은 에너지 절약 스타일의 용기이다.

게다가 테트라팩은 대량으로 운반하기 적합하게 잘 만들어져 있다. 사면체의 테트라팩을 차례로 포개어 간다. 그러면 이 용기는 공간을 빈틈없이 다 메워버린다. 따라서 대량의 테트라팩을 효율적으로 운반할 수 있다.

그러나 유감스럽게도 슈퍼마켓의 카운터 등에서 평평하게 쭉 늘어놓았을 때, 테트라팩은 직육면체 용기에 비해 매장 면적을 더 필요로 한다. 이 때문에 테트라팩은 인기가 없어져 버렸고 메이커 쪽에서 제조하지 않게 되어버렸다고 한다.

이제 공작용지를 사용하여 테트라팩과 똑같은 사면체를 만들어 보도록 하자.

공작용지에 그림 2와 같은 전개도를 그리고, 점선을 산이 되도록 구부린다. 그러면 테트라팩과 비슷한 사면체가 만들어진다.

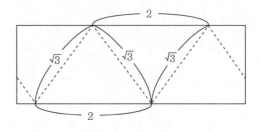

그림 2

한편, 이 사면체는 서로 수직이고 길이가 2인 변이 두 개, 길이가 $\sqrt{3}$ 인 변이 4개, 길이가 2인 변을 축으로 하는 이면각은 직각, 길이 $\sqrt{3}$ 을 축으로 하는 이면각은 정확히 60°다.

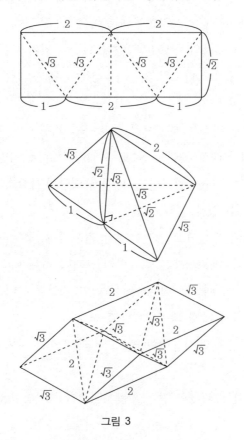

그림 3

그래서 이러한 사면체를 여섯 개, 그림 3과 같이 연결하면, 묘하게 찌그러진 평행육면체가 완성된다. 이것은 앞뒤가 한 변 $\sqrt{3}$이고, 짧은 대각선이 2인 마름모이며, 다른 네 개의 측면은 대변이 2와 $\sqrt{3}$이고, 짧은 대각선이 $\sqrt{3}$인 평행사변형으로 되어 있으며, 길이 2인 곳의 면각은 직각이다. 따라서 이 평행육면체로 공간은 빈틈없이 다 메워지며, 본래의 사면체도 이렇게 쌓으면, 공간을 꽉 다 메운다. 정말로 잘 만들어져 있지 않은가?

더욱이 이 사면체를 좀더 간단하게 만들기 위해서는 그림 4와 같이 쉽게 구할 수 있는 봉투를 사용하여, AB와 수직방향에서 손으로 집으면 된다.

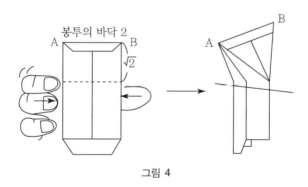

그림 4

여기서 테트라팩의 역사를 알아보기로 하자. 제2차 세계대전이 한참이던 1944년, 스웨덴 정부는 병보다 경제적이고 효율적으로 운반이 가능한 위생적인 우유 용기의 개발을 주창했다. 이것을 받아들여 테트라팩을 최초로 발명·개발한 사람은 스웨덴의 과학자인 루벤 라우싱 Ruben Rausing 박사를 중심으로 한 그룹이었다. 발명 시점부터 7년 후인 1951년, 박사는 테트라팩 회사를 창설하였으며, 그 이후 획기적인 이 사면체 용기는 전 세계에 보급되게 되었다.

다음과 같은 물음을 생각해보자.

① 금메달

삼각형 모양의 순금 판이 있다. 이 판
을 사용하여 가능한 한 크고 둥근 금메
달을 만들고 싶다. 중심은 어떻게 정하
면 좋을까?

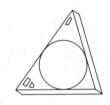

② 우물

어떤 마을에 집이 세 채밖에 없다.
세 집에서 같은 거리에 우물을 파기
로 했다. 어디에 파면 좋을까?

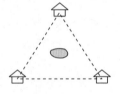

③ 팽이

삼각형의 판이 있다. 이 판으로 빙글
빙글 도는 팽이를 만들 수 있을까?
만들 수 있다면 팽이의 축을 어디로
하면 좋을까?

④ 스포트라이트

(예각)삼각형 배경으로 둘러싸인
무대에서, 세 꼭짓점에서 스포트라
이트를 받아서 그림자가 세 변을

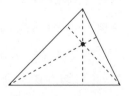

배경으로 직각으로 투영되도록 할 수 있을까?

네 개의 문제의 답이 되는 위치를 삼각형 종이접기로 구해보자.

(1) 금메달

세 변에 접하는 원을 잘라내면 가장 큰 금메달이 된다. 그래서 두 변에서 생각하면, 원의 중심은 ∠A의 이등분선 위에 있으므로 다음과 같이 종이를 접으면 된다.

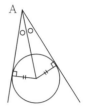

두 변이 겹치도록 세 번 접으면, 이 세 개의 접은 선이 만나는 점이 생긴다. 더구나 반드시 한 점에서 만난다. 이것이 금메달의 중심이다.

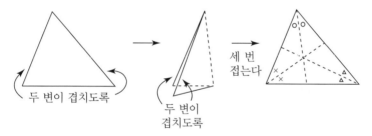

(2) 우물

A와 B에서 같은 거리에 있는 것은 $\overline{AB}$의 수직이등분선 위에 있다. 이것을 각 두 점에서 생각하면 된다. 그래서 두

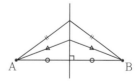

꼭짓점이 겹치도록 세 번 접으면, 이 세 개의 접은 선이 만나는 점이 생긴다. 이것도 반드시 세 개가 한 점에서 만난다.

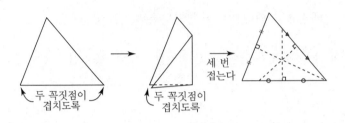

(3) 팽이

이유는 생략하고, 다음과 같이 접으면 된다(《수학 공부 이렇게 하는 거야》의 '삼각형 팽이도 돌 수 있을까?' 참조). 또다시 세 개의 접은 선이 한 점에서 만난다. 이곳에 축을 넣어서 돌리면 빙글빙글 돈다.

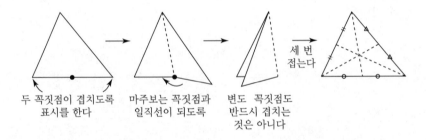

(4) 스포트라이트

삼각형의 종이를 다음과 같이 접으면 세 개의 높이가 접히는데, 그것들은 한 점에서 만난다. 그 점에 세우면 된다.

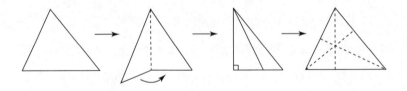

'삼각형의 중심中心'이라고 부르기에 적합한 것은 어느 것일까? 사실 수학의 세계에서는 '삼각형의 중심'이라고 불리는 것은 없고,

(1) → 내심　　(2) → 외심　　(3) → 무게 중심　　(4) → 수심

이라 부르고 있다. 이 가운데 자신이 "이것이야말로 삼각형의 중심이라고 부르기에 적합하다."라고 생각되는 것을 '삼각형의 중심'이라고 생각하면 된다.

그러나 이 네 개의 중심은 꽤 재미있는 성질을 가지고 있다.

(1)의 내심은 금메달을 만드는 것을 생각하면 바로 알 수 있듯이, 삼각형 내부의 점 P에서 세 변까지의 최소거리(세 변에 내린 수선의 길이 가운데 가장 작은 것) $f(P)$가 가장 크게 되는 점이다.

(2)의 외심은 (1)과는 대조적으로, 세 꼭짓점에 이르는 최대거리 $f(P)$가 가장 작게 되는 점이다.

(3)의 무게 중심은 (2)와 비슷하지만, 세 꼭짓점에 이르는 거리의 제곱의 합 $f(P)$가 최소가 되는 점이라고 할 수 있다.

(4)의 수심은 좀 복잡하지만, 세 꼭짓점에서의 수선과 대변과의 교점 D, E, F를 만들었을 때 이 내접삼각형의 둘레가 최소가 되는 점이라는 것을 알고 있다. 이것은 명저 《수와 도형》(H. Rademacher · O. Toeplitz, 日本評論社)에 자세하게 실려 있다.

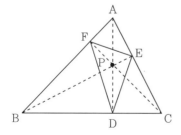
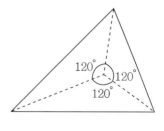

게다가 이 책에는 세 꼭짓점에 이르는 거리의 합이 최소가 되는 점은 세 변을 등각인 120°로 바라보는 점이며, 위의 네 점과는 다

르다는 것도 언급되어 있다.

(3)의 무게 중심을 축으로 하는 팽이가 안정적으로 돈다는 것은 그 점이 삼각형 판의 물리적 무게 중심이기 때문이다. 세 꼭짓점에 같은 질량의 질점을 두었을 때 물리적 무게 중심도 삼각형의 무게 중심과 일치하지만, 철사로 만든 (말하자면, 일차원의) 삼각형의 물리적 무게 중심은 세 변의 중점을 연결해서 만든 삼각형의 '내심'이 된다.

방향치는 어떻게 해야 치료될까?

역에서 집까지 혼자서는 돌아가지 못하는 A 씨

민박에 숙박하러 가면 자기 방에서 현관까지 30분 이상 걸리는 A씨는 목욕탕에 갔다 방으로 돌아가지 못하고 같은 방에 있는 사람에게 구내전화를 걸어 마중 나오라고 한다. 기차로 통근할 때에도 역에서 집까지 혼자서는 돌아가지 못하고 몇 번인가 남편에게 데리러 오라고 했던 사람이다.

민박에서 5, 6분 걸리는 곳에 있는 편의점에서 라면을 사서 돌아오는데 반나절이 걸렸다는 B씨는 "따라오세요!"라고 하고서 아이를 데리고 두 시간이나 걸려서 도착하면 처음 장소에서 보이는 곳이다. 그런 A씨와 B씨 두 사람이 여행을 떠난다. 주위 사람들은 보통 걱정이 아니다.

일본의 어느 위치에 있는가를 인식한다.

도쿄를 기준으로 일본 지도 위에 한 눈금이 75km인 모눈종이를 두고 보면, 미야자키는 대략 $(-10, -6)$이 된다.

A씨와 B씨에게 "( ) 안에 두 수가 있는데, 첫 번째 수는 동서를 나타내며, 두 번째 수는 남북을 나타낸다."라는 것을 인식시키고, "첫 번째 수는 +의 수가 많을수록 동쪽이 되며, −인 것은 도쿄보다 서쪽에 있는 것이 된다. 두 번째 수는 +의 수가 많을수록 북쪽

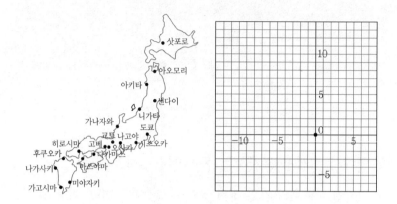

이 되며, −인 것은 도쿄로부터 남쪽에 있다."라는 것을 이해시킨다(이와 같이 나타내는 방법을 좌표라고 한다).

① 다음 도시의 좌표를 말하여라.

삿포로, 아키타, 가나자와, 시즈오카, 교토,
나고야, 다카마쓰, 후쿠오카, 나가사키

② 다음 좌표로 나타나는 도시는 어디일까?

A(1, 4),   B(−1, 3),   C(−8.5, −3),   D(−5, −1.5),
E(1, 7.5), F(−11.5, −6.5)

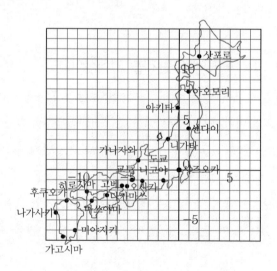

미야자키는 $(-10, -6)$이므로 도쿄로부터 먼 서남쪽에 있다. 도쿄로 가기 위해서는 동북동 방향으로 가면 된다.

이렇게 해서 머릿속에 모눈종이를 두고 지금 있는 위치와 목적지를 좌표로 나타내보면, 방향이 틀리는 경우는 없을 것이라고 생각된다.

평면 위의 점

사물의 위치를 나타내는 다양한 표현이 있다.

- □□시 △△구 ○○동 ○○○번지
- ◇◇빌딩 ○○층 ○○호실
- ▽▽선반 ○○단째 오른쪽에서 ○○번째
- ☆☆책 ○○페이지 ○○행째
- ＊＊열차 ○호차 ○○번 A석

등등.

이들 모두 추상화된 모눈(격자)을 덮은 상태를 상상하여 좌표로 나타낼 수 있다.

평면 위의 점의 위치를 지정하기 위해서는 이러한 직교좌표 이외에도 극좌표라는 것이 있다. 앞에서 이야기한 A씨, B씨에게 학습하게 한 것은 직교좌표이지만,

"역에서 나와 역 앞의 도로를 따라 북쪽으로 50m 가서, 그곳 삼차로에서 오른쪽으로 비스듬하게 돌아서 20m 가면 사거리가 나오고, 그곳에서 왼쪽으로 돌아서 ….."

라고 할 경우에는 극좌표에 가깝게 된다(정확
하게는 이동 극좌표이다).

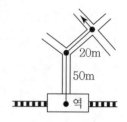

　그러나 원래 방향치인 사람은 자기중심
적이므로, 이러한 자기중심적인 극좌표로
는 아무리 공부하더라도 고칠 가망은 없을
것 같다. 이러한 사람은 되돌아오기 위해서 교차점을 반대 방향으
로 돌아야 한다는 것을 (신체가) 모르기 때문이다. 역시 '탈중심화'
가 필요하며, 그것을 위해서 조감도적인 직교좌표보다 좋은 것은
없다.

🪙 방향치를 고치기 위해서

　A씨나 B씨처럼 방향치인 사람에게는 늘 직각좌표가 붙어 있는
모눈종이를 가지고 다니게 한다. "언제나 가지고 다녀야 하면 짐이
되어 싫어!"라고 한다면, "들고 다니는 것이 싫다면, 머릿속에 넣으
면 되지."라고 가르쳐준다. 그렇게 해서 방향치를 고쳐보자.

🪙 방향치를 고치기 위한 연습

　① 다음 점 A~J의 좌표를 말하여라.
　② 한 눈금을 10m라 하고, A에서 B로 가기 위해서는 (　) 방향
　　　으로 (　)m 가서, 다음에 (　) 방향으로 (　)m 가면 된다.
　③ H에서 D로 가기 위해서는 어떻게 가면 좋을까?
　④ G에서 I로 가기 위해서는 어떻게 가면 좋을까?
　⑤ J에서 E를 지나서 C로 가기 위해서는 어떻게 가면 좋을까?

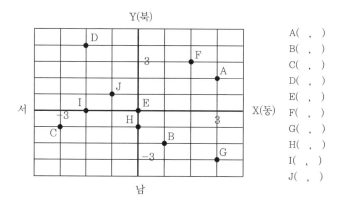

A(,)
B(,)
C(,)
D(,)
E(,)
F(,)
G(,)
H(,)
I(,)
J(,)

그러나 북쪽이 어딘지 모르게 되면, 포기다!

🪙 지도를 색칠하는 문제

"평면 위의 지도(또는 구면 위의 지도)의 각 나라에 색칠을 해서 인접한 나라와 다른 색이 되도록 하시오." 이것이 지도를 색칠하는 문제이다. 이것은 오랫동안 풀리지 않았던 문제였는데, 1977년 아펠 K. Appel과 하켄 W. Haken이 결국 풀었다. 논문[1]에는 이론의 일부분에 비약이 있었다고 하지만, 그것들은 수정보완되었다. 지금은 이 문제가 수학자들의 화제에 오르는 일도 드물다.

그런데 위의 색칠 문제는 수학의 세계에서 말하면 문제로서의 체제를 갖추고 있지 않다. 즉 문제를 이렇게 설정하고 있는 것은 애매하며, 무엇을 어떻게 하라는지 잘 알 수 없다. 여기서 문제를 정밀하게 설정해보자. 이를 위해서는 몇몇 약속이 필요하다. 첫째, 어느 나라도 따로 격리되어 있는 땅을 가지고 있지 않다고 한다. 둘째, 바다는 하나로 연결되어 있는 한 하나의 나라로 가정한다. 셋째, 경계선에서 인접한 두 나라에 같은 색을 칠해서는 안 된다. 넷째, 유한개의 점에서만 접하는 두 나라는 같은 색을 칠해도 된다.

이 약속들을 바탕으로 평면 위의 지도 혹은 구면 위의 지도를 색칠하는 문제를 생각해보자. 이 문제는 지도 위의 각 나라에 다른

---

1) Every planar map is four colorable, Illinois Journal of Mathematics, 21(1977), Part I 429–490, Part II 491–567.

색을 칠하는 해결법이 있기 때문에, 색의 수를 제한하지 않으면 문제는 분명히 풀 수 있다. 그렇다면 색의 수를 제한해보자. 최소수는 얼마일까? 이 최소수는 물론 칠하려는 지도에 따라 다르다. 다음 그림은 왼쪽에서 차례로 최소수가 각각 2, 3, 4인 지도이다. 이 예는 지도가 복잡하게 됨에 따라 사용해야 하는 색의 최소수가 늘어나고 있음을 나타내고 있는 것처럼 보인다. 그러나 그렇지 않고, '어떤' 지도라도 4색으로 칠할 수 있다는 것을 1800년대 런던의 지도인쇄업자가 경험적으로 생각한 것 같다. 아펠과 하켄이 푼 것은 인쇄업자가 생각했던 4색 문제 four colour problem이다. 그들은 위에서 말한 약속을 바탕으로 어떤 지도도 4색으로 칠할 수 있다고 답하고 있다.

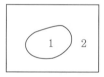 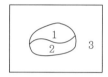 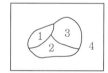

2색 정리와 3색 정리

케일리가 1879년 런던의 지리학협회에서 이 문제를 설명한 이래 1977년 아펠과 하켄의 논문까지, 이 문제는 수학자만이 아니라 직접 수학에 종사하지 않는 사람들 사이에서도 기회가 있을 때마다 화제에 올랐다. 그것은 아마 수학에 관한 특별한 지식이 없더라도 이 문제의 의미를 이해할 수 있었기 때문이다.

그런데 이 문제는 간단하게 풀리지 않는다. 그럴 때는 본래 문제를 조금 바꾸어서 풀어 보는 것이 누구라도 시험해보는 방법일 것이다. 이러한 시도 가운데 몇 개를 들어 보자.

먼저, 처음에 이 문제는 '어떤 지도라도'라고 하기 때문에 어려운 문제가 되어 버린다. 그러므로 다소 현실적이지는 않지만, 특정 조건을 만족시키는 지도에 대해서 생각해보자. 그 경우, 사용해야 하는 색의 최소수가 4보다 작게 되면 재미있다. 그들 가운데 가장 단순한 것은 평면 위에 직선을 그어서 만들 수 있는 '나라'를 색칠하는 것이다. 그것은 2색으로 칠할 수 있는데, 수학적 귀납법으로 간단하게 증명할 수 있다. 이것은 귀납법이 문제를 명쾌하게 해결하는 전형적인 예이며, 매우 간단하기 때문에 여기서 증명해보자.

(1) 평면 위에 직선을 하나 그으면 평면은 둘로 나누어지므로, 이 지도는 2색으로 칠할 수 있다.

(2) 평면 위에 n개의 직선을 그은 어떤 지도도 2색으로 칠할 수 있다고 하고, $n+1$개의 직선을 그은 제멋대로인 지도를 생각하자. 이 지도의 직선을 1개 지우면 n개의 직선을 그은 지도가 생기므로, 이 지도는 귀납법의 가정에 따라 2색으로 칠할 수 있다. 이것을 실행한 뒤, 조금 전 없었던 직선을 부활시켜서 그 직선의 한 쪽에만 색을 바꾸어 넣는다. 그렇게 하면, $n+1$개의 직선으로 만든 지도는 2색으로 칠할 수 있음을 알 수 있다.

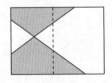 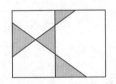

또 평면 위에 육각형을 빈틈없이 메운 지도는 2색으로 칠할 수 없으며, 3색으로 칠할 수 있다(단, 여기에서는 가장 '바깥쪽'의 육각형의 한 변은 무한 너머 저쪽에 있다고 생각한다).

5색 정리와 7색 정리

4색 문제를 변형해서 쉬운 문제로 만들기 위한 또 하나의 방법이 있다. 그것은 '어떤 지도라도'라고 할 때의 '어떤'에는 손을 대지 않고, '4색으로 칠할 수 있다'고 하는 부분을 '5색으로 칠할 수 있다'로 하는 방법이다. 즉 4색 문제가 너무 어려우면 제한을 완화하여 5색 문제를 풀어보는 방법이다. 이 문제도 어렵다고 생각할지 아니면 쉽다고 생각할지, 그것은 사람들에 따라 다른 예상을 하겠지만 이 문제는 간단하게 풀린다. 그 해법은 예를 들어 래더매처 H. Rademacher 와 퇴플리츠 O. Toeplitz 의 명저 《수와 도형》(야마자키 사부로 山崎三郎・카노 타케시 鹿野健 역, 日本評論社)에 실려 있다. 거기에는 평면 위의 지도에 관한 오일러의 공식

$$(나라의 수) + (모서리의 수) = (국경선의 수) + 2$$

의 유쾌한 증명이 있으며, 공식을 이용하여 문제를 해결하고 있다. 게다가 마지막에 구면 위의 지도에 대해서도 주의를 주고 있다. 어차피 5색 정리의 증명은 누구라도 이해할 수 있고 쉬운 것이다.

래더매처와 퇴플리츠의 책에 있는 5색 정리의 증명은 오일러의 공식을 몇 번이나 사용하고 있으며, 이것이 본질적인 역할을 떠맡고 있는 것으로 보인다. 아마 그럴 것이다. 예를 들면, 오일러의 공식은 다른 모양으로 된 토러스(도넛 모양의 곡면) 위의 지도에서는 5색 정리(4색 정리)도 성립하지 않는다. 토러스 위의 지도에서는 7색 정리가 성립한다. 이것은 4색 정리보다 먼저 해결되었다.

고무로 만들어 신축성이 있는 직사각형의 위와 아래 변을 맞붙이고 좌우의 변을 맞붙이면 토러스가 만들어진다. 이것을 이해하면, 다음 그림이 토러스 위의 지도를 7색으로 칠한 예이며, 이 지

도를 6색으로 칠할 수 없음을 알 수 있다.

다음 지도는 4색 문제 역사상 유명한 지도이다. 칠할 수 있을까?

직각삼각형을 가지고 놀아보자

직각을 낀 두 변의 길이가 1과 2인 직각삼각형을 마분지로 4개 만들고, 이것을 겹치지 않게 적당히 붙여서 빗변을 한 변으로 하는 정사각형을 만들어 보자.

이때 직각삼각형을 붙이는 방법은 그림 1과 그림 2의 두 가지이다.

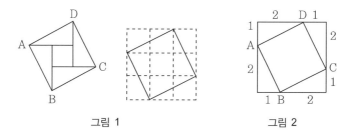

그림 1   그림 2

그림 2의 정사각형 ABCD의 넓이는 한 변이 3인 큰 정사각형 에서 직각삼각형 4개를 제거해서 구할 수 있으므로

$$3^2 - (2 \times 1 \div 2) \times 4 = 5$$

임을 알 수 있다. 넓이가 5인 정사각형 한 변의 길이는 정수가 아니다. 이것은 그림 2의 직각삼각형 빗변의 길이가 2보다 크고 3보다 작으므로 누구라도 쉽게 알 수 있을 것이다.

직각을 낀 두 변이 1과 3, 2와 2인 직각삼각형에 대해서 그림 2와 같이 해보면 다음과 같다.

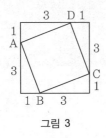

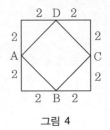

그림 3　　　　　　　　　　그림 4

　　그림 3의 정사각형 ABCD의 넓이는 10, 그림 4의 정사각형 ABCD의 넓이는 8이며, 어느 경우도 한 변의 길이는 정수가 되지 않는다.

🔖 피타고라스 삼각형

　　직각을 낀 두 변의 길이가 3과 4인 직각삼각형에 대해서 그림 2와 같은 것을 생각하면 그림 5와 같다.

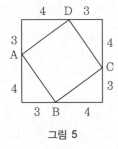

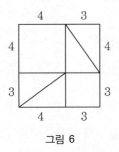

그림 5　　　　　　　　　　그림 6

　　그림 5의 정사각형 ABCD의 넓이는 그림 2의 경우와 같게 생각해서

$$7^2 - (4 \times 3 \div 2) \times 4 = 25$$

임을 알 수 있다. 이 넓이는 그림 6과 같이 겹치지 않게 붙여서 구할 수도 있다. 이 경우 큰 정사각형에서 직각삼각형을 4개 없애면 나머지는 2개의 정사각형이 되며, 이 넓이의 합은

$$3^2 + 4^2 = 25$$

가 된다. 넓이가 25인 정사각형의 한 변의 길이는 분명히 5이므로 그림 7과 같이 세 변의 길이가 정수인 직각삼각형이 생긴다는 것을 알 수 있다.

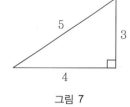

그림 7

세 변의 길이가 정수인 직각삼각형을 **피타고라스 삼각형**이라고 한다.

게다가 직각삼각형의 세 변 a, b, c 사이에는 다음과 같은 관계식이 성립한다. 여기서 c는 빗변이다.

$$a^2 + b^2 = c^2 \qquad \text{(피타고라스의 정리)}$$

또 피타고라스 삼각형의 세 변 (a, b, c)는 모두 공식

$$a = m^2 - n^2, \quad b = 2mn, \quad c = m^2 + n^2 \qquad (m > n)$$

으로 구해진다(m, n 가운데 하나는 짝수이며, 다른 하나는 홀수로 한다).

앞의 식을 이용하여 피타고라스 삼각형의 세 변을 구할 수 있다.

표 1 피타고라스 삼각형의 세 변(세 변이 기약일 것, c는 빗변)

a	3	5	15	7	21	35	9	45	11	63	33	55	13	39
b	4	12	8	24	20	12	40	28	60	16	56	48	84	52
c	5	13	17	25	29	37	41	53	61	65	65	73	85	65

불가사의하게도 피타고라스 삼각형의 직각을 낀 두 변 가운데 적어도 하나는 4로 나누어떨어진다. 또한 직각을 낀 두 변 가운데

적어도 하나는 3으로 나누어떨어진다(자세한 것은 시어핀스키 B. Sierpinski 《피타고라스 삼각형》東京図書을 참조). 이것으로부터 피타고라스 삼각형의 넓이는 정수이며, 더욱이 6의 배수가 된다.

헤론 삼각형

직각삼각형이 아닌 삼각형에서도 세 변의 길이와 넓이가 정수로 나타나는 것이 있다. 피타고라스 삼각형 (3, 4, 5) 두 개를 그림과 같이 서로 등을 맞대어 붙이면 다음과 같은 삼각형이 얻어진다. 만들어진 삼각형은 세 변이 각각 (5, 8, 5), (5, 6, 5)이고, 넓이는 모두 12임을 알 수 있다.

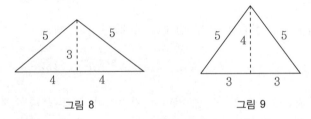

그림 8   그림 9

또 붙이는 것만이 아니라, 피타고라스 삼각형에서 직각을 낀 변을 공유하는 피타고라스 삼각형을 잘라내더라도 세 변의 길이와 넓이가 정수로 나타나는 삼각형이 얻어진다.

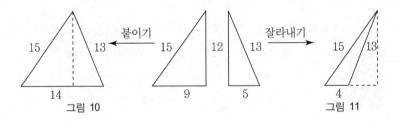

그림 10   그림 11

그림 10의 삼각형과 그림 11의 삼각형은 피타고라스 삼각형 (3, 4, 5)의 3배인 피타고라스 삼각형 (9, 12, 15)와 피타고라스 삼각

형 (5, 12, 13)을 붙이거나 잘라낸 것이므로, 각각 세 변은 (13, 14, 15)이고 넓이는 84, 세 변은 (4, 13, 15)이고 넓이는 24이다.

세 변의 길이와 넓이가 정수로 나타나는 삼각형을 **헤론 삼각형**이라고 한다.

물론 피타고라스 삼각형도 헤론 삼각형에 포함된다.
다음 그림을 이용하여 헤론 삼각형을 만들어 보자.

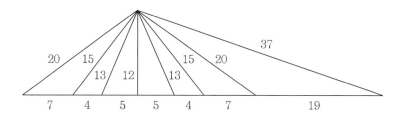

참고 넓이가 100 이하인 헤론 삼각형 가운데, 세 변이 서로 소 relatively prime 이고, 직각삼각형도 아니고, 이등변삼각형도 아닌 것을 찾아보면 다음과 같다.

표 2 헤론 삼각형의 세 변과 넓이

넓 이	24	36	36	42	60	66	72	84	84	84	90	90
세 변	4	3	9	7	6	11	5	8	10	13	4	12
	13	25	10	15	25	13	29	29	17	14	51	17
	15	26	17	20	29	20	30	35	21	15	53	25

더욱이 세 변의 길이가 a, b, c인 삼각형의 넓이 A는

$$A = \sqrt{s(s-a)(s-b)(s-c)} \quad \text{(헤론의 공식)}$$

로 주어진다. 여기서 $s = (a+b+c)/2$이다.

벡터

일전에, 라디오의 인생상담 코너에서 "저와 그녀의 벡터가 같았던 때는 잘 지냈지만, …"이 들려 왔다. 보통 "저 녀석은 일은 잘 하는데 벡터 방향이 어긋나 있기 때문에 …" 등으로 수학 용어인 벡터가 일상용어로 사용되는 경우가 있다.

수학이나 물리학 분야 외에도 '생계비 벡터'라든가 '국력 벡터'라는 용어와 마주치는 경우가 있다.

🎯 시작은 화살표 벡터

본래 벡터는 물리학에서 힘과 속도라고 하는 '크기'와 '방향'을 가진 양을 나타내기 위해서 생각되었다. 그 크기를 화살표의 길이로, 방향을 화살표의 방향으로 나타내는 '화살표 벡터'가 시작이다.

또 기하학 가운데는 위치 벡터나 변위 벡터가 사용되고 있다. 위치 벡터라는 것은, 그림의 점 A 위치가 원점 O에서의 거리(크기)와 방향에 따라 정해지므로, $\overrightarrow{OA}$가 점 A의 위치를 나타내고 있다고 생각한 벡터이다. 또 변위 벡터라는 것은, 점 A에서 점 B까지의 위치의 변화(변위)도 점 A에서 점 B까지의 거리(크기)와 방향에 따라 정해지므로, $\overrightarrow{AB}$가 위치의 변화량을 나타내고 있다고 생각한 벡터이다.

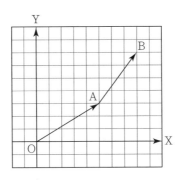

수 벡터라는 것은?

화살표 벡터인 $\overrightarrow{AB}$를 위의 그림과 같이 좌표 위에 놓고서 생각하면, (X축 방향으로 나아간 거리, Y축 방향으로 나아간 거리)인 두 수의 쌍으로 나타낼 수 있다. 예를 들면, $\overrightarrow{AB} = (3, 4)$이고, $\overrightarrow{OA} = (5, 3)$이다.

수학에서는 이렇게 수를 하나의 쌍으로 통합하여 괄호로 한데 묶은 것을 벡터로 간주하게 되었다. 이처럼 몇 개의 수를 늘어놓고 괄호로 한데 묶은 것을 수 벡터라고 한다. 수 벡터에서는 화살표 벡터의 크기나 방향이라는 의미가 추상화되어 없어지게 된다. 이들 의미가 추상화되었기 때문에, 벡터의 개념은 확장되어 일반화할 수 있게 되었다. 수를 늘려 $\mathbf{a} = (a, b, c, d)$ 등도 벡터라고 생각할 수 있다. 예를 들면, 생계비 벡터=(음식비, 교육비, 주거비), 국력 벡터=(인구, 토지, 국내 총생산) 등도 생각할 수 있게 된 것이다. 수학에서 벡터는 이렇게 다차원의 양量을 하나로 통합해서 나타내는 것으로 생각하고 있다.

생물학에서는

벡터라는 것은 본래 '나르는 사람'이라는 의미로 생물학에서는 병원균을 매개하는 곤충 등을 벡터 vector 라고 불러 왔다. 최근에는 유전자공학의 발달에 따라, 다른 사람의 DNA를 결합하여 복제하는 결정인자 plasmid[1] 도 벡터라고 부르고 있다. 문자 그대로 나르는 집이다.

일상용어로서의 벡터를 수학의 입장에서 보면

앞의 라디오에서 들은 "저와 그녀의 벡터가 같았던 때는 …"은 두 사람이 생활목표로 지향하는 화살표 벡터의 방향이 같았었다는 것으로 생각되며, 두 사람의 (생활양식, 가치관, 목표) 등을 요소로 하는 다차원 벡터가 같았다고 생각할 수도 있다. 또 "저 녀석은 일은 잘 하는데, 벡터 방향이 어긋나 있기 때문에 …"는 목표를 가리키는 화살표 벡터의 방향을 이미지해서 생각하고 있다고 말할 수 있다.

---

1) 플라스미드는 독립적으로 복제·증식이 가능한 유전인자를 말한다.

이것은 깜짝 놀랄 부동점

🔩 종이를 가지런하게 한다.

　같은 크기의 정사각형 종이를 두 장 준비한다. 이 종이들을 아무렇게나 포갠다. 그리고 송곳을 건네며 "이 종이 위의 어느 곳을 누르면 두 장의 종이를 완전하게 겹치게 할 수 있다."라고 한다면, 어떻게 할 것인가? 어딘가 한 점을 누르면 겹치게 할 수 있다. 그 어딘가를 찾아보라는 말이다.

　같은 모양을 한(합동인) 도형으로 겹치게 하기 위해서는 보통 평행이동과 회전이동 두 가지 조작을 필요로 한다. 그런데 회전이동 한 가지 조작만으로 할 수 있느냐고 하는 것이다.

　그 방법은 다음과 같다. 두 정사각형이 겹친 대변의 교점을 선으로 잇는다. 그리고 두 선의 교점을 송곳으로 누르고, 위의 정사각형을 회전시키면, 아래의 정사각형에 완전하게 겹친다.

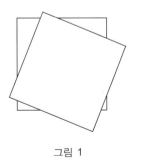

그림 1

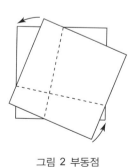

그림 2 부동점

거짓이라고 생각되면 해보도록 하자. 무엇이든지 자신이 해보고 확인하면 그 훌륭함을 알 수 있으며, 다른 사람에게도 말하고 싶게 된다. 정사각형 종이가 아니라도 된다. 직사각형 리포트 용지로도 할 수 있다. 이것은 우연도 마술도 아니다. 도형이 회전을 포함하는 이동을 할 경우, 움직이지 않는 점이 반드시 하나 있다고 하는 기하학의 사실 때문이다. 이 점을 부동점이라고 부른다.

🎲 랜덤 · 도트 · 패턴

부동점은 다음과 같은 랜덤 random · 도트 dot · 패턴 pattern 을 이용하면 쉽게 알 수 있다.

20cm의 정사각형 내부에 2000개의 점을 흩어놓는다. 그리고 이 용지를 투명한 OHP 용지에 인화한다. 위의 OHP 용지를 약간 회전시킨다. 그러면 어떻게 될까? 동심원이 부상한다. 부동점, 즉 회전의 중심을 한눈에 알 수 있다.

부동점은 한 개 있으며 유일하다. 부동점을 보여주는 것은 점을 랜덤하게 구성하고 있기 때문이다. 규칙적으로 구성하면 동심원을 몇 개라도 만들 수 있다.

최근 컴퓨터가 보급되어 있으므로 프로그램을 만들면, 랜덤 · 도트 · 패턴을 간단하게 입수할 수 있다.

BASIC 언어로 난수를 발생시키는 함수 RND를 사용하여 좌표를 구한다. 이 값을 바탕으로 화면 위에 점을 표시하고, 화면의 하드 카피 hard copy 를 떠서 복사기에서 확대하면 된다. 이 패턴을 응시하고 있으면, 새로운 세계가 나타날 것이다.

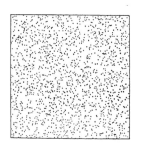

그림 3 랜덤·도트·패턴

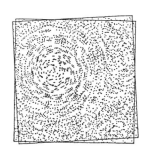

그림 4 동심원이 보인다

　요즘의 테스트 문제는, 마크 시트 방식으로 출제하는 폐해 때문일까, 답을 수치로 구하도록 하는 문제가 태반이다. 수학은 수를 다루는 분야와 도형을 다루는 분야로 이루어져 있다. 기하학에도 상당히 재미있는 현상과 정리가 있으므로, 이러한 것을 계기로 수학을 재인식했으면 한다.

프랙털

프랙털과 자연의 기하학

프랙털의 어원은 프랙션 fraction 에서 나온다.

프랙털이라는 것은 어떤 부분을 취하더라도 그 부분이 전체와 자기 닮음인 도형으로 정수 차원이 아닌 차원을 가진다. 코흐koch 곡선이라 불리는 곡선이 그 예이며, 차원은 $\log 4/\log 3 ≒ 1.26$ 이다.

이것에 가까운 도형은 사람들이 조우하는 자연 속에 셀 수 없을 정도로 많이 존재한다.

리아스Rias 식이라 불리는 해안선은 반도 속에 또 반도가 있으며 또 그 속에 더 작은 반도가 있고, 전체 길이는 해안선을 재는 컴퍼스의 보폭을 작게 하면 할수록 한없이 길게 된다.

카츠시카 호쿠사이 葛飾北斎[1] 의 《후지산 삼십육경 富嶽三十六景》 가운데 〈카나가와오키나미우라 神奈川沖浪裏〉에는 파도 안에 또 파도가 있으며 또 그 안에 작은 파도가 있다.

분자의 자유행로[2](다른 분자와 충돌하기까지의 간격)에 관한 속도는 약 3km/sec인데, 이것은 신칸센 특급보다 50배나 빠르다. 그런데 수 미터 떨어진 곳에서 감지되기까지는 몇 초 걸린다. 이것

---

1) 1760~1849년 5월까지 생존한 에도 시대에 활약한 우키요에 浮世絵 화가이다.
2) 기체 속의 분자는 쉬지 않고 다른 분자와 충돌하면서 공간을 떠다니는데, 1회 충돌에서 다음 충돌까지 진행한 거리를 자유행로free path 라 하고, 그 평균값을 평균자유행로라고 한다.

은 우리들의 생활공간에 있어 분자가 공기 중의 다른 분자와 한없이 충돌하므로 그때마다 굴절을 반복하며 합계 길이 10km 정도를 달리기 때문이다.

🏵 프랙털과 컴퓨터

앞에서 든 일상적인 여러 예는 물론 이데아(이상)로서의 프랙털 그 자체가 아니라 프랙털에 한없이 가까운 예이다. 원이나 직선이 옛날부터 단순한 도형의 대표처럼 다루어져 왔던 것도 일상적 세계에서는 실제로 존재하지 않지만 인간은 오랫동안 그것들을 수학적 이데아로서 취급하여 충분한 기간 동안 함께 해왔기 때문이다.

그런데 컴퓨터 그래픽은 단순한 정보로 코흐 곡선을 그려낸다. 실제로 그것은 불과 몇 줄의 프로그램을 입력함으로써 원하는 만큼 얼마든지 프랙털에 가깝게 만드는 것을 가능하게 하였다. 만델브로 Mandelbrot[3) 집합, 줄리아 Julia 집합이라고 이름 붙여진 복소평면 내의 도형은 간단한 수식을 반복 연산한 결과를 나타내는 하나의 프랙털이다(그림 1, 2 참조). 이처럼 종래의 수학으로는 '복잡' 또는 '병적'이라고 보였던 것들이 단순한 정보입력으로 만들어짐에 따라 컴퓨터 그래픽은 '단순함'이라는 개념에 신천지를 개척하고 있다.

🏵 그 내력과 신사조

1970년대 초에 기상·통신·생리·생물·물성(난류, 결정, 화학진동 등) 등 각 방면의 연구자이자 수학자인 리 Tien-Yien Li 와 요크

---

3) 브누아 만델브로(프랑스어: Benoît B. Mandelbrot)는 1924~2010년까지 생존한 폴란드에서 태어난 프랑스 수학자이다. 프랙털 기하학 분야를 개척한 중요한 사람 가운데 한 사람으로 평가된다.

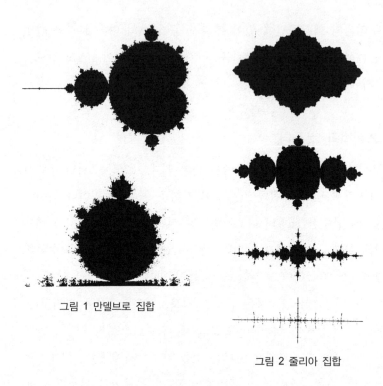

그림 1 만델브로 집합

그림 2 줄리아 집합

James A. Yorke 는 질서 있게 추는 춤과 카오스적으로 추는 춤 사이의 복잡한 경계 속에 나타나는 현상 속에는 크고 작음의 규모 관계에 바탕을 두고서 설명할 수밖에 없는 뜻밖의 규칙성이 있다는 것을 발견했다. 처음 개별적인 만남으로부터 10년 후의 대합류에 이르기까지 이들의 드라마틱한 역사는 야마구치 마사야4) 저 《카오스와 프랙털》(고단샤 講談社 블루백스)나 그릭 James Gleick 저 《카오스》(오오누키 마사코 大貫昌子 역, 신초문고 新潮文庫)에 자세하게 나와 있다.

무릇 19세기 말 프랙털의 싹으로써 페아노 Peano 곡선(정사각형 전체를 메우는 연속곡선)이나 연속이지만 군데군데 접선을 그을 수

---

4) 1925~1998년까지 생존한 일본의 수학자로서 비선형수학을 전공하였다. 특히 수학 역학계 분야인 카오스, 프랙털 연구의 선구자이다.

없는 함수가 바이어슈트라스에 의해 발견되었다. 만약 연속이라는 개념을 통상의 한붓그리기로 할 수 있는 것이라고 아마추어적 해석을 했다면, 한붓그리기를 한 이상 어느 정도 들쭉날쭉한 것이 많더라도 이들 뾰족한 점을 피해서 어딘가에 접선을 그을 수 있다. 그래서 페아노나 바이어슈트라스의 발견은 연속이라는 수학적 개념이 얼마나 일상적이지 않은 것인가를 말하고 있다. 더욱이 군데군데 접선을 그을 수 없는 연속함수가 접선을 그을 수 있는 함수보다 훨씬 많다는 것도 알고 있다.

한편, 뉴턴역학에서는 처음부터 가속도의 존재를 전제로 하고 있으므로 '속도=미분=접선'의 존재도 가정하고 있다. 우리들이 뉴턴역학을 다루는 한, 함수는 연속함수 전체의 세계에서 거의 드물게 존재할 뿐인 것들을 상대로 해왔다는 의미가 된다.

그런데 컴퓨터 그래픽이라는 강력한 도구의 출현으로 훨씬 넓은 함수족을 눈으로 보며 상대하는 시대가 도래했다. 이것은 전파망원경의 출현에 의해 밤하늘에 빛나 보이는 별 이외도 펄서 pulsar[5] 와 성간물질 星間物質: Interstellar medium: ISM[6] 을 알아차리게 된 상황과 비슷하다.

뉴턴역학이 나타내 보이는 것은 하나의 원인 A가 하나의 결과 X를 낳는다. 이것은 만약 우주 공간의 모든 입자의 초기조건(원인)을 알면, 미래영겁에 걸친 결과를 알 수 있다고 하는 사상(결정론 또는 인과론이라고도 한다)을 낳았다. 이 사고방법의 연장에서, 원인 A′이 A에 가까워지면 그 결과 X′도 X에 가까워진다고 예상하는

---

5) 강한 자기장을 가지고 고속회전을 하며, 주기적으로 전파나 X선을 방출하는 천체이다.
6) 항성 사이의 우주공간에 분포하는 희박한 물질을 총칭하는 말이며, 특히 별 사이의 물질을 뜻한다.

것이 자연이다. 이것을 '뉴턴적 자연질서'라고 하자. 그러나 모든 입자의 완전한 관측이라는 것은 사람이 할 수 있는 범위를 넘어선다. 또 관측한다는 시공時空을 동반하는 사람의 행위가 입자에 어떤 변화를 미치는 것은 분명하다. 그것뿐만 아니라, 약간 원인을 변화하면 긴 시간 뒤에는 큰 오차가 생기게 되어, X′이 X와는 터무니없이 멀리 벗어나 버리게 된다. 장기예보의 세계에서는 이것을 나비효과 Butterfly Effect[7] 라고 부르며, 예보의 어려움을 표현한 용어가 되었다.

이처럼 프랙털은 카오스와 서로 제휴하여 여러 과학 연합군의 기수로 등장했지만, 20세기 초 힐베르트 Hilbert 에 의해 제창된 공리적인 방법과 이후 수십 년 동안 각광을 받았던 부르바키 사상(수학은 수학 자신에 내재하는 법칙에 따라 자기발전을 이룬다고 했던 프랑스 수학자들의 사고방법)과 대비해보면, 흥미진진한 미래성이 넘쳐난다.

---

7) 베이징에서 한 마리의 나비가 날개를 퍼득이면, 1개월 뒤에 뉴욕에서 비가 온다는 표현으로 설명되는 이론이다.

직접 만든 스테레오그램

　보통 종이에 그려진 그림을 멍하니 보고 있으면, 그 안에서 입체가 떠오른다. 평평한 종이에 갑자기 투명감이 생겨 손을 펴서 만져보고 싶게 되는 공간이 나타난다. 스테레오그램 Stereogram, 매직아이 Magic Eye 등으로 불리며 많은 사람을 즐겁게 하고 있다. 그러나 입체를 볼 수 없는 사람에게는 보통 종이에 그려진 떡이다. 하지만 보이지 않는 사람도 체념하지 말고

- 멀리 보는 기분으로 멍하니 보기

그림 1

- 깜박임을 몇 번인가 하면서 멍하니 보기
- 종이를 얼굴 바로 앞에 가지고 와서 몸에 힘을 빼고 점차 종이를 멀리하기

등의 방법을 반복하면, "앗, 보인다."라고 하는 경우가 많다. 그림 1로 시험해보자. 그림의 위쪽에 있는 두 개의 ●이 세 개로 보일 때, 작성자가 의도하는 숫자 '3'이 입체로 보인다.

🚲 바로 만드는 스테레오그램

특별히 어려운 이론이나 계산식을 모르더라도 매직 아이 그림은 간단하게 그릴 수 있다. 먼저 사각뿔을 바로 위해서 봤다고 하자.

왼쪽 눈으로 보면,

- 뚝 튀어나와 있는 꼭짓점이 조금 오른쪽으로 치우쳐져서 왼쪽 아랫면이 넓게 보인다.

오른쪽 눈으로 보면,

- 뚝 튀어나와 있는 꼭짓점이 조금 왼쪽으로 치우쳐져서 오른쪽 아랫면이 넓게 보인다.

그래서 연필과 자로 그림 3처럼 꼭짓점을 조금 밀어서 왼쪽 눈, 오른쪽 눈으로 본 그림을 그린다.

이제 이 그림을 그림 2와 같이 멍하게 보면 된다. 왼쪽 눈으로 왼쪽 그림, 오른쪽 눈으로 오른쪽 그림을 본다는 생각으로 두 개의 그림이 가까워져서 겹치고, 양 옆에 하나씩 도합 세 개의 그림으로 보이면 대성공이다. 한가운데에 보이는 그림이 입체가 되어 있다.

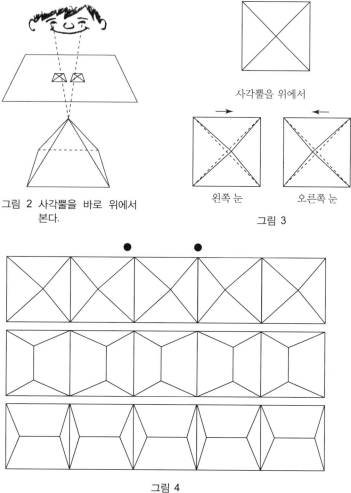

사각뿔을 위에서 한쪽 눈으로 본 그림

사각뿔을 위에서

왼쪽 눈   오른쪽 눈

그림 3

그림 2 사각뿔을 바로 위에서
본다.

그림 4

그림 3과 같이 만든 왼쪽 눈, 오른쪽 눈의 그림을 서로 번갈아
가며 좌, 우, 좌, 우, … 순으로 붙여 가면 그림 4가 된다. ●이 세
개가 되도록 봐야 한다.

이것을 매직 아이로 보면 각 그림이 왼쪽 눈과 오른쪽 눈의 역할
을 하기 때문에, 사각뿔이나 지붕 모양이 나오든지 쑥 들어가든지

해서 보인다. 대응하는 면을 같은 색연필로 칠하면 예쁘게 된다.

🪙 카츠시카 호쿠사이의 그림도 입체로

그림 5와 같이 종이에 그려진 □○△를 매직 아이로 보면, □가 가장 멀고, 다음이 △, 그리고 가장 가깝게 ○이 보인다. 이것으로부터 다음 원리를 알 수 있다.

- 대응하는 왼쪽 눈과 오른쪽 눈이 보는 점, 그림, 선을 가까이 하면 상은 가깝게 보이고, 멀리하면 상은 멀리 보인다.

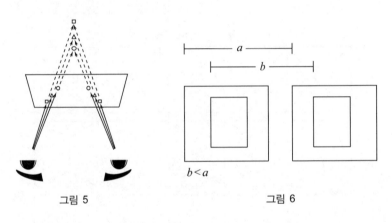

그림 5　　　　　　　　　그림 6

그림 6에서는 큰 직사각형보다도 작은 직사각형 쪽이 가깝게 있으므로 작은 직사각형이 떠올라 보인다.

이 원리를 이용하여 가쓰시카 호쿠사이의 그림을 매직 아이로 만들어 보았다(그림 7). 칼과 풀과 복사본, 연필과 끈기가 있으면 만들 수 있기 때문에 간단한 그림을 스스로 그려서 도전해보기 바란다.

대응하는 ○가 가까우면 가깝게, 멀면 멀게 보이는 원리를 이용하여 만든 것이 그림 1의 스테레오그램이다. 자세한 것은 이즈모리

히토시 何森 저, 《스테레오그램을 만들자 ステレオグラムをつくろう》(日本評論社)를 참조하면 된다.

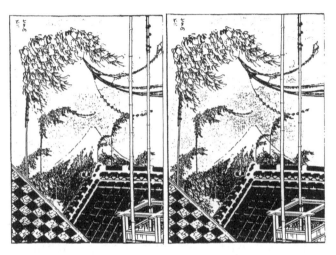

그림 7 〈타나바타노후지 七夕の不二〉(《후가쿠학케이》富嶽百景)

위상이라는 단어

최근 마음에 걸리는 일상용어로 위상이라는 단어가 있어 '위상'의 해설을 쓰려고 했다. 그런데 한 번 마음에 걸리기 시작하면 계속 신경이 쓰인다. 자세히 말하자면, '위상'이라는 단어는 진짜로 일상용어일까? 일상용어라는 것은 보통 생활에서 사람들이 공통의 이해를 바탕으로 하는 대화 중에 사용하는 단어를 말한다. 그러나 아무리 호의적으로 해석하더라도 '위상'이라는 단어를 일상용어로 대화 중에 사용하고 있는 사람은 그렇게 많은 위상位相[1]이 아니다. 그럼에도 불구하고, 주의 깊게 신문이나 잡지, 소설을 읽고 있으면 분명히 비교적 자주 위상이라는 단어가 눈에 띄는 경우가 있다.

> "소위 핵가족화라는 것은 다양한 위상에 있어 이야기적인 틀에서 〈가족〉을 개방함과 동시에…"
> "지금까지 말해온 관점이라면, 하나의 새로운 위상이 보인다고 생각합니다."
> "하나의 정신세계 속에, 신의 위상공간 안에서"

마지막 인용은 SF에서의 것이므로 정확한 의미를 생각하려고 해도 알 수가 없다. 신의 위상공간이라는 어떤 정체를 알 수 없는 것으

---

1) 어떤 국면에서의 위치나 상태를 말한다.

로 다소 덧칠을 하고 있을 뿐이다. 앞의 두 가지는 어떻게 될까?

최초의 인용문에서 위상이라는 단어는 상황이나 특정 시간과 장소 등의 단어로 바꾸어 넣어도 될 것 같다. 그 다음 인용문의 경우도 상황 혹은 자세, 형태, 구조 등이라 해도 괜찮을 것 같지만, 여기서 굳이 '새로운 위상'이라고 하는 것은 아마 상황이라는 단어에 얽힌 다소 개별적인 분위기를 싫어한다는 것과 감각적인 뉘앙스를 피하고 싶었기 때문일 것이다. 이런 두 개의 인용에서 알 수 있는 것은 아무래도 위상이라는 단어가 추상적인 것도 포함하여 사물이 놓여 있는 상황 혹은 사물을 보는 관점, 토대라는 의미를 함의하고 있는 것으로 보인다는 것이다.

사전에는

그러면 사전에는 '위상'이라는 단어를 어떻게 설명하고 있을까?

【위상 位相】 ① 주기적으로 반복되는 현상의 한 주기 내, 어떤 특정한 국면, ② 남여·직업·계급 등의 차이에 따른 언어의 차이(①, ②는 phase의 번역어), ③ (수학) 추상공간에서 극한과 연속의 개념을 정의하는데 기초가 되는 수학적 구조(topology의 번역어) (《이와나미 岩波 국어사전》 제4판)

【위상】 ① 수학에서 집합의 원소의 연결구조 ② 주기운동에서 한 주기 내의 상태나 위치 ③ 언어의 지역·직업·연령·계급 등으로 따른 차이」 (《시미즈 清水 신국어사전》)

다른 사전도 대개 비슷한 설명이다. 이 설명에 따르면 위상이라는 단어에는 그것에 대응하는 영어가 두 종류 있는데, 하나는 물리

용어, 또 하나는 수학 용어이다. 두 단어의 설명이 공통으로 가지고 있는 감각으로서 위상이라는 단어가 사용되고 있는 것 같다. 그 공통 감각이 상황, 특정 국면, 구조라는 뉘앙스로 나타나 있다. 물론 수학사전을 조사하면, 위상이라는 단어의 본격적인 수학적 정의가 정확히 나와 있지만, 그러한 정의는 전문가에게 맡겨두면 된다. 오히려 여기에서는 위상이라는 단어가 다양한 형태로 사용되는 경우가 있다는 것에 주목해두자. 즉 상황, 국면, 구조라고 하는 것은 항상 차이를 포함하고 있는 것이므로 위상이라는 단어에는 "입장이 다르면 관점도 바뀐다. 바뀐 관점도 하나의 관점이다."라는 캐치프레이즈 같은 감각이 숨어 있다는 것이다. 이것은 사전에 실려 있는 위상 본래 의미로부터는 직접 나오지 않을지도 모르겠지만, 수학 용어로서의 위상의 의미에는 상당히 감각적으로 가깝다고 말할 수 있다.

🪙 수학 용어로써

앞에서 수학 용어로써의 위상은 전문가에게 맡겨두면 좋다고 했지만, 그럼에도 불구하고 위상이라는 단어의 수학적인 의미를 언급해두자. 여기에서는 단어의 정확한 정의를 내리기보다 위상의 수학적인 의미를 감각으로 파악하도록 하자.

'Topology'라는 단어를 위상으로 번역한 사람이 누구인지는 잘 모르겠지만, 위치와 형상의 생략을 포함해서 말하므로 여운은 매우 아름답다. 다만, 'Topology'라는 술어 術語 는 위상 일반을 의미하는 동시에 위상기하학이라는 특정 수학 분야를 의미하는 경우도 있다. 앞의 이야기와 관련하여 위상 일반에 대해서 설명해보자.

우리들이 살고 있는 이 공간은 많은 성질을 가지고 있는데, 그 가운데 중요한 것은 차이성과 균질성이다. 이것은 공간의 성질을 두 가지 다른 방향에서 본 것으로 "공간에서 여기와 저기는 다른 장소이지만, 거기에 가서 보면 별 것 아닌 여기와 같았다."라고 하는 것이 차이성과 균질성이다. 여기와 저기가 다른 장소라는 것은 여기와 저기가 떨어져 있다고 하는 것이며, 가서 보니 같았다고 하는 것은 여기도 거기도 그 근방의 구조가 같았다고 하는 것이다. 우리들이 살고 있는 공간에 이런 성질을 부여한 것은 이 공간에서 거리를 잴 수 있다는 것에 지나지 않는다. 만약 거리에 의지하지 않고서 비슷한 구조를 집합에 줄 수 있다면, 그 집합에서는 우리들의 공간과 마찬가지로 차이성과 균일성이 성립하며 여기와 거기의 이론이 생길 것이다. 집합에 주어진 이 구조를 일반적으로 '위상'이라고 하며, 이 구조를 주는 것을 집합에 위상을 넣는다고 한다. 위상을 넣은 집합을 위상공간이라 한다. 당연히 다양한 다른 '구조=위상'이 있을 수 있으므로 집합으로서는 같더라도 위상공간으로는 다른 것이 많이 있을 수 있다. 여기에서는 위상이라는 것이 집합에 다양한 상황을 준 관점 혹은 구조라는 의미가 된다.

집합에 위상을 주는 방법은 많이 있는데, 그 가운데 한 방법은 이 집합의 부분집합 중 어떤 특정한 집합만을 지명해서 이름을 붙이는 것이다. 흔히 펀펀하고 밋밋한 집합에서는 모든 부분집합이 같은 입장이지만, 위상공간에서는 어떤 특정 집합만이 특별한 지위에 있다. 이 특별한 집합을 개집합 open set 이라 한다. 물론 모든 부분집합을 개집합으로 지명해도 좋다. 이 세계는 모든 것이 평등해서, 오히려 위상이 없는 것과도 같아서 별로 재미없다. 한편, 전체집합과 공집합만을 개집합으로 지명할 수도 있다. 이 세계도 독재 국가처럼 재미없다. 일반 위상공간은 이 양 극단의 중간에 위치하고 있다. 그것은 적당하게 차별화를 진행시키는 것이어서, 여러가지 재미있는 세계가 된다.

💰 위상이라는 것은

X를 임의의 집합이라 하자. X의 부분집합족 $\mathcal{U}$ 가 다음 성질을 만족할 때, $\mathcal{U}$ 를 개집합 족이라 하고, 이때 X에 위상이 정해졌다고 한다.

1. $X \in \mathcal{U}$, $\phi \in \mathcal{U}$ 이다. (ϕ는 공집합)
2. U, $V \in \mathcal{U}$ 이면 $U \cap V \in \mathcal{U}$ 이다.
3. $\{U_\alpha\} \in \mathcal{U}$ 이면 $\bigcup_\alpha U_\alpha \in \mathcal{U}$ 이다.

이 세 가지 성질을 개집합 족의 공리라고 한다. 이 성질로부터 위상이라는 개념의 골격이 정확하게 보이는가?

병뚜껑 가져오기 게임

최근에는 우유병을 거의 보지 못했으며 사이다나 맥주도 병 제품은 거의 사용하지 않게 되었다. 예전에는 우유병의 뚜껑이나 맥주 등의 병마개는 아이들의 소중한 보물이었다. 그런 '병뚜껑(캡)'을 사용하여 즐거운 수학 이야기를 해보자.

🎲 게임의 목적

좌표 위의 위치, 읽는 방법, 적는 방법 등을 게임을 통해서 즐겁게 알아간다.

좌표(직교좌표)에는 두 가지 형식이 있다. 왼쪽처럼 장기의 말을 두는 곳을 사용하는 장기판 형식과 오른쪽처럼 바둑돌을 두는 곳을 사용하는 바둑판 형식이다.

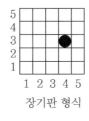
장기판 형식

바둑판 형식

좌표는 본래 후자의 바둑판 형식이며 이쪽이 발전성도 있지만, 초기 단계에서는 출발점(기점)인 0과 폭(구간)이 아니라 끝(경계)

을 문제 삼는 바둑판 형식이 어렵기 때문에, 장기판 형식을 스텝 (중간단계)으로 두는 쪽이 좋다고 여겨진다.

그러나 장기판 형식으로 도입한다고 하면, 위의 그림에 있는 좌표 위의 점이 $(4, 3)$일까 $(3, 4)$일까 하는 혼란에 빠진다. 이것을 놀이를 통해 해결하려고 한 것이 다음에 설명하는 게임이다.

주사위를 한 개만 사용하여 두 번 던진다. 처음은 옆으로 x, 그 다음은 위로 y, 즉 (x, y)의 순으로 대응시켜서, 좌표 위의 위치와 읽는 방법, 적는 방법과 결합되도록 한다.

🪙 게임의 준비와 진행 방법

우유병의 뚜껑, 구슬, 병마개 등, 이것을 '캡'이라고 부르기로 하자. 캡의 개수는 '10×사람 수' 정도면 충분하다.

주사위는 한 그룹에 한 개고, 1~6으로 숫자가 적혀 있는 것을 준비한다.

게임판은 큰 도화지 630mm×900m 에 한 변이 5cm 정도의 눈금을 6×6으로 그려서 세로축, 가로축에 수치를 기입한다. 이것을 합판 등에 붙이면 된다.

그 위에 그림과 같이 한 개 걸러 캡을 늘어놓는다.

한 사람이 가지는 카드(캡)를 5매로 하고, 한 그룹을 4~6명 정도로 하여 게임을 한다. 아래에 학생들을 대상으로 하는 법칙을 적어둔다.

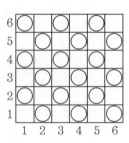

〈캡 가져오기 게임을 하자〉

• 주사위를 두 번 던져서 처음 나온 수를 오른쪽으로, 다음에 나온 수를 위로 한다.

• 거기에 캡이 있으면 가져온다. 그리고 한 번 더 할 수 있다. 또 있으면 가져온다. 더 이상 가져올 것이 없을 때까지 몇 번이라도 할 수 있다.

• 가져올 것이 없을 경우, 자신의 캡을 그곳에 놓는다. 그리고 다음 사람에게 순서가 돌아간다.

• 캡을 많이 모은 사람이 이긴다.

이렇게 30분 정도 계속하여 시간이 되면 게임을 마치고, 가지고 있는 카드가 많은 순으로 1등, 2등, … 으로 한다.

여기에서 소개한 캡 가져오기 게임은 앞에서 이야기한 장기판 형식의 좌표를 사용했는데, 바둑판 형식에서도 할 수 있다. 직선의 교점에 캡을 두고, 주사위의 눈을 0~5로 하면 된다.

더욱이 다음 그림처럼 마이너스 방향도 있는 본격적인 좌표를 이용할 수도 있다. 이 경우 주사위를 두 개 사용한다. 하나는 $+$, $-$, $+$, $-$, $+$, $-$로 정하고, 다른 하나를 0~5로 한다. 처음 두 개가 $+$와 2, 다음이 $-$와 3이라고 하면, $(+2, -3)$이 된다.

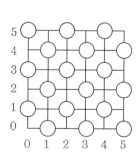
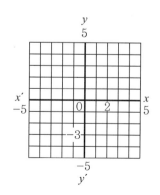

곱셈 구구의 캡 따먹기 게임

이 게임은 덧셈·뺄셈 계산의 연습 등에도 사용하지만, 가장 유효성을 발휘하는 것은 곱셈 구구의 연습에 사용하는 경우이다.

게임판의 왼쪽 끝에 세로로 적혀진 수를 적색으로 쓴다. 또 위에 적힌 수를 청색으로 쓴다. 그 교점에 구구의 답을 적어두고, 그 위에 캡을 하나 걸러 늘어놓는다. 그것에 의해 구구의 답은 보이지 않게 된다.

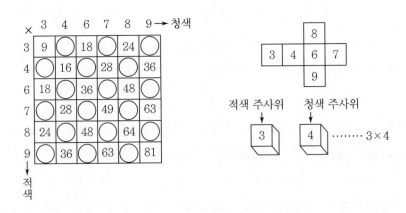

주사위는 그림과 같은 눈을 가진 적색과 청색 각각 한 개씩 준비한다.

게임에서는 적색, 청색 두 개의 주사위를 동시에 굴린다. 적색이 3, 청색이 4라고 하면 3×4가 된다. 거기에 캡이 있기 때문에 "삼 사 십이"라고 말하고 나서 그것을 가져온다. 가져올 것이 없을 때까지 몇 번이라도 할 수 있음은 앞의 게임과 마찬가지이다.

예를 들면, 적색 8, 청색 3이 나왔다고 하자. 8×3에는 캡이 없으므로 실격이다. 이 경우는 "팔 삼 이십사"라고 하고, 손에 가지고 있는 캡을 거기에 내놓고, 다음 사람에게 넘긴다.

규칙으로서 중요한 것을 한 개 더 덧붙인다. 그것은 주사위의 눈이 나왔을 경우에 캡이 있더라도, 구구의 답이 틀렸을 경우는 실격이 된다는 것이다. 틀렸다는 것은 캡을 취했을 때 게임판에 올바른 답이 나타나기 때문에 바로 알 수 있다.

여기에서는 정육면체인 주사위를 사용했기 때문에 3, 4, 6, 7, 8, 9인 눈으로 했지만, 정이십면체인 주사위(난수 주사위)를 사용하면 모든 구구의 연습도 할 수 있다.

수학 공부라고 말하지 않고 가정에서 아이들과 함께 즐겁게 해 보면 좋다. 부모 자식 사이의 교류도 된다.

종이 한 장으로 정다면체를 만든다

오른쪽 사진의 정다면체는
각각 종이 한 장으로 접은 것
이다. 여기에서는 정사면체,
정육면체, 정팔면체 종이접기
를 주로 기술한다.

A. 정육면체: 풍선

어린아이였을 때, 공기를 불어넣어 팡팡 치면서 놀던 정겨운 종
이접기로 만든 풍선을 생각하자. 그 풍선을 지금도 접을 수 있을
까? "이상하네, 죄다 잊어버렸네."라는 사람도 이제부터 첫걸음이
라 생각하고 시작하자.

풍선을 접는 방법의 설계도를 기초로 전통적인 종이접기의 틀
에서 벗어나 정다면체에 도전하기로 하자.

다면체는 내측과 외측이 있으며 내측, 즉 안에 몇 개의 선을 그
려 넣더라도 겉은 더러워지지 않는다. 그래서 전개도(설계도)는 안
에서 본 것을 주체로 하고, 안에서 보아 오목하게 되어 있는 선(계
곡 모양의 선)을 점선 …… 으로, 볼록하게 되어 있는 부분(산 모
양의 선)을 ○○○○으로 나타내도록 하자(바깥에서 보면 산과 계곡
은 당연히 반대로 된다).

정사각형 모양의 종이 한 장을 손에 쥐고, 그림 1(a)의 ①, ②의

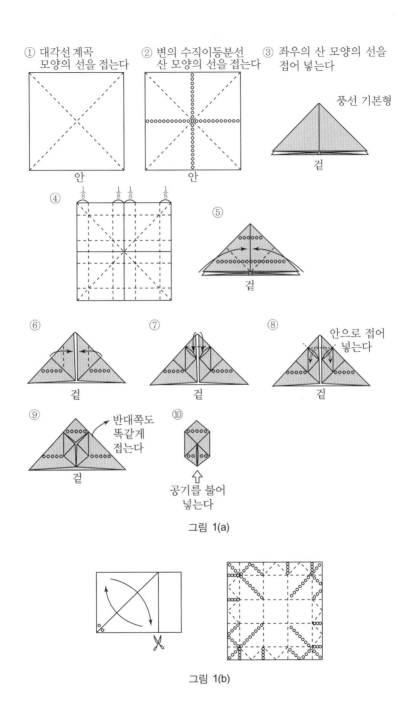

① 대각선 계곡
　 모양의 선을 접는다

② 변의 수직이등분선
　 산 모양의 선을 접는다

③ 좌우의 산 모양의 선을
　 접어 넣는다

풍선 기본형

안

안

겉

④ $\frac{1}{8}$　$\frac{1}{8}$　$\frac{1}{8}$　$\frac{1}{8}$

⑤

겉

⑥

겉

⑦

겉

⑧ 안으로 접어
　 넣는다

겉

⑨ 반대쪽도
　 똑같게
　 접는다

겉

⑩

공기를 불어
넣는다

그림 1(a)

그림 1(b)

접는 선을 자국 내고 한꺼번에 접어 넣으면 ③의 풍선 기본형이 생긴다. 그것을 또 펼쳐서 ④의 접는 선을 자국 내어 다시 ⑤의 기본형으로 한다. 이후는 풍선을 접는 방법 ⑥~⑩을 하고, 마지막에 공기를 불어넣으면 정육면체가 만들어진다.

이것이 전통적인 풍선이지만, 조금 더 예쁘게 마무리하고 싶은 사람은 이 풍선을 펼쳐서 여분의 접는 선을 지우고 필요불가결한 접는 선만 남기면, 그림 1(b)와 같이 된다. 그런데 접는 선들을 사전에 모두 넣어, 대각선 위에 있는 (안에서 보아) 산 모양의 선을 접어서 (접은 결과 생긴 내측 주름을 오른쪽으로 한데 모으는 것이 요령이다. 접는 금은 그렇게 만들어져 있다. 단지, 이것은 오른손잡이용이고, 왼손잡이용은 이것의 거울상 鏡像 이 된다.) 각기둥 모양으로 조립하고, 윗면을 적당하게 잘 접어 넣으면, 그 면 이외는 접는 금이 없는 정사각형으로 된 아름다운 정육면체가 완성된다.

B. 정사면체

정사면체는 정삼각형 모양의 종이로 접는 것이 자연스럽다.

정삼각형은 보통 $1 : \sqrt{2}$ 인 직사각형의 중앙선 위에 한 꼭짓점이 놓이도록 접으면 된다(그림 2).

정삼각형 세 개의 높이(중선) 아래 $\frac{1}{3}$ 만을 산 모양의 선으로 넣고, 나머지는 그림 2처럼 계곡 모양의 접는 금을 넣는다(①). 먼저 정삼각형의 꼭짓점에 있는 작은 정삼각형을 반으로 접어 내측으로 놓고(②), 최초에 넣은 3개의 산 모양의 선을 잡고서(그 내측 주름을 좌측으로 누이고, 앞에서 반으로 한 작은 정삼각형 주름을 내측으로 접어 넣어서 누르는 것이 요령), 역삼각뿔 모양으로 하여 마지막으로 크기가 반인 작은 정삼각형 3개로 바닥면을 만들면 된

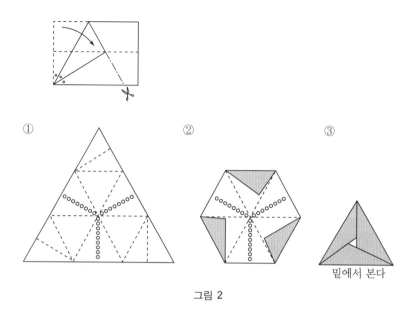

① ② ③

밑에서 본다

그림 2

다(③). 깔끔하게 만들어지지 않을 수도 있겠지만, 바닥을 아래로 해서 두면 결점을 숨기게 된다.

C. 정팔면체

정팔면체는 정육각형 모양의 종이로 접는 것이 자연스럽다.

정육각형을 예쁘게 접어내기 위해서는, 먼저 정삼각형일 때와 마찬가지로 60°인 사선을 넣고(①), 그 4등분점에서 왼쪽 위 모서리를 겹쳐서 정육각형의 한 변을 만들어낸다. 그것을 위아래 대칭으로 옮겨서 두 번째 변을 접어내고(②), 왼쪽 위에서 오른쪽 아래에 걸친 대각선을 축으로 하여 반대쪽으로 접었다 펼치면(③), 모든 윤곽이 분명해진다.

먼저 풍선식을 만드는 방법은 정육각형 모양의 종이에 그림 3(a)의 ①~③과 같이 접는 선을 낸다. ③을 다시 본래대로 펼쳐서 ④의 접는 선을 내고, 다시 한 번 접어서 ⑤로 한다. 그 다음은

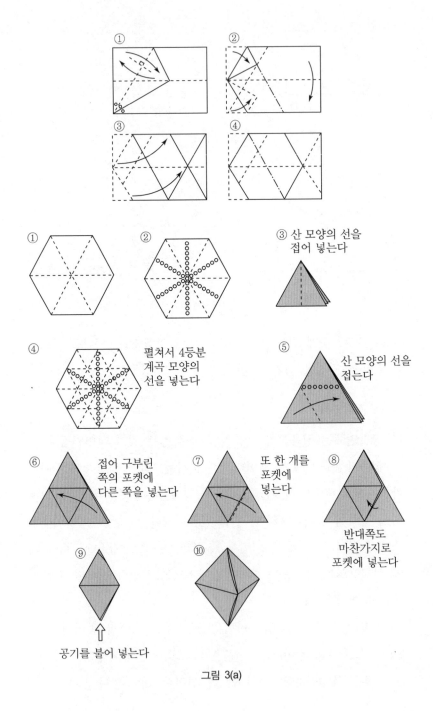

① 산 모양의 선을
  접어 넣는다

④ 펼쳐서 4등분
  계곡 모양의
  선을 넣는다

⑤ 산 모양의 선을
  접는다

⑥ 접어 구부린
  쪽의 포켓에
  다른 쪽을 넣는다

⑦ 또 한 개를
  포켓에
  넣는다

⑧ 반대쪽도
  마찬가지로
  포켓에 넣는다

⑨ 공기를 불어 넣는다

그림 3(a)

⑤~⑩과 같이 하면 된다.

설계도에서 한꺼번에 접기 위해서는 다음과 같이 정육각형의 3개의 대각선을 (내측에서 보아) 계곡 모양의 선으로 한다. 다음에 그 대각선의 4등분한 점을 지나, 그림 3(b)와 같이 계곡 모양의 선을 넣어, 24개의 작은 정삼각형으로 나눈다. 이어서 위아래로 중앙선을 산 모양의 선으로 넣고 그림과 같이 몇 개의 선을 산 모양의 선으로 바꾼다. 이것으로 접는 선은 모두 들어갔다.

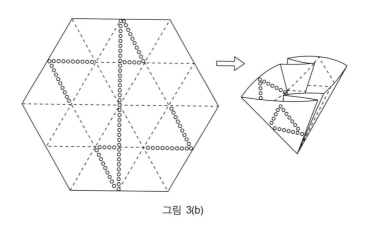

그림 3(b)

다음은 조립이다. 위아래의 산 모양의 선을 접어서 내측에 주름을 만들어(이 주름을 오른쪽으로 누이는 것이 요령. 이것은 오른손잡이용) 정사각뿔 모양으로 하고, 바닥을 형성하는 정사각형의 가장자리에 있는 한 쌍의 대변의 한가운데를 내측으로, 또 다른 한 쌍의 대변의 4개의 모서리를 그 위를 덮도록 접어 넣고, 남은 주름을 적당하게 포켓에 끼워 넣으면 완성된다.

D. 정이십면체

정육각형의 종이로 접는 것이지만, 설계도가 꽤 복잡하고 접는

것도 현격하게 어렵다. 여기서는 설계도만 언급하는데(그림 4), 자세한 것은 호리이 요코 堀井洋子 저서《종이접기와 수학 折り紙と数学》(明治図書)을 참조하면 된다.

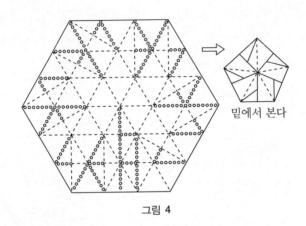

밑에서 본다

그림 4

E. 정십이면체

이것은 오각형 모양의 종이로 접는다.

정오각형은 직사각형의 세로인 변(짧은 변)을 황금분할하고, 분할점을 지나 왼쪽 위 모퉁이가 수평인 중앙선 위에 오는 곳에서 접는다(그림 5(a)). 접는 금이 정오각형의 한 변이 되므로 이후는 좌우 대칭성에 의해 오른쪽도 두 번째 변과 세 번째 꼭짓점을 정할 수 있다. 다음이 가장 중요한데, 두 번째 변이 종이 아래 가장자리에 겹치도록 반대쪽에 접었다 펼친다. 이것으로 네 번째, 다섯 번째 꼭짓점이 정해진다.

정오각형의 다섯 개의 대각선을 그으면 가운데에 작은 정오각형이 생기는데, 다시 그것의 대각선을 그어서 가운데 또 다시 작은 정오각형을 만든다. 이것이 정십이면체의 한 면이 된다. 그 다음은 그림 5(b)와 같이 선을 넣는다. 마지막으로 바깥 부분을 잘라내면 설계도는 완성된다. 어느 부분이 합쳐져서 정오각형의 면이 될까를 생각하면, 조립하는 방법은 자연스럽게 알게 된다.

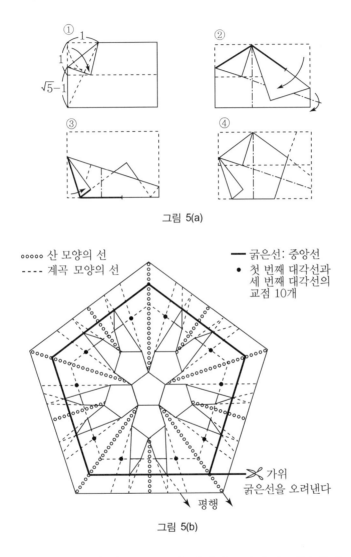

그림 5(a)

그림 5(b)

필요 없는 부분이 많고, 주름이 적어서 느슨하기 때문에 잘 접어질지 모르겠지만 이것으로 만들 수는 있다. 자세한 것은 앞에서

든 호리이 요코의 책을 참조하면 된다.

또한, 정다각형의 접는 방법이 대해서는 〈종이접기 산수·종이접기 수학〉(《수학교실》 별책 ③, 国土社)을 참조하자.

원을 찌그러뜨리면 타원이 될까?

🐾 타원이란 무엇일까?

　보통 우리들은 타원이란 '원을 찌그러뜨린 모양'이라는 의미로 파악하는 경우가 많으며, 정확하게 타원을 의미하는 것은 별로 없다. 타원을 사전에서 조사하면, "한 평면 위의 두 점에서의 거리의 합이 일정한 점들의 궤적", "원을 눌러 찌그러뜨린 모양" 등으로 적혀 있다.

　그렇다면 "한 평면 위의 두 점에서의 거리의 합이…"이란 무엇인가? 그림 1처럼 점 F, F'에 핀을 꽂고, 끈의 양끝을 점 F, F'에 고정하고, 끈을 핀과 팽팽하게 당긴 채 P를 이동시킬 때 P가 그리는 도형을 타원이라고 한다. 한 번 실제로 그

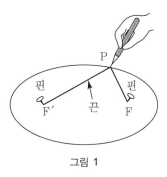

그림 1

려 보면, 타원의 정확한 꼴을 알 수 있다. 식으로는

$$\frac{x^2}{a^2} + \frac{y^2}{b^2} = 1 \qquad ①$$

이 된다.

　우리들이 넓은 의미에서 타원으로 파악하고 있는 것을 예를 들면, 다음과 같은 것이 있다.

㉮ 트랙(육상경기장)

㉯ 럭비공의 단면

㉰ 원기둥·원뿔을 비스듬하게 잘랐을 때의 절단면

㉱ 원판을 비스듬히 해서 본 모양

㉲ 간이 타원

㉮는 직사각형에 반원을 두 개 붙인 것, ㉯는 타원을 대표하는 것처럼 말하지만 모양이 조금 이상하며, ㉲는 네 개의 원호를 연결하여(합쳐서) 타원처럼 만든 것이므로 이음새에서 곡률(굽은 정도)이 변하기 때문에 다소 부자연스럽게 보인다(그림 2). 그러나 작도가 편하므로 일러스트 등에서 자주 보이며, 바로크 시대의 건축에도 이런 종류의 타원이 적잖이 이용되고 있다. 역시 원은 신성 神聖이라는 관념 때문에 벗어날 수 없었을지도 모른다. 어려운 계산은 다루지 않겠지만, ㉰, ㉱의 도형을 식으로 하면 ①의 꼴이 되어 타원이다.

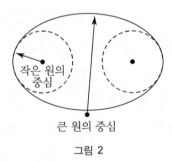

작은 원의
중심

큰 원의 중심

그림 2

🪙 찌그러뜨린다

빈 깡통을 폭삭 찌그러뜨린 것은 타원이 되지 않는다. 천천히 정확하게(어떤 조건을 넣어서) 찌그러뜨린다. 원(예를 들어, 셀로판테

이프의 심)을 위아래에서 압력을
가해서 찌그러뜨리면 찌그러뜨린
부분만 좌우로 퍼진다. 이것이 지
금 생각하고 있는 '찌그러뜨린다'고
하는 감각이다. 즉

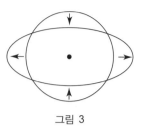

그림 3

원둘레의 길이 = 타원둘레의 길이

가 되도록 찌그러뜨린다. 실제로 이것은 어렵다. 타원 둘레는 간단
하게 계산할 수 없기 때문에, 위아래로 찌그러뜨린 부분에 대해 어
느 정도 좌우로 퍼지면 될까 정확하게 구할 수 없다. 근삿값으로는
구할 수 있는데, 그것 역시 '원을 찌그러뜨린 꼴'이 된다.

　조금 생각을 바꿔서, 작도의 한 방법으로서 원을 위아래로만 찌
그려뜨려 본다(그림 4). 실제로 이것도 타원이 된다. '찌그려뜨린다'
를 이렇게 생각하면, 타원이 된다. 그러나 완고하게 생각하지 않고
'원을 찌그러뜨린 꼴'이라고 편하게 하는 것이 좋다고 생각한다.

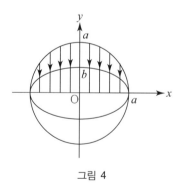

그림 4

🎡 타원 토픽

　원 모양 종이의 중심을 F′, 다른 한 점을 F로 잡는다. F에 원의

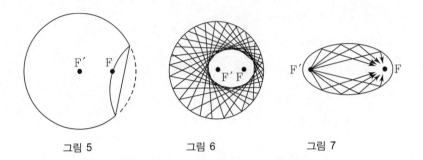

그림 5   그림 6   그림 7

가장자리가 접하도록 접어서(그림 5), 접는 금에 선을 긋는 작업을 반복하면, 타원이 나타난다(그림 6).

    타원의 한 초점에서 빛을 내면, 반사해서 다른 초점에서 동시에 빛이 모인다(그림 7). 이런 무대가 어딘가에 있으면 좋을 텐데 ….

선수 필승? 후수 필승?

세상에는 게임이라 불리는 것이 여러 가지 있다. 포커나 블랙잭, 룰렛 등 도박도 게임이며 장기, 바둑, 체스 등 보드board 게임도 있다. 또한 축구, 야구 등 스포츠 경기도 게임이라 하며, 하다못해 전쟁, 기업 경쟁까지도 게임으로 여겨지는 경우가 있다.

이들의 공통점은 무엇일까?

하나는 두 사람 이상의 플레이어가 있어 숙련될수록 이길 기회가 많게 된다는 것이다.

또 하나는 필승법이 없다는 것이다. '게임이 된다'는 것은 대등한 승부를 할 수 있다는 의미가 된다. 결과를 알고 있는, 즉 필승법이 있는 게임은 오히려 퍼즐이라고 하는 것이 맞다. 박보博譜 장기나 바둑의 묘수풀이, 농구와 축구에서 1대2, 2대3으로 하는 연습경기도 퍼즐에 가까우며, 포메이션이라는 것도 게임을 국소적인 퍼즐 상태로 하는 작전 혹은 트릭이라고 해도 될 것이다.

여기에서 소개하는 '스프라우트Sprouts [1]'는 위상수학 수리 퍼즐인데, 게임으로 해보면 선수 필승밖에 생각나지 않는다. 그러나 역전(반전)이 있어서 후수가 반드시 이기는 흥미로운 퍼즐이다. 충분히 연구할 가치가 있다고 생각된다.

이 게임은 1967년 케임브리지 대학의 교수인 존 호튼 콘웨이

---

1) 이것은 '싹틈, 움틈'이라는 의미를 가지고 있는 수학 게임이다.

John Horton Conway와 대학원생 마이클 스튜어트 패터슨Michael Stewart Paterson이 휴식시간에 게임에 대한 잡담을 하고 있을 때 생각해냈다고 한다(마틴 가드너 《수학 카니발 I》, 키노쿠니야 紀伊国屋 서점). 스프라우트라는 이름을 붙인 사람은 콘웨이다.

두 점 스프라우트

스프라우트라는 것은 두 사람의 플레이어가 다음 법칙에 따라서 서로 '점'과 '점'을 한 개의 '선'으로 연결해가는 것인데, 최후에는 어느 한쪽이 연결하지 못하게 된다. 그렇게 연결하지 못하게 된 쪽이 진다.

시작할 때 점이 두 개 있는 경우를 두 점 스프라우트라고 한다. 시작할 때 점이 세 개 있는 경우를 세 점 스프라우트, 네 개 있는 경우를 네 점 스프라우트, … 라고 한다.

여기에서는 간단하게 하기 위해 두 점 스프라우트를 예로 하고, 다음 게임을 소개한다.

법칙

① 두 개의 점을 하나의 선으로 연결하는 것인데, 이때 선의 도중에 새로운 점이 한 개 생긴다.

② 한 개의 점에서 나오는 선은 세 개까지 존재한다.

③ 자기 자신과 연결하는 것도 가능하다.

④ 두 개의 선을 교차시키는 것은 안 된다.

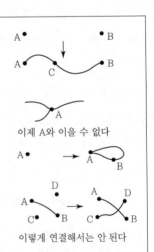

이제 A와 이을 수 없다

이렇게 연결해서는 안 된다

선수가 이기는 경우의 예

이 게임을 모르는 사람들끼리 또는 아는 사람과 모르는 사람이 대결하면, 선수 先手 가 이기는 경우가 많다. 그런 예로 다음 게임을 나타내보자.

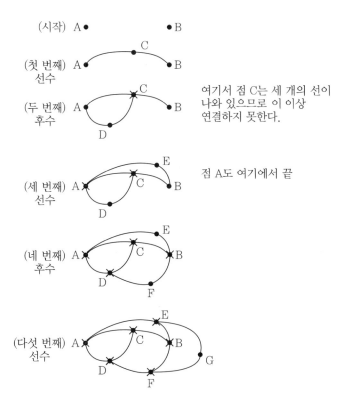

(시작) A●   ●B

(첫 번째)
선수

(두 번째)
후수

여기서 점 C는 세 개의 선이 나와 있으므로 이 이상 연결하지 못한다.

(세 번째)
선수

점 A도 여기에서 끝

(네 번째)
후수

(다섯 번째)
선수

라는 것이 되어 후수는 더 연결할 점이 없으므로 선수가 이기는 것이 된다.

확실히 다음과 같이 생각하면 선수 필승처럼 보인다.

🎣 선수 필승의 논리?

처음에 두 개의 점이 있었는데, 이때 각각의 점과 선으로 연결할 가능성을 '수ᆍ'라는 단어로 표현할 경우, 처음은 여섯 수가 있다.

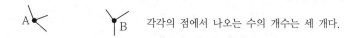

각각의 점에서 나오는 수의 개수는 세 개다.

한 개의 선을 연결함으로써, 두 개의 수는 소비되어 버리지만, 새롭게 한 개의 점(벌써 두 개의 선이 나와 있다)이 생기므로 이것을 합치면 한 개의 수만 빠진 것이 된다.

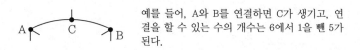

예를 들어, A와 B를 연결하면 C가 생기고, 연결을 할 수 있는 수의 개수는 6에서 1을 뺀 5가 된다.

이하, 한 개의 선을 연결할 때마다 연결할 수 있는 선의 개수는 1씩 빼는 것이다.

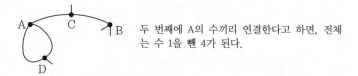

두 번째에 A의 수끼리 연결한다고 하면, 전체는 수 1을 뺀 4가 된다.

그러므로 n개의 선을 그었을 때 나머지 수는 $(6-n)$개가 된다.

나머지 수가 1이 되었을 경우는 더 연결할 수가 없으므로, 두 점 스프라우트의 경우에 "다섯 수에 게임이 끝난다."라는 것이 된다.

언뜻 보기에, 이 논리는 선수가 반드시 이기는 것처럼 보이지만 다음과 같은 전략이 후수에게 있다.

후수 필승을 위한 전략

후수가 이기는 경우의 예를 알아보자.

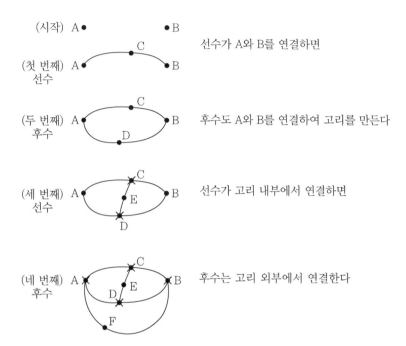

이와 같이 최후의 두 개의 점을 고리의 내부와 외부로 나누어버리면, 후수가 반드시 이기는 것이 된다.

다음에 제시하는 것은 선수가 처음에 점 A끼리를 선으로 연결한 경우이다.

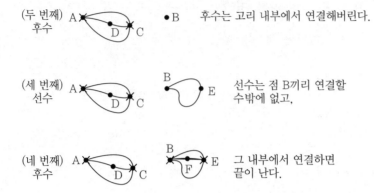

(두 번째)　A　　　　　　　● B　　　후수는 고리 내부에서 연결해버린다.
후수　　　　　　D　C

(세 번째)　A　　　　　　B　　E　　선수는 점 B끼리 연결할
선수　　　　　　D　C　　　　　　수밖에 없고,

(네 번째)　A　　　　　　B　　E　　그 내부에서 연결하면
후수　　　　　　D　C　　　F　　　끝이 난다.

　더욱이, 스프라우트라는 것을 사전에서 조사하면, "싹과 잎 등
이 생장하기 시작한다."라는 것으로 나와 있다. 진짜로 그런 느낌
을 가지게 하는 게임이다.

　'n점 스프라우트'에 대해서, $n=2$인 경우는 이렇게 후수 필승
이다. $n=1$도 후수 필승임은 곧 알 수 있다. 그런데 $n=3$, 즉 세
점 스프라우트는 선수 필승이 된다. 이하, $n=4$, 5는 선수 필승,
$n=6$은 후수 필승이 된다는 것을 알 수 있지만, $n=7$ 이상은 결
과가 아직까지 밝혀져 있지 않다고 한다.

제5장

확률·논리

$3 > 2$, $3 \geq 2$, $3 \geq 3$ 가운데 어느 것이 옳을까?

가위바위보, 비겼지

단순하고 명쾌하게 뭔가를 정할 때에는 가위바위보를 할 경우가 많다. 잘 알고 있듯이 종이, 돌, 가위의 관계는 다음과 같다.

(1) 종이는 돌보다 강하다.

(2) 돌은 가위보다 강하다.

(3) 가위는 종이보다 강하다.

(4) 종이와 종이, 돌과 돌, 가위와 가위는 서로 비긴다.

이들 관계를 $>$, $<$, $=$를 사용해서 적어 보자.

(1) 종이 $>$ 돌　(2) 돌 $>$ 가위　(3) 가위 $>$ 종이

(4) 종이 $=$ 종이,　돌 $=$ 돌,　가위 $=$ 가위

부등호의 기호도 이런 방법으로 사용해보면, 친근하게 느껴질 것이다.

부등호의 약속

대소관계를 나타내는 기호 $<$, $>$을 부등호라고 한다. 그외에 반 부등호 $\leq$, $\geq$가 있어, 이들이 약간 머리를 아프게 한다.

경 우	①	②	③
관 계	$3 > 2$	$3 = 2$	$3 < 2$
옳을까? 옳지 않을까?	옳다	옳지 않다	옳지 않다
기 호	$3 \geq 2$		$3 \leq 2$

$$3 > 2$$

이것은 명확하다. 옳다.

$$3 \geq 2$$

이것은 옳을까? $3 > 2$인 부분은 옳지만, $3 = 2$인 부분은 옳지 않다. 양쪽을 합쳐서는 어떨까?

실은 기호 $\leq$, $\geq$는 다음과 같이 되어 있다.

(1) $a \geq b \Leftrightarrow a > b$ 또는 $a = b \Leftrightarrow a$는 b 이상

(2) $a \leq b \Leftrightarrow a < b$ 또는 $a = b \Leftrightarrow a$는 b 이하

즉, 합성기호 $\geq$, $\leq$는 두 개의 기호를 '또는(OR)'으로 연결한 것이다(같은 합성기호라도 $\parallel\!\!\!=$(평행이고 같다)처럼 '그리고(AND)'로 연결한 것도 있으므로 제멋대로이다). 이 약속에 따르면, '3은 2 이상'이므로 '$3 \geq 2$'는 옳다.

'$3 \geq 3$'에 대해서는 이미 약속할 필요도 없이 알고 있다고 생각한다. 정리해서 말하면 $3 > 2$, $3 \geq 2$, $3 \geq 3$는 모두 옳다고 할 수 있다.

✿ 낚아 올리다가 놓쳐버린 고기가 크다

납득했겠지만, "그렇다면 3 > 2로 충분하지 않은가? 굳이 3 ≥ 2라고 할 필요는 없다. >, <, =로 충분하다."

기차 안에서 낚시도구를 가진 두 사람의 대화가 들려 왔다.

A : 아까 낚았다가 놓친 고기 참 컸는데.

B : 내가 낚은 고기보다 작았을 걸.

A : 그렇지 않아. 작아도 자네 고기 정도였을 걸.

B : 크다고 하더라도 기껏해야 내 고기 정도일 걸.

A : 뭐, 그럴지 모르지.

이 대화를 따라가 보면,

$$A \text{ 크다} \rightarrow A < B \rightarrow A \geq B \rightarrow A \leq B$$

가 된다. 만약 >와 < 밖에 없다고 하면, 두 사람의 대화는 한없이 계속될 것이다. 그러나 ≥, ≤가 두 사람을 원만하게 납득시킨다. 역시 반 부등호는 유용하다.

예 1

휴가를 내서 여행을 하기로 했다. 도쿄를 출발하여 오사카를 구경하고 미야자키까지 다녀올 계획을 세웠다. 어떤 교통편으로 갈까가 문제가 되었다. 각각 이용할 수 있는 교통수단은 다음과 같다.

그런데 '도쿄 → 오사카 → 미야자키'로 가기 위해서 이용할 수 있는 교통수단은 전부 몇 가지 있을까? 이럴 때 모든 경우를 빠짐없이 다 셀 수 있는 좋은 방법이 있다.

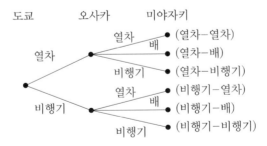

전부 여섯 가지이다.

⚽예 2

한 가족인 다섯 명이 여행에 나섰다. 열차를 타기 위해서 일렬로 줄을 서서 기다린다. 어린이 세 명이 서로 맨 앞에 서려고 말다툼하는 광경도 정겹다. 그런데 세 명을 첫 번째, 두 번째, 세 번째로 일렬로 나란히 세우는 방법은 전부 몇 가지가 될까?

이것도 예 1의 방법으로 생각하면 빠짐없이 중복되지 않도록 전부 셀 수가 있다. 어린이를 형, 누나, 동생으로 생각하자.

여섯 가지의 경우가 있음을 알 수 있다.

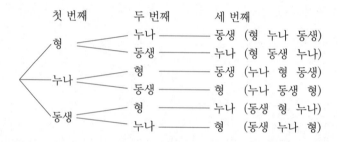

앞의 두 그림은 마치 나무 가지가 오른쪽으로 잇달아 갈라지고 있는 모양으로 보인다. 그래서 이 그림을 '수형도 tree'라고 부른다.

수형도를 사용하면 모든 경우를 빠짐없이 중복되지 않도록 열거할 수 있을 뿐만 아니라, 모든 경우의 수를 계산하는 방법도 잘 알게 된다.

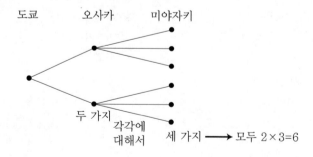

일렬로 늘어세우는 문제는

세 가지 각각에 대해서 두 가지 각각에 대해서 한 가지
$$\Rightarrow \quad 3 \quad \times \quad 2 \quad \times \quad 1 \quad = 6(가지)$$

이다.

예 3

수형도가 편리하게 쓰이는 예를 들어 보자.

확률론의 발단이 된 문제 가운데 하나로 '드 메레 de Mere 의 문제'라는 것이 있다.

"A, B 두 사람이 각각 32피스톨(17세기 당시의 금화)의 돈을 걸고서 승부를 했다. 어느 쪽이든지 먼저 3점을 얻은 사람을 승자로 한다. 그런데 A가 2점, B가 1점을 얻었을 때, 승부가 중지되었다. 두 사람의 판돈을 어떻게 분배하면 될까?"

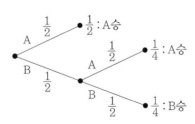

만일 승부를 계속했다고 하고 다음에 A가 점수를 얻으면, A가 먼저 3점을 얻기 때문에 A가 이기는 것이 된다. B가 점수를 얻으면 승부는 결정나지 않고 다시 계속하게 되며, A가 점수를 얻으면 A의 승리, B가 점수를 얻으면 B의 승리로 된다. 두 사람이 이길

확률은 각각 $\frac{1}{2} + \frac{1}{4}$, $\frac{1}{4}$ 이므로 그 비율은 3 : 1이다. 따라서 판돈 64피스톨을 3 : 1로, 즉 A에게 48피스톨, B에게 16피스톨을 분배한다. 이 문제의 해답자는 "인간은 생각하는 갈대"라고 말한 블레즈 파스칼 Blaise Pascal; 1623~1662 이었다.

두 사람이 백중세가 아니라, 각각 1점을 얻을 확률이 p, q ($p + q = 1$)라고 하면, 각각이 이길 확률은 수형도로부터

$$p + qp, \ q^2$$

으로 계산할 수 있다. 이 비율로 판돈을 분배하는 것이 합리적이다.

여러분도 야구의 일본 시리즈 등에서 우승 확률을 계산해보는 것은 어떨까?

흐름도

컴퓨터의 처리(작업) 수순을 간결한 그림으로 나타낸 것을 흐름도 또는 플로 차트 flow chart 라고 부르고 있는데, 이 흐름도가 최근에는 여러 경우에 등장한다. 예를 들면, 여러분이 몇 번 전화를 해도 통화 중일 때, 전화번호부의 '통화 중? 고장?'이라는 페이지[1]를 펼쳤다고 하면, 거기에는 그림 1이 게재되어 있다.

그림 1은 훌륭한 흐름도라고 할 수 있다. 또 최근에는 병원 접수를 환자 자신이 컴퓨터를 조작해서 행하는 경우가 많은데, 그 조작 수순도 흐름도로 되어 있다. 또 큰 병원 등에는 현관에서 각 과科까지 색칠된 화살표가 바닥에 그려져 있는데, 이런 것을 "건물별 흐름도"라고 말할 수 있다.

무릇 흐름도 그 자체는 다음의 두 가지 필요에서 생각해낸 것이다.

(1) 컴퓨터 프로그램(컴퓨터의 지령서)을 만들 때, 사전에 작성하여 작업의 전망을 좋게 한다든지 프로그램을 간략화한다든지 프로그램 중에 논리적인 오류가 생기지 않도록 한다.
(2) 작성한 프로그램을 다른 사람에게 알기 쉽게 설명한다.

특히 (2)의 목적으로 흐름도를 작성할 때에 각자 다양하게 자기

---

1) 일본에서 전화가 고장났을 때 113번에 다이얼하면 전화서비스 고장 등에 관해 상담할 수 있다.

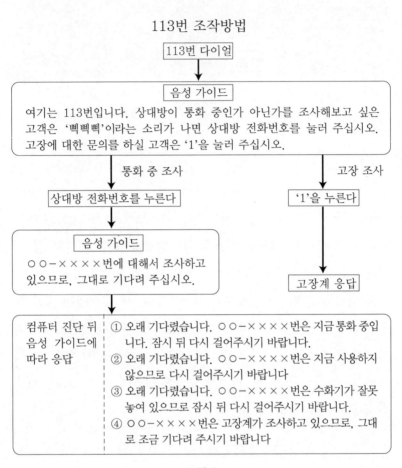

113번 조작방법

113번 다이얼

음성 가이드

여기는 113번입니다. 상대방이 통화 중인가 아닌가를 조사해보고 싶은 고객은 '삑삑삑'이라는 소리가 나면 상대방 전화번호를 눌러 주십시오. 고장에 대한 문의를 하실 고객은 '1'을 눌러 주십시오.

통화 중 조사 → 상대방 전화번호를 누른다

고장 조사 → '1'을 누른다

음성 가이드

○○-××××번에 대해서 조사하고 있으므로, 그대로 기다려 주십시오.

고장계 응답

컴퓨터 진단 뒤 음성 가이드에 따라 응답

① 오래 기다렸습니다. ○○-××××번은 지금 통화 중입니다. 잠시 뒤 다시 걸어주시기 바랍니다.
② 오래 기다렸습니다. ○○-××××번은 지금 사용하지 않으므로 다시 걸어주시기 바랍니다
③ 오래 기다렸습니다. ○○-××××번은 수화기가 잘못 놓여 있으므로 잠시 뒤 다시 걸어주시기 바랍니다.
④ ○○-××××번은 고장계가 조사하고 있으므로, 그대로 조금 기다려 주시기 바랍니다

그림 1

스타일로 쓰는 것은 다른 사람을 이해시키지 못하며, 목적을 달성하기 곤란하다. 그러므로 흐름도에서 사용하는 기호는 그림 2와 같이 JIS[2] 일본공업규격에 정해져 있다. 이 기호들을 사용하여 '통화 중? 고장?'의 흐름도를 작성하면, 그림 2의 오른쪽 그림과 같이 될 것이다.

---

2) Japanese Industrial Standards

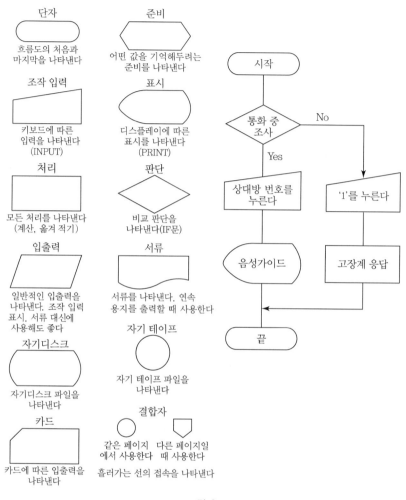

단자
흐름도의 처음과
마지막을 나타낸다

준비
어떤 값을 기억해두려는
준비를 나타낸다

조작 입력
키보드에 따른
입력을 나타낸다
(INPUT)

표시
디스플레이에 따른
표시를 나타낸다
(PRINT)

처리
모든 처리를 나타낸다
(계산, 옮겨 적기)

판단
비교 판단을
나타낸다(IF문)

입출력
일반적인 입출력을
나타낸다. 조작 입력
표시. 서류 대신에
사용해도 좋다

서류
서류를 나타낸다. 연속
용지를 출력할 때 사용한다

자기디스크
자기디스크 파일을
나타낸다

자기 테이프
자기 테이프 파일을
나타낸다

카드
카드에 따른 입출력을
나타낸다

결합자
같은 페이지   다른 페이지일
에서 사용한다   때 사용한다
흘러가는 선의 접속을 나타낸다

시작

통화 중
조사   No

Yes

상대방 번호를
누른다

'1'를 누른다

음성가이드

고장계 응답

끝

그림 2

　여러분도 자기 나름의 흐름도를 그려서, 일상생활을 멋지게 즐
겨보시기를!

봉투 속은 같은가?: 영희 학급에서

교사 : 봉투가 두 장 있습니다. X라고 쓰여 있는 봉투에는 X만 원, Y라고 쓰여 있는 봉투에는 Y만 원 들어 있습니다. 어느 쪽이든 한쪽을 골라야 합니다. 여러분은 어느 쪽이 좋습니까?

① X ② Y ③ 어느 쪽이든 좋다

여러분은 어느 것을 고르겠습니까?

영희네 학급은 선택 결과가

① 7명   ② 9명   ③ 23명

이었습니다. 이유는 다음과 같습니다.

①을 고른 사람들은 "그냥 X만 원 쪽이 많은 것 같아서"

②를 고른 사람들은 "그냥", "알파벳에서는 X보다 Y가 뒤에 있어서"

③을 고른 사람들은 "어느 쪽이 많이 들어 있는지 모르므로"

교사 : 그럼, 힌트를 하나만 줄게요. 양쪽 봉투 안의 금액에 A를 곱하면 같게 됩니다.

$$AX = AY$$

교사 : 생각이 바뀐 사람, 손들어 보세요.

전원 : 안 바꿔도 되나요.

교사 : 안에 들어 있는 돈을 진짜로 주는데. 그렇게 간단히 결정해도 되겠어요?

전원 : 같은가?

교사 : 진짜로 같나요?

학생 : X에 곱한 A와 Y에 곱한 A는 같은 수이지요?

교사 : 같은 수예요.

학생 : 양변을 같은 수로 나누어도 등식은 성립한다고 했으므로 X와 Y는 같아요.

교사 : 노트에 정확하게 써 봅시다.

철수의 증명

$$AX = AY$$

양변을 A로 나누면,

$$X = Y$$

이므로 X와 Y는 같다.

교사 : 그럼, 봉투 안을 조사해볼까요.

안에서 꺼내 온 돈은

X — 1만 원 Y — 2만 원

학생 : 와~, 선생님이 틀렸다.

교사 : 틀리지 않았어요.

학생 : 그렇지만, 1과 2는 같지 않잖아요.

교사 : 그래도 $AX = AY$인데요.

영희 : 1만 원과 2만 원에 무엇을 곱했나요?

교사 : A는 0이에요. $0 \times 1 = 0$, $0 \times 2 = 0$이죠?

그러므로 $AX = AY$, 어디가 틀렸나요?

학생 : 왠지, 속은 기분인데 ….

학생 : ??? …….

교사 : 오늘은 '1 = 2'라는 것을 증명한 것입니다. 이상하나요? "그럴 리가 없어요!"라고 하는 사람이 많은 것 같은데, 그 의문은 다음 시간에 다시 생각해보는 것으로 하죠.

틀린 것을 찾아서: 다음 시간

철수 : 역시 선생님의 0을 곱했다는 것이 이상해.

훈재 : 양변에 같은 수를 곱하더라도 등식은 성립한다고 하는 등식의 성질을 사용했기 때문에 맞다고 생각해.

영철 : 양변에 같은 수를 곱한다고 하는 것은 처음에 등식이 있고, 그 양변에 0을 곱하더라도 등식이 된다고 하는 것이지. 1 = 2는 아니므로 등식의 성질을 사용할 수 없어.

혜정 : 1 = 2는 아니지만, $0 \times 1 = 0 \times 2$는 맞으므로 $AX = AY$는 틀리지 않아.

영희 : 어제 저녁을 먹은 뒤, 가족 모두가 생각해봤는데도, 잘 몰라서 교과서에서 등식의 성질을 조사해보니, "등식의 양변을 0이 아

닌 같은 수로 나누더라도 등식은 성립한다."라고 쓰여 있었어.

지혜 : 어째서 0으로 나누면 안 되는데?

🐌0으로 나누어서는 안 된다

교사 : 지혜, 좋은 질문이에요. 모두 생각해봅시다. $A = 0$일 때, AX는 0이므로 $AX \div A$는 $0 \div 0$을 계산하고 있는 것이 되네요. 그럼, $0\text{km} \div 0\text{km/h}$로 답이 나오는 문제를 만들어 보세요.

영철 : "시속 0km로 나아가는 달팽이가 있습니다. 0km 나아가는데 몇 시간 걸릴까요?"라는 문제가 됩니다.

교사 : 시속 0km이므로 움직이지 않는 달팽이네요. 그 달팽이가 0km에 있으므로 지금 있는 곳에 가기 위해서는 몇 시간 걸릴까요? 답은?

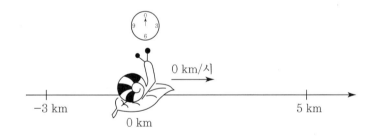

전원 : 0시간

교사 : 진짜로?

학생 : 뭐, 가만히 있는 거잖아요.

교사 : 확실히 그래요. 하지만 0시간뿐일까요?

준철 : 1시간 지나더라도 0km인 곳에 있습니다.

철수 : 2시간 후에도, 3시간 후에도 쭉 0km인 곳에 있습니다. 움

직이지 않으므로…

학생 : 답은 어떻게 되는데요?

지혜 : 1시간도 답이 되고, 2시간도 답이 되고, 3시간, 4시간, …
이니, 답이 많이 있습니다.

교사 : 그렇죠, 답이 여럿 있어요. 어느 것이 답인지 정할 수 없으
므로 $0 \div 0$의 답은 '부정' 또는 '답은 정할 수 없다', '뭐라도
좋다' 등으로 답합니다.

학생 : 정말, 0을 0으로 나누면 안 되는 거네.

학생 : 역시 $1 = 2$는 틀렸던 거야.

동전을 던졌을 때 앞면이 나올 확률은?

처음에 100원 동전의 어느 쪽이 '앞', 어느 쪽이 '뒤'인지 표시해 둔다.

앞   뒤

다양한 스포츠나 게임에서 먼저 하는 사람을 정하기 위해서 동전을 던져 앞이 나오는지 뒤가 나오는지로 정하는 경우가 있다. 이 방법은 앞이 나오는 방법과 뒤가 나오는 방법에 치우침이 없이 평등하다는 것이 전제로 되어 있다.

그러나 정말로 앞과 뒤가 나오는 비율은 같은 것일까? 앞이 나올 확률이 $\frac{1}{2}$이라는 것은 앞과 뒤 두 가지가 있고, 어느 쪽이 나오기 쉬울까를 모르기 때문에 $\frac{1}{2}$로 하고 있을 뿐이며, 실제로 던진 결과와 다른 것은 아닐까 하는 의문을 가지고 있는 사람도 있을 것이다.

여기에서는 이런 의문을 생각해보자.

복권도, 경마나 경륜도, 트럼프나 마작이라도 결과가 정해져 있다면 아무런 흥미도 생기지 않을 것이다. 그러나 적은 가능성에 내기를 걸고 기대하며 두근거리는 것이 인생의 즐거움이라고 하는 사람도 있을 것이다.

이들은 모두 우연 현상을 이용하고 있으며, 어떤 일이 일어날까 일어나지 않을까 하는 것은 확정적인 예측이 불가능하다. 단지 행운에 의존하며 어떠한 규칙성도 없는 것처럼 보인다. 그렇기 때문에 게임으로서 성립되며 즐거움도 솟아난다. 그렇다면 우연 현상에는 어떠한 규칙성도 없는 것일까?

실은 아무렇게나 일어나는 것처럼 보이는 우연 현상 가운데에도 몇몇 규칙성을 발견할 수 있다.

어쨌든 동전을 던져보고, 그 결과를 보면서 생각해보자.

지금 이 원고를 쓰면서 던진 결과는 다음과 같다.

앞, 앞, 앞, 뒤, 뒤, 뒤, 뒤, 뒤, 뒤, 뒤,

앞이 세 번, 뒤가 일곱 번으로 앞이 나올 비율이 0.3, 뒤가 나올 비율이 0.7이 되어 앞과 뒤가 같은 비율이라고 말할 수 없다. 이것은 던지는 방법이 나빴던 것일까? 동전이 일그러져 있기 때문일까? 다시 한 번 던져 보면 다음과 같다.

뒤, 앞, 뒤, 앞, 앞, 뒤, 뒤, 앞, 뒤, 뒤

이번에는 축하할 만하게(?) 앞과 뒤가 다섯 번씩 나왔다. 마치 앞의 결과를 기억하고 있어 상쇄하기 위해서, 좋은 결과가 나온 것 같다. 물론 이것은 앞의 결과를 기억하고 있었던 것은 아니고 처음과 같은 결과는 드물게 일어나며, 두 번째 결과는 잘 나온 것에 불과하다. 여러분도 동전을 10회 던져 보기 바란다.

0.3, 0.6, 0.6, 0.5, 0.5 0.4, 0.4, 0.3, 0.5, 0.4

이 실험에서 알 수 있는 것은 던지는 회수가 10회 정도일 경우, 앞이 나올 비율은 던질 때마다 제법 변화가 있으며 10회 던진 결과 하나만으로는 앞이 나올 확률이 $\frac{1}{2}$에 가깝게 된다고 말할 수 없다.

다음은 100회 던져 본다. 한글로 '앞', '뒤'라고 적는 것은 번거로우므로 앞의 경우는 1, 뒤의 경우는 0으로 하자.

0, 0, 1, 1, 0, 1, 1, 1, 0, 1, 0, 0, 0, 0, 1, 0, 0,
0, 0, 1, 0, 0, 1, 1, 1, 1, 0, 0, 1, 0, 1, 0, 0, 1,
1, 0, 1, 0, 1, 1, 1, 0, 1, 1, 1, 1, 0, 0, 1, 1, 0,
1, 0, 0, 0, 0, 1, 0, 1, 0, 1, 1, 1, 1, 1, 1, 1, 1,
0, 1, 1, 0, 0, 1, 1, 0, 1, 1, 0, 0, 0, 0, 0, 1, 1,
1, 0, 0, 1, 1, 1, 1, 0, 0, 0, 1, 1, 1, 0, 0

앞이 54번으로, 비율로는 0.54가 되었다. 이것과 마찬가지로 10명이 한 결과를 소개한다.

0.39, 0.52, 0.52, 0.54, 0.49, 0.44, 0.45, 0.53, 0.38, 0.55

100회 던졌을 때, 앞이 나올 비율이 0.5에 가깝게 된다는 것을 알 수 있다. 위의 10명 가운데, 가장 앞이 적게 나온 것은 0.38, 즉 100회 가운데 38번밖에 나오지 않았다. 이 사람은 "던지는 방법이 좋지 않았던 것일까?", "동전이 일그러져 있는 것일까?"라고 고민하게 되지 않을까? 결코 그럴 리는 없으며 이런 경우도 일어난다.

다음은 1000회 던진 10명의 결과를 소개한다.

0.506, 0.520, 0.488, 0.528, 0.506,
0.502, 0.489, 0.504, 0.495, 0.503

소수 셋째 자리를 반올림하면 다음과 같다.

0.51, 0.52, 0.49, 0.53, 0.51, 0.50, 0.49, 0.50, 0.50, 0.50

100회인 경우와 비교하면 상당히 0.50에 가깝다. 만약을 위해 10000회를 던진 10명의 결과(앞이 나온 비율)를 제시한다.

0.4972, 0.4963, 0.5025, 0.5012, 0.5089,

0.4988, 0.5102, 0.4971, 0.4959, 0.5090

이것을 소수 둘째 자리로 나타낸 수치는 다음과 같다.

0.50, 0.50, 0.50, 0.50, 0.51, 0.50, 0.51, 0.50, 0.50, 0.51

앞이 나올 확률이 이와 같다고 하더라도, 던지는 횟수가 적으면 $\frac{1}{2}$과의 차가 큰 경우도 있고, 던지는 횟수가 많아지면 차가 작아져 간다는 것을 알 수 있다. 몇 회 정도에 차가 어느 정도일까를 모르면, '던지는 방법이 나쁘다', '부정 동전'이라든지 하는 잘못된 판단을 하기 때문에 주의할 필요가 있다.

'앞이 나올 확률이 $\frac{1}{2}$'이라는 것은 이렇게 많은 횟수의 실험을 한다면 정확도가 늘어난다고 하는 것이다.

필요조건, 충분조건

필요한 조건과 충분한 조건

우리들은 일상생활에서 조건이라는 단어를 사용하는 경우가 많다. 입주조건, 결혼조건, 입학조건, 생존조건이라든가 행복의 조건, 인간의 조건 등, 구체적·추상적인 여러 가지에 쓰고 있다. 자격이라든가 기준이라고 하는 경우도 있다. 이러한 조건은 엄밀하게 말하면, 둘로 크게 나눌 수 있다.

(1) 하나는 '…하기 위해 필요한 조건'이라는 표현을 하는 경우이다. "…할 필요가 있다", "만약 …하지 않는다면, 안 된다", "…이 없다면, …할 수 없다"라는 경우도 있다.

예를 들면, "합격에 필요한 조건은 먼저 1차 시험에서 60점 이상을 얻을 것", "내가 살기 위해서는 당신의 사랑이 필요하다.", "대학에 입학하기 위해서는 고등학교 또는 거기에 준하는 학교를 졸업하든지 또는 대학입학자격 검정에 합격하지 않으면 안 된다." 등등이 있다.

그런데 '합격에 필요한 조건은 먼저 1차 시험에서 60점 이상'이라고 할 경우 '1차 시험에서 60점 이상'이라는 조건을 갖추지 않으면, 합격할 수 없다는 것이다. 또 "내가 살기 위해서는 당신의 사랑이 필요하다."라는 것은 "당신의 사랑이 없으면 나는 살 수 없다."라는 의미다.

(2) 또 하나는 "…는 …으로 충분하다", "… 위해서는 …만 있
　　으면 된다"라고 하는 경우이다.

　　예를 들면, "수면 시간은 8시간으로 충분하다."라고 말하지
　　만, 이것은 건강 유지와 일을 하기 위해서는 9시간도 8시간
　　반 수면도 괜찮지만 8시간이면 충분하다는 것이다.

이 (1), (2)에 대해서 좀더 구체적으로 생각해보자.

고등학생이 어떤 과목(수학이나 영어 등)의 학점을 취득하기 위
해서는 보통 '성적'과 '출결'이라는 두 가지 조건을 만족하지 않으
면 안 된다. 어떤 학교에서 성적은 5단계 평점 2 이상, 출석시간은
총수업시수의 $\frac{2}{3}$ 이상이라는 규정이 있다고 하자. 이때 성적이 2
이상이라는 조건은 학점 취득에 필요한 조건이지만, 이것만으로는
충분한 조건이 아니다. 또 '성적이 3, 출석시간이 총수업시수의 $\frac{4}{5}$
이상'이라는 조건은 학점 취득에 충분한 조건이지만, 반드시 전원
에게 필요한 조건은 아니다. 그래서 '성적이 2 이상, 출석시간이 총
수업시수의 $\frac{2}{3}$ 이상'이라는 조건은 학점 취득에 필요한 조건이며,
동시에 충분한 조건이다.

🪙 수학에서의 필요조건, 충분조건

'6의 배수'이기 위해서는 '짝수'라는 것이 필요하다. 즉 어떤 수
가 짝수가 아니라면, 6의 배수가 되지 않는다. 이것을 "6의 배수이
면 짝수이다."라고 "~이면"을 사용해서 표현한다.

일반적으로 "조건 p가 만족되면, 조건 q가 성립한다."라는 문장
을 간단하게 "p이면 q"라고 적기로 하면, "p이면 q"일 때, q를 p의

필요조건, p를 q의 충분조건이라고 한다.

예를 들어, "60의 배수이면 6의 배수"가 성립하므로, '60의 배수'라는 조건은 '6의 배수'라는 조건의 충분조건이 된다.

더욱이 "p이면 q"도 "q이면 p"도 성립할 때, "p를 q의 필요충분조건이다.", 또는 "p와 q는 동치이다."라고 한다.

$p : x$는 6의 배수

$q : x$는 짝수(2의 배수)

라는 두 조건에 대해서, 각각을 만족하는 수 집합을 생각하자.

P : 6의 배수의 집합

Q : 2의 배수의 집합

논리학에서는 이 양자(조건과 그것을 만족하는 집합)를 각각 개념의 내포 intension 와 외연 extension 이라고 한다.

P, Q를 도시하면 오른쪽 그림처럼 그릴 수 있다. 그림이 나타내듯이 필요조건은 개념의 외연의 확대, 충분조건은 개념의 외연의 축소를 의미한다.

개념의 내포라는 관점에서 말하자면, 필요조건은 개념의 내포의 축소, 충분조건은 개념의 내포의 확대를 의미한다. 즉 6의 배수라는 조건은 2의 배수라는 조건에 다시금 예를 들면, 3의 배수라는 조건을 부가한 것이기 때문이다.

内포의 확대	外연의 축소

내포의 확대   **외연의 축소**

조건 a를 만족한다.

↓

게다가 조건 b를 만족한다. $(a+b)$

↓

게다가 조건 c를 만족한다. $(a+b+c)$

↓

게다가 조건 d를 만족한다. $(a+b+c+d)$

추론

필요조건, 충분조건이라는 사고방법은 추론에서 조건 사이의 관계를 나타내는 가장 기본적인 개념이다.

추론을 해 나아갈 때 어떤 조건이 필요조건인가 충분조건인가, 더욱이 필요충분조건(동치)인가를 판정하는 것은 중요하다. 다만, 통상적으로 간단한 추론의 경우는 특별하게 의식하지 않고서도 추론할 수 있다. 이것은 국어나 영어의 문법과 해석의 관계와 비슷하다. 특히 일상 언어는 애매한 경우도 많지만, 그것으로 끝나버리는 경우도 있다.

예를 들면, 행복에 있어 부富는 필요조건일까? 건강은 충분조건일까? 등은 아무리 진지하게 생각해도 의문투성이일 뿐이다.

그러나 수학과 같이 논리적인 것이 요구되는 분야에서는 적당히 할 수 없다.

시뮬레이션은 사실과 일치할까?

과학 만능을 여전히 믿는 수학자 K씨 : "시뮬레이션은 사실과 일치할
　까?"라고 하다니. 일치하기 때문에 행해지고 있는 것이 아닌가?

무슨 일에도 항상 의심의 시선을 보내는 비뚤어진 철학자 T씨 : 그
　렇지만 simulation이라는 것은 요컨대 모의실험이라는 거잖
　아. 그렇다면 일치하지 않는 경우도 있는 것이 당연하지.

K : 그건 옛날이야기야. 오늘날은 슈퍼컴퓨터에서 굉장한 계산을
　하고 있잖아. 일치하지 않을 수 없지.

T : 슈퍼컴퓨터라 하면 굉장하다고 무심코 생각해버리지만 결국은
　기계잖아. 컴퓨터는 소프트웨어가 없으면 보통의 상자인 거 아
　닌가?

K : 그러니까 그 소프트웨어가 역시 굉장한 거지. 일전에도 1993년
　7월의 홋카이도 난세이오키 지진[1]이 일어났을 때 쓰나미 시뮬
　레이션을 봤지만, 오키노시마[2]에서 높아지는 곳까지 정확히
　맞추었잖아.

T : 오키노시마라고? 진원에서 천 킬로미터나 떨어져 있는데. 그런
　곳에서 왜 높아지지.

---

1) 1993년 7월 12일 오후 10시 17분 12초, 홋카이도 北海道 오쿠시리 奧尻 군 오쿠시리 쵸 북
　쪽의 우리나라 동해 해저에서 발생한 지진이다. 매그니튜드는 7.8, 추정 진도 6으로
　동해쪽에서 발생한 지진으로서는 최대 규모였다.
2) 일본 시마네 島根 현 오키 隱岐 군에 있다.

K : 원리는 잘 모르겠지만, 아마 얕은 곳에는 주위에서 조수가 밀려들어가서 높아지는 거 같은데.

T : 흠. 믿을 수 없는데.

어디서든 참견을 하며 훼방 놓는 것을 즐기는 H씨 : 분명히 신문에 나왔었어. 놀랐던 기억이 있어. 하지만 그때 생각했어. 왜 지진이 일어나기 전에 이 시뮬레이션을 할 수 없을까? 그랬다면 그토록 많은 것이 쓰나미에 휩쓸려가는 일도 없었을 텐데.

T : 그렇지. 휩쓸려 가버리고 나서 '정확히 맞추었다' 따위 말하더라도 아무런 도움도 되지 않지.

K : 그렇지만도 않아. 이 시뮬레이션이 맞았다는 것에서 쓰나미, 해일의 걱정이 있을 경우의 피해를 미리 알릴 수 있기 때문에.

H : 미리 알리는 것일까? 미리 알리는 것이라면, 지진 예보 시뮬레이션을 할 수 있는 건가?

K : 일본의 지각 구조를 정밀하게 알면 할 수 있다마다.

T : 그러나 정밀하게 아는 날은 영원히 오지 않아. 그러므로 미리 알린다는 것은 가능하지 않아.

K : 그렇게 말하지만, 기상 예측은 꽤 나아졌지. 히말라야의 적설량이 일본의 여름 기후를 좌우한다는 것도 알게 되었지. 이것은 대기 모델을 컴퓨터에서 만들어 여러 가지 시뮬레이션을 한 덕분이지. 물론, 아직도 모델에 따른 예측이 사실과 일치한다고는 말할 수 없지만, 가까운 장래에 지구의 대기를 컴퓨터로 재현하는 것이 가능하게 되겠지.

H : 허참, 그렇다면 2101년 새해 첫날 동경지방은 쾌청할까 어떨까 하는 것도 알 수 있게 될까?

K : 그렇지.

T : K씨, 설마 그런 이야기로 언젠가는 '×년 ×월 ×일 ×시 ×분에 어디어디에 진도 ×인 지진이 발생한다'고 하는 지진력曆이 완성된다고 하는 것은 아니겠지.

K : 그럴 가능성은 충분히 있다고 나는 생각해. 가능할 리 없다고 말하고 싶겠지만, 생각을 해봐. 옛날 사람들에게 일식이나 월식은 천재지변이며, 대흉작이라든지 큰 정변의 징조 등으로 말해졌잖아. 그 무렵 언젠가는 일식·월식의 모든 것을 알 수 있는 천문력曆이 만들어진다고 말하더라도 사람들은 믿지 않았겠지.

H : 자유자재로 다룰 수 있다고 일컫는 수도자의 말이라면 믿을지도 모르겠지만.

K : 수도자 가운데에는 다소 천문학적 소양이 있는 사람이 있어, 미리 계산하여 예지하고서 정신력으로 일으켰다고 말을 퍼뜨린 사람도 있었겠지.

T : 아니, 그런 짓을 하면 그 수도자는 죽임을 당하지. 이야기는 역으로 쉽사리 일어나지 않는 점을 이용하여, ×월 ×일에 일어난다고 말을 퍼뜨려 두고, 정신력으로 멎게 했다고 했겠지. 이노우에 히사시井上ひさし의 《사천만 보의 남자四千万歩の男》[3]에도 그런 이야기가 나오잖아.

K : 어찌 되었든, 그 당시 사람들은 예상하지도 못했던 것이 오늘날에는 일어나지.

H : 그렇지. 500년은커녕, 워드프로세서 같은 것도 아이일 때에는 상상도 못했던 것이지. 겨우 20년 전인데도.

---

3) 일본 문단의 거장 이노우에 히사시 1934~2010 의 장편역사소설이다.

K : 그러니까 가능성은 있어.

T : 만일 가능성이라고 한다면 부정하기도 어렵지만, 불확정성 원리가 작용하고 있는 것은 아닐까? 게다가 문제는 시뮬레이션이 사실과 일치하는가인데, 미리 알고 있을 가능성은 없지. 그래서 아까 K씨가 썩 잘 표현했듯이 "현재 모델은 사실과 일치하지 않는다."라는 것이야. 그러므로 현재 상태로서는 "시뮬레이션은 사실과 일치하지 않는다."라는 거야.

K : 그러니까 딱 맞는 것도 있다는 거지. 그리고 지금 맞지 않는 것도 미래에는 맞게 된다고 하는 거야.

T : 결국 맞지 않는 것은 모델이 적절하지 않았다든지 원리를 알지 못했다든지 하는 것이므로, 이들을 수정하여 실행하면 차차 맞게 된다고 말하고 싶은 거지.

K : 그래 그래, 그거야.

T : 나는 그렇게 낙관적이지 않아. 확실히 슈퍼컴퓨터는 엄청난 계산을 하지만 현실은 그 이상으로 복잡하므로, 결국 계산 불능이 될 것 같은 생각이 들어. 부메랑이 날아가는 방법 정도로 간단한 것이라 해도 계산할 수 없는 것은 아닐까?

K : 부메랑은 3차원 유체역학을 필요로 하며 날아가는 방법이란 면에서는 그 재질도 그리고 던지는 방법도 영향을 미치므로 어떤 정보를 입력하면 될까를 정하는 것이 어렵지. 그것을 안다고 해도 매우 복잡한 계산이 된다네.

T : 그렇게 말하는 당신이 조금 전에 지구의 대기를 컴퓨터로 재현할 수 있다고 했잖아.

K : 조금 지나치게 말했네.

H : K씨, 그림과 같은 길의 ×인 곳에서 A, B 두 사람이 만날 확률

이라면 간단하므로 시뮬레이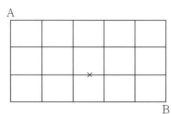

션할 수 있겠지. 두 사람은 최단거리를 걷는 것으로 하고.

K : 응, 대학입시문제 수준인데. 시뮬레이션할 것까지도 없지.

H : 그래서, 결과는?

K : 두 사람이 각각 어떤 길을 걸을까가 같은 확률이라고 하면, ….

H : 그런데 두 사람이 같은 확률로 걸을지 어떨지 모르지.

K : 그렇다면 교차점마다 어느 쪽으로 갈까가 같은 확률이라고 하면, ….

H : 그것도 모르지.

K : 그렇다면 계산 방법이 없지.

H : 그럴지라도 슈퍼컴퓨터로 시뮬레이션하면 어떻게 되지?

K : 응, 두 사람이 걷는 길을 랜덤이라 하고, 시뮬레이션하면 될까?

H : 그렇다면, 아마 사실과 맞지 않을 걸. A와 B 두 사람은 연인이므로 언제라도 ×로 표시된 약속장소로 가게 되거든.

K : 뭐야, 그렇다면 그렇다고 처음부터 말해주지.

T : 슈퍼컴퓨터도 만능이 아니라고 H씨는 말하고 싶은 거지.

K : ?????

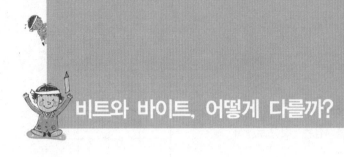

한 개의 전구는 켜져 있거나 꺼져 있는 두 개의 다른 상태로 나타낼 수 있다. 켜져 있는 상태를 기호 ○ 또는 숫자 1로, 꺼져 있는 상태를 기호 ● 또는 숫자 0으로 나타내도록 하자. 흑이든 백이든, 또는 1이든 0이든, 두 개의 다른 상태를 표현하는 기본 소자素子[1] 를 '1비트bit'라고 한다. bit는 binary digit 이진수 에서 만들어진 단어이다.

	전 구	기 호	이진수
켜 짐		○	1
꺼 짐		●	0

그렇다면 네 개의 전구가 있을 때, 즉 4비트로는 다른 상태를 몇 가지로 나타낼 수 있을까?

표로 정리해보면, 전부 16가지의 다른 상태를 나타낼 수 있음을 알 수 있다. 16가지의 상태에 0~9의 숫자와 A~F의 문자를 표처럼 대응시킨 것을 '16진수 표시'라고 한다.

컴퓨터는 전자 기계이므로 문자나 숫자를 이런 전기 신호로서 기억하든지 조작하든지 한다.

---

1) 저항 · 코일 · 콘덴서 · 트랜지스터 · 전지 등 전기회로를 구성하는 요소

기 호	이진수	16진수
●●●●	0000	0
●●●○	0001	1
●●○●	0010	2
●●○○	0011	3
●○●●	0100	4
●○●○	0101	5
●○○●	0110	6
●○○○	0111	7
○●●●	1000	8
○●●○	1001	9
○●○●	1010	A
○●○○	1011	B
○○●●	1100	C
○○●○	1101	D
○○○●	1110	E
○○○○	1111	F

이때 컴퓨터는 보통 8비트로 하나의 문자나 기호, 숫자를 나타내도록 되어 있으며, 8비트인 것을 '1바이트 byte[2])'라고 한다. 1바이트는 다른 정보를 몇 가지나 나타낼 수 있을까? 예를 들면, 그림과 같이 1바이트의 정보를 생각해보자. 1바이트(=8비트)를 한가운데에서 잘라 상위 4비트와 하위 4비트의 두 개로 나누어 보자. 그러면

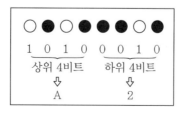

[2) 컴퓨터 정보량의 단위다.

앞의 예의 경우, 상위 4비트와 하위 4비트는 16진수를 이용하여 각각 A 2로 표현할 수 있으므로, 이 정보를 A2로 나타낼 수 있다.

1바이트의 상위 4비트는 0에서 F까지 16가지로 변화할 수 있으며, 하위 4비트도 0에서 F까지 16가지로 변화하므로 8비트에서는 전부 16×16 = 256가지의 다른 정보를 표현할 수 있다.

이 256가지의 신호에 문자와 숫자를 할당하기 위해서는 미국에서 제정된 ASCII American Standard Code for Information Interchange 가 컴퓨터의 표준으로 되어 있다. ASCII 표를 보면, 예를 들어 대문자 S는 ASCII로는 53, 즉 1바이트 정보로는

으로 나타낸다. 컴퓨터는 1바이트를 이용하여 이런 형태로 S를 기억하고 있는 것이다.

또 컴퓨터로 일본어를 다루는 경우는 한자를 기억시키지 않으면 안 되는데, 이를 위해서는 2바이트가 필요하다. 2바이트를 모두 이용하면, 0000에서 FFFF까지 약 6만 5천 개의 한자를 표현할 수 있게 되는데, JIS 한자 코드는 이 가운데 약 8800개를 이용하여 기호, 히라가나, 카타가나, 그리스 문자 등을 포함한 제1수준 및 제2수준의 한자를 할당하고 있다.

예를 들면, 雨라는 한자는 312B, 즉

로 나타낸다.

ASCII 코드표

하위 4비트	\ 상위 4비트	0	1	2	3	4	5	6	7	8	9	A	B	C	D	E	F
	0		D_E		0	@	P		p								
	1	S_H	D_1	!	1	A	Q	a	q								
	2	S_X	D_2	"	2	B	R	b	r								
	3	E_X	D_3	#	3	C	S	c	s								
	4	E_T	D_4	$	4	D	T	d	t								
	5	E_Q	N_K	%	5	E	U	e	u								
	6	A_K	S_N	&	6	F	V	f	v								
	7	B_L	E_B	'	7	G	W	g	w								
	8	B_S	C_N	(	8	H	X	h	x								
	9	H_T	E_M	)	9	I	Y	i	y								
	A	L_F	S_B	*	:	J	Z	j	z								
	B	H_M	E_C	+	;	K	[	k	{								
	C	C_L	→	,	<	L	¥	l	¦								
	D	C_R	←	−	=	M	]	m	}								
	E	S_O	↑	.	>	N	∧	n	~								
	F	S_I	↓	/	?	O	_	o									

문자가 아니라
각종 제어코드
이다.

미정의 영역
일본에서는 여기에 가타카나를 할당하
든지, 이 영역과 또 1바이트를 이용해서
한자를 표현하기도 한다.

퍼지란 무슨 뜻일까?

퍼지 fuzzy 라는 것은 본래

① 보푸라기[1]가 보송보송한   ② 흐릿하다, 불명확하다

③ 주름지다

라는 의미의 단어이다. 이것이 일부 전문가 사이에서

애매한 (논리, 집합, 제어, …)

이라는 의미로 사용된 것 같다. 1960년대 일이다. 그런데 1980년대 후반에 이 단어가 갑자기 매스컴에 등장하고 어느샌가 일상에 침입하여, 마침내 '1990년 일본 신어·유행어 대상'까지 수상해 버렸다. 도대체 어떻게 된 것일까?

퍼지라는 단어가 유행한 것은 "일본 사람들은 새로운 것을 좋아한다."로 설명할 수 있을지 모르겠다. 그렇다 하더라도 '애매한' 에어컨이나 '애매한' 청소기가 팔리고 있는 것은 이상한 것이 아닐까? 역시 '퍼지' 그것에 대한 설명이 좀더 필요할 것 같다.

먼저, 애매한 논리에 대해 설명을 해두자. 예를 들면, 여러분이 지금 이 책을 읽고 있는 방에 대해서

"이 방은 춥다."

---

1) 종이·헝겊 따위의 거죽에서 부풀어 일어나는 가는 털을 말한다.

라는 문장을 생각해보자. 이 문장은 올바른 것일까? 고전 논리학에서는 어떤 문장이나 옳음眞이 아니면 그름僞으로 여겨지므로, 기대되는 답은 "예"이든가 "아니오"이다. 그러나 항상 반드시 "예" 또는 "아니오"로 답할 수 있을까 라고 하면, 물론 그렇지는 않다.

"매우 춥지는 않지만, 약간은 …"

이라든가

"어느 쪽이라고도 말할 수 없다."

등이나 말이 나온 김에

"모르겠다." (막 들어왔으므로)

와 같은 답도 있을 수 있다. 그래서 옳음을 참眞, 거짓僞의 두 가지로 한정하는 2치논리 two-valued logic 를 확장하여, 세 가지 이상의 옳음을 생각하는 다치논리 many-valued logic 가 생겨났다. "옳다, 그르다, 어느 쪽이라고도 말할 수 없다"의 세 단계를 생각하는 것은 3치논리이며, "옳다, 그르다, 어느 쪽이라고도 말할 수 없다, 모르겠다"의 네 종류로 생각하는 것은 4치논리이다. 잘못僞을 0, 옳음眞을 1로 하여

$$0, \frac{1}{3}, \frac{2}{3}, 1$$

의 네 단계를 생각하는 4치논리도 있다(그림 1). 퍼지 논리는 이러한 단계를 무한히 늘려서, 0 이상 1 이하의 모든 수를 사용해도 되는 연속무한논리이다. 그래서 "저 사람은 예쁘다."의 옳음은 0.142856이어도 되고, 0.9876이어도 된다(0이나 1이더라도 물론

상관없다). 단계는 무한히 촘촘하게 할 수 있지만, 그림 1(b)와 같이 '비교 불가능한 값'을 포함하지 않기 때문에, 구조는 단순한 논리이다.

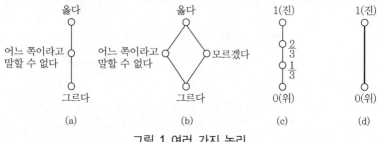

그림 1 여러 가지 논리

선으로 연결되어 있는 값은 위쪽이 참에 가깝고, 아래쪽이 거짓에 가깝다. 예를 들어 (c)에서 $\frac{2}{3}$는 $\frac{1}{3}$이나 0보다 참(1)에 가깝다. (b)의 "어느 쪽이라고도 말할 수 없다"와 "모르겠다"라는 것은 어느 쪽이 참에 가깝다고는 말할 수 없기 때문에, 비교 불가능이라고 한다. (b)와 (c)는 어느 쪽도 4치논리이지만, '순서구조'가 다르다.

이것은 매우 자연스럽고 도움이 되는 논리처럼 보이지만, 실은 그 정도는 아니다. 꼭 확실한 결론을 유도하기 위해서는 고전적인 2치논리로 충분하기 때문에, 다치논리의 전문가라도 논문은 고전논리에 따라서 집필하고 있다. 어떤 문장의 옳음을, 예를 들면 0.9998 등이라고 정하는 기준은 특별히 없다(자세히 말하면, 자유이다). 또 그것만으로는 에어컨이나 청소기에도 연결되지 않는다.

응용으로 연결되는 것은 퍼지 제어 쪽이다. 이것은 예를 들면 "실내 기온 x에 맞추어서, 가열장치의 전류 y를 적절하게 설정한다."라고 하는 수치에 따른 제어의 일종이다. 그러면 y를 x로 나타내는 식을 만들고, 그것을 컴퓨터에 계산시키는 것이 보통의 발상인데, 퍼지 제어에서는 다음과 같은 규칙에 따라 제어한다.

"실내가 추우면 가열한다."

"실내가 매우 추우면, 강하게 가열한다."

이런 규칙만으로, 퍼지 제어 시스템이 실내기온을 잘 제어해주면 좋은데 거기까지 자동적으로는 할 수 없기 때문에, 조금 더 인간이 거들어주지 않으면 안 된다. 먼저 필요한 것은 다음과 같은 식이다.

(1) 관측된 실내 기온 x에서, "이 방은 춥다."라는 문장의 옳음 p를 구하는 식과 "이 방은 매우 춥다."라는 문장의 옳음 p'를 구하는 식.

p와 p'는 0과 1 사이 수이고, 퍼지 논리로서의 옳음을 나타낸다. x와 p의 관계, x와 p'의 관계는 개별적으로 생각하면 되며 간단한 식으로 쓸 수 있다. 그러면 위의 규칙에서 "가열한다."의 옳음은 p이고, "강하게 가열한다."의 옳음은 p'이라고 간주된다.

또 다음 식도 필요하다.

(2) "가열한다."의 옳음 p와 "강하게 가열한다."의 옳음 p'에서 가열장치의 전류 y를 구하는 식.

그러므로 (1)과 합쳐서 x에서 y를 구하는 계산을 할 수 있게 된다.

이러한 계산은 퍼지 제어 시스템이 아니더라도 다른 컴퓨터 시스템, 예를 들면 엑스퍼드 시스템 Expert System[2] 에서도 가능하다. 퍼지 제어 시스템의 특징은 이것을 쉽게 할 수 있다는 것이다. (1)에

---

[2] 1970년대에 인공지능의 연구자들에 의해 개발되어, 1980년대에 걸쳐서 상업적으로 적용된 컴퓨터 프로그램의 일종이다.

서는 x와 p의 관계, x와 p'의 관계는 개별적으로 생각하면 됐지만, (2)에서는 p와 y의 관계, p'와 y의 관계를 개별적으로 생각해서 간단한 식으로 지시해두면 된다. 이들을 종합하여 최종적인 y의 값을 결정하는 것은 어떤 일정한 방식으로 시스템이 자동적으로 해준다. 엑스퍼드 시스템에서는 그 과정도 인간이 상세하게 지시하지 않으면 안 된다.

퍼지 제어의 특징을 정리해보자.

- 정성적 定性的인 기본 방침과 여러 수치 사이의 정량적 定量的인 관계를 나눠서 지시할 수 있다.
- 정성적인 방침을 기술하는 단계에서, "매우 추우면 강하게 가열한다."와 같이 애매한 지시가 허용된다.
- 정량적인 관계는 개별적으로 지시하면 되고, 이후는 일정한 방식으로 자동적으로 처리된다.

역으로 "특별한 지시가 필요한 어려운 문제에는 퍼지 제어가 적합하지 않다."라고도 말할 수 있다. 내가 볼 때, 퍼지 제어라는 것은 쉬운 문제를 쉽게 풀기 위한 기술이며, 거기에 실용상의 큰 이점과 한계가 있다고 생각된다.

알고리즘이란 어떤 주의일까?

예를 들어, 리얼리즘이 사실주의라고 번역되듯이, 알고리즘도 ○○주의 主義 일까? 소사전에 따르면,

algorithm [아리비아 수학자 알 콰리즈미의 이름에서 유래] ① 본래는 산용숫자를 이용한 필산. ② 계산이나 문제를 해결하는 수순, 방식.(산세이도 三省堂, 《新明解百科語辞典》, 1991)

으로 되어 있으며, 짧게 서술한 것치고는 잘 정리되어 있다.

위의 영어는 ithm으로 끝난다. 영영 英英 또는 영일 英日 사전에서는 algorithm이 다수파이고, algorism은 "거의 사용 안 함"이라든지 "전산용어"라고 주석이 붙은 것도 있다. 그러나 algorism은 분명히 대사전에 있으며, 이쪽에 할애된 공간이 크다.

이런 이유로 다음과 같은 의문이 생길 것이다.

알 콰리즈미란 어떤 사람일까? 그 사람 이름이 왜 알고리즘이 될까? '~ism'과 '~ithm'은 다른가? 위의 ①에 중점을 두고 조사해보자.

알 콰리즈미 Muhammad Ibn Musa al-Khwarizmi; 780?~850?

유래를 따르면 좀더 긴 설명이 되겠지만, 생략하기로 한다. 그는 아라비아 과학자 가운데 중요 인물이다.

아라비아의 과학문화 혹은 이슬람의 과학문화는 시간적으로는 8세기에서 15세기경까지이며, 공간적으로는 중앙아시아에서 오늘날의 스페인까지 걸쳐 장대하고 화려했다. 현대의 여러 과학도 그들에게 힘입은 바가 매우 크다. 그리고 아라비아 부족인 이슬람교 신자 이외에도 여러 지역과 종교인들이 그 문화의 형성·전개에 참가했다.

한편, 중앙아시아의 아랄 해에 남쪽으로 접하고 있는 콰리즘 Khwarizm 이라는 지명을 가진 곳이 있었다. 고등학교 세계사 지도에는 호라즘Xorazm[1] 이나 코라즘 Khorazm 으로, 현재의 우즈베키스탄 공화국 부근이다. 콰리즈미 가계家系가 이 지역 출신인데, 이슬람식으로 통칭 '콰리즘 사람, 알 콰리즈미'라고 불렀다고 한다. 더욱이 알al은 아라비아어의 정관사로, 현재까지 남아 있는 단어로 알코올이나 알칼리의 '알', 대수의 영어 표기 algebra에서 al이 있다.

그는 바그다드 궁전 소속의 천문학자이기도 했는데, 그의 저작 (9세기 전반) 가운데 산수론과 대수학을 다룬 두 권은 그후 유럽 수학사에서 중요한 역할을 하게 된다.

알 콰리즈미에서 수학 용어인 알고리즘으로 변신

산수론의 아라비아어 원전은 없어졌다고 하지만 라틴어로 번역된 것은 남아 있으며 가장 오래된 원문에 가까운 것의 표제는 〈Algorizmi는 말했다〉(12세기 초 무렵)이다. 여기에는 아직 사람 이름으로 다루어지고 있다. 그러나 이름이 'Algo~'로 변하게 되는데, 이것에 대해서는 뒤에서 다루기로 한다.

---

1) 중앙아시아 서부에 위치하는 역사적 지역이다.

시대가 약간 지난 뒤의 번역서로서 당시의 대학 교재로 널리 이용되었다고 하는 《계산법: 일반 알고리즘 algorisumus》에서는 알 콰리즈미의 실명은 사라진 상태이며 알고리즘의 어원이 다양하다고 이 무렵부터 논의되고 있다(이코 슌타로 伊東俊太郎 편, 《중세의 수학》, "제1장 라틴 세계의 수학", 共立出版, 1987).

라틴어가 영어식으로 생략 변용되어 나온 algorism이 원조라고 할 수 있다. 따라서 원조에 대한 언어 설명이 대사전에는 길게 나와 있다. 그러나 주석본과 사본 등이 겹쳐지게 됨에 따라 수를 의미하는 그리스어 arithmos 등과의 혼동으로 algorithm이라는 단어도 생겼다고 한다. 또한, 이후에 생겨난 대수 對數도 logarithm이다. '~ithm'으로 끝나는 쪽이 멋지고, 아카데믹하다 등 이러한 무의식이 유럽 사람들에게 작용했는지도 모르겠다.

그것은 잠시 제쳐두고 산수론의 내용은 요컨대 "인도=아라비아 숫자를 이용한 가감승제・제곱근 풀기 등의 계산 기법이다."라는 것을 들으면, 여러분들은 "뭐야, 그게 다야?"라고 생각할지도 모르겠다. 우리들은 산용숫자에 따른 계산 세계에 푹 빠져 있기 때문에 그 굉장함을 잘 느끼지 못한다.

어쨌든 시대 상황을 생각해보기 바란다.

인도에 있어 0과 1에서부터 9까지의 산용숫자에 따른 십진수의 기법, 그것을 사용한 필산법이 완성된 것은 6~8세기였다고 한다. 이것이 이슬람 세계에 흡수되어 9세기에 알 콰리즈미의 책이 되고, 앞에서 이야기한 라틴어 번역의 대본[2]이 되었다.

---

2) 일본어로는 타네혼 種本 이라고 하는데, 그것을 참고로 해서 자기의 저작이나 강의 재료로 삼는 남의 저서를 말한다.

🪙 산반, 아바쿠스

알 콰리즈미 당시의 서방 라틴세계에서 계산은 계산반에 의지하고 있었다. 산반 算盤을 '소로반'[3]이라고 읽는 일본 사람들은 경쾌하고 기능적인 알 튕기는 기계를 연상해 버리지만, 이것은 중국에서 전래되어 온 물건의 일본식 개량형이다. 이것에 비하면 로마 제국형 산반인 아바쿠스 abacus 는 둔중한 것이었다. 자리를 나타내는 평행한 몇 개의 홈에 빠뜨린 구슬을 수동 조작하는 구조이다. 사람이 그 계산 결과를 예의 로마숫자로, 666이면 DCLXVI과 같이 쓰게 된다(D는 500, C는 100, L은 50). 이처럼 로마숫자는 계산용이 아니라 기록용이었다.

그러나 10세기가 되면서 홈 대신 몇 개의 선이나 틀에 의지하여 작은 조각을 늘어세워 가감하게 된다(바로 산수 타일 방식의 선구!?). 그후 작은 조각에 숫자를 기입하는 개량 산반이 출현하게 된다. 구체적인 것에서 추상의 사다리를 오른 것이 된다. 여기까지 오면 알 콰리즈미 책의 내용을 수용할 준비가 되었다고 할 수 있다. 그래서 이러한 시기에 산수론을 읽은 사람들에게는 실로 신선한 방법·수순으로 보였을 것이다. "역시 아라비아의 큰 스승이다. 우리들과는 다르다!"라고….

그러나 알 콰리즈미의 번역본에 의해 그 방식이 서구 사회에 단숨에 퍼진 것은 아니다. 산용숫자를 채용하는 사람들은 algorist라는 재미있는 명칭으로 불린 것 같은데, 이것에 대해 산반을 고집하는 사람들은 abacist이다. 이 산반을 멀리 한 역사적인 내용은 수학사 책 등을 참고하기 바란다.

---

3) ソロバン이라고 쓰고, 의미는 주판을 뜻한다.

수학적 귀납법은 과연 귀납법일까?

귀납법과 연역법은 두 가지의 중요한 사고방법으로 대조적인 것이다. 종종 "저 사람은 귀납적인 사람이다."라든지 "저 사람은 연역적(논리적)인 사람이다."라든지 하는 경우가 있다. 그래서 "귀납적인 사람은 구체적으로 사물을 하나씩 하나씩 세심하게 조사하고 그것에서 공통이 되는 법칙성을 찾아내려고 하는 타입이며, 연역적인 사람은 직관력이 풍부하여 단숨에 일반법칙을 발견하고 그 법칙에 근거하여 논리적 사고를 짜내는 타입이다."라고도 일컬어지는 것 같다. 정말로 그럴까?

그것은 우선 제쳐두고, 수학적 귀납법에 대해서 생각해보자.

구체적인 예를 하나 들자.

$$1 + 2 + \cdots + (n-1) + n = \frac{1}{2}n(n+1) \qquad \text{①}$$

등식 ①이 성립한다는 것을 수학적 귀납법으로 보이자.

(1) $n = 1$일 때,

(좌변) $= 1$

(우변) $= \frac{1}{2} \times 1 \times (1+1) = \frac{1}{2^1} \times 1 \times 2^1 = 1$

그러므로 $n = 1$일 때, 등식 ①이 성립한다.

(2) 등식 ①이 n일 때 성립한다고 가정하면, $(n+1)$일 때도 성립한다는 것을 보이자.

$$1+2+\cdots+n+(n+1)=\underline{(1+2+\cdots+n)}+(n+1)$$

$$=\underline{\frac{1}{2}n(n+1)+(n+1)}$$

$$=\frac{1}{2}(n+1)(n+2)$$

$$=\frac{1}{2}(n+1)\{(n+1)+1\}$$

즉 $(n+1)$일 때도 등식 ①이 성립한다.

(1)과 (2)에서 등식 ①이 '모든 자연수 n에 대해서' 성립하는 것을 보였다고 하는 것이 수학적 귀납법의 원리이다.

여기서 대 수학자 가우스 Gauss; 1771~1855 가 소년일 때 생각했다고 일컬어지는 등식 ①의 연역적 증명법을 소개한다.

$$S=1+2+\cdots+(n-1)+n \qquad\qquad ①'$$

라고 하자. 우변의 각 항을 교환하더라도 식의 값은 변하지 않으므로 역순으로 더하면,

$$S=n+(n-1)+\cdots+2+1 \qquad\qquad ①''$$

라고 해도 된다. 이 두 식을 변변 더하면(아래 그림 참조)

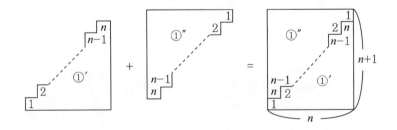

$$2S = \overbrace{(n+1) + (n+1) + \cdots + (n+1)}^{n \text{개}}$$

$$\therefore\ 2S = n(n+1)$$

$$\therefore\ S = \frac{1}{2}n(n+1)$$

즉

$$1 + 2 + \cdots + (n-1) + n = \frac{1}{2}n(n+1)$$

이 되어, 등식 ①이 성립한다는 것이 증명되었다. 훌륭하다.

그런데 귀납법은 구체적인 사물을 하나하나 세심하게 조사하고 공통이 되는 법칙성을 찾아내는 것이라고 처음에 말했다. 그것에 따라 등식 ①이 성립한다는 것을 나타내려고 하면,

(1)′ $n = 1$일 때,

(좌변) $= 1$,   (우변) $= \dfrac{1}{2} \times 1 \times 2^1 = 1$

(2)′ $n = 2$일 때,

(좌변) $= 1 + 2 = 3$,   (우변) $= \dfrac{1}{2} \times 2^1 \times 3 = 3$

(3)′ $n = 3$일 때,

(좌변) $= 1 + 2 + 3 = 6$,   (우변) $= \dfrac{1}{2} \times 3 \times 4^2 = 6$

$$\vdots$$

로 어디까지라도 계속하지 않으면 안 된다. 이것은 불가능하므로 도중에 "알았다. 그래 됐어."로 일단락을 지으면, 등식 ①이 성립함을 귀납적으로 결론짓는 것이 된다(불완전!). 그래서 통상의 귀납

법에 따르는 경우에는 도중에 일단락을 지은 다음에, 어쩌면 등식 ①이 성립하지 않는 예외가 나오는 것은 아닐까? 하는 불안이 남아 있게 되어 검증이 필요해진다.

그런데 수학적 귀납법의 경우에 (1)과 (2)에서 등식 ①은 '모든 자연수 n에 대해서' 성립하는 것이 완전하게 나타나 있다. 그런 의미에서 수학적 귀납법은 완전 귀납법이라고도 명명되어 있다.

그 기원이 되어 있는 자연수는 다음과 같이 순서대로 잘 늘어서 있다.

$$1, \ 2, \ 3, \ 4, \ \cdots, \ n, \ (n+1), \ \cdots$$

1에서 시작하여, 1 다음이 2, 2 다음이 3, 3 다음이 4, $\cdots$, n 다음에 $(n+1)$, $\cdots$이 일렬로 계속되고 있다(a). 도중에 이전으로 돌아간다든지(b) 도중에 가지가 갈라지든지(c) 하는 경우는 없다. 더욱이 중간부터 다시 시작한다(d)는 경우도 없다.

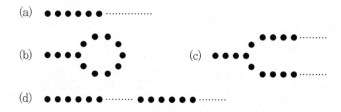

그러므로 마치 도미노 현상처럼 최초의 1이 넘어지면 차례로 2, 3, 4, $\cdots$로 넘어져서 남는 것이 없다. 즉 지금 말한 무한의 귀납법이 완전하게 실행되고 있는 것이 된다. 대신에 'n 다음이 $(n+1)$'인 경우에는 반드시 문자 기호를 사용하지 않으면 안 된다. n에 1을 대입하면 다음은 2, n에 2를 대입하면 다음은 3, 이하도 마찬가지이다.

좀더 수학적으로 말하면,

"자연수의 집합 A가 1을 포함하고, 동시에 만약 n을 포함하면 $(n+1)$도 포함된다고 하면, A는 자연수 전체와 일치한다."

로서 이것은 자연수의 기본적인 성질 가운데 하나로 수학적 귀납법의 공리라고 불리고 있다.

이 공리에 의해 수학적 귀납법의 타당성(완전성)이 보증되고 있다.

사실 수학적 귀납법은 귀납적이지만, 연역법의 대표로서의 삼단논법(등식 ①이 성립하는 것을 나타낸 가우스의 증명과 같은)과 함께 수학을 구성할뿐더러, 불가결한 논증의 기초가 되는 논리적(연역법)인 것이다. 따라서 통상의 귀납법과 달리 완전하며 다시 검증할 필요도 없다.

부가적인 것이지만, 귀납법은 상향적(구체적인 사물에서 법칙으로 향한다)이며, 연역법은 하향적(법칙에서 구체적인 사물로 향한다)이다. 이 양자는 사고에 있어 불가결하다. 처음에 말한 연역적인 사람이 직관적으로 법칙을 발견했을 때에도 잠재적으로 귀납적 사고를 동반한 것이며, 또 귀납적인 사람이라 하더라도 파악한 법칙을 이론화할 단계에서는 연역적 사고를 구사하지 않을 수 없다.

여러 가지의 평균

우리들은 일상에서 '불규칙하게 분포하는 어떤 것'을 '평균'이라고 하는 소박한 개념으로 파악하는 경우가 있다.

평균: 예 1

A, B, C 세 사람이 각각 7ℓ, 2ℓ, 6ℓ의 주스를 가지고 있다. 세 사람이 같은 양으로 나누어 마실 때, 한 사람당 몇 ℓ가 될까?

모든 주스를 합쳐서 다시 등분해야 한다. 평균이라는 것은 그런 것이다. 계산은 $(7\ell + 2\ell + 6\ell) \div 3 = 5\ell$가 된다. 이처럼 몇 개의 양을 더해서, 그것을 개수로 나누어서 구한 평균을 상가평균 또는 산술평균이라 한다. 문자로 적으면 산술평균은 다음과 같은 식이 된다.

$$산술평균 = \frac{x_1 + x_2 + x_3 + \cdots + x_n}{n}$$

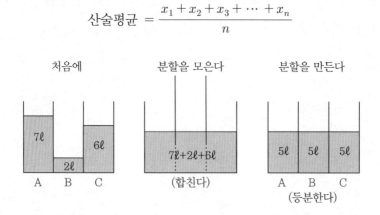

산술평균은 '거의 모두 그 정도'라고 생각하지만, 이것은 주의를 요한다!

주의 1 여섯 사람의 급여를 23만 원, 25만 원, 22만 원, 73만 원, 19만 원, 24만 원이라고 하면, 평균 급여는

$$(23 + 25 + 22 + 73 + 19 + 24)만 \ 원 \div 6 = 31만 \ 원$$

이 되는데, 다섯 사람이 평균보다 상당히 적게 받는다.

주의 2 '강의 깊이는 평균 25cm'라는 간판을 보고 안심하며 강을 건너려고 하면 안 된다.

20cm 간격으로 깊이의 평균을 구하더라도 그림과 같이 2m 가까운 깊이가 있을 수 있다. 따라서 위험하다!

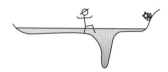

🪙 평균: 예 2

쌀 가격은 1945년에 두 배가 되고, 1946년에는 다시 3배가 되었다고 한다. 평균하면 1년에 몇 배가 되었다는 걸까?

$(2+3) \div 2 = 2.5$ 라고 계산하고, 1년 평균으로 2.5배라고 생각하면, 2년 사이에 $2.5 \times 2.5 = 6.25$배가 된다. 실제로는 2년간 $2 \times 3 = 6$배가 된 것이므로 연평균 2.5배는 잘못된 것이다.

그래서 연평균을

$$\sqrt{2 \times 3} = \sqrt{6} \fallingdotseq 2.45$$

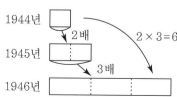

라고 생각하면 납득할 수 있다. 이러한 평균을 상승평균 또는 기하평균이라고 한다. 일반적으로 $x_1, x_2, x_3, \cdots$가 양수일 때, 기하평균은

$$\underset{\text{2개일 때}}{\sqrt{x_1 x_2}}, \quad \underset{\text{3개일 때}}{\sqrt[3]{x_1 x_2 x_3}}, \quad \underset{\text{4개일 때}}{\sqrt[4]{x_1 x_2 x_3 x_4}}, \quad \cdots, \quad \underset{n\text{개일 때}}{\sqrt[n]{x_1 x_2 \cdots x_n}}$$

이 된다.

평균 : 예 3

승용차로 마을 A에서 마을 B까지 왕복하기 위해서

갈 때는 60km/h,   돌아올 때는 80km/h

로 달렸다. 평균을 내면, 시속 몇 km로 달린 것이 될까?

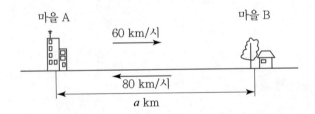

바로 $(60+80) \div 2 = 70$으로 70km/h라고 하고 싶지만, 이것이 옳을까? 속도는 (거리)÷(시간)으로 계산할 수 있기 때문에, 그것으로 확인해본다. 마을 A과 마을 B의 거리를 a (km)라고 하면,

갈 때 $\dfrac{a}{60}$ (시간), 돌아올 때 $\dfrac{a}{80}$ (시간), 왕복 $\dfrac{a}{60} + \dfrac{a}{80}$ (시간)

이다. 거리는 왕복으로 $2a$ (km)이므로 왕복 평균 시속은

$$\text{거리} \div \text{걸린 시간} = \frac{2a}{\dfrac{a}{60} + \dfrac{a}{80}} = \frac{2}{\dfrac{1}{60} + \dfrac{1}{80}} \ (\text{km/h})$$

로 계산할 수 있다. 구해보면, 평균시속은 약 68.6km/h가 된다. 이러한 평균을 조화평균이라 한다. 일반적으로 양의 수 x_1, x_2에 대해서

$$\frac{2}{\dfrac{1}{x_1} + \dfrac{1}{x_2}} = \frac{2x_1 x_2}{x_1 + x_2}$$

를 x_1과 x_2의 조화평균이라 한다. n개의 양 x_1, x_2, $\cdots$, x_n의 조화평균은

$$\frac{n}{\dfrac{1}{x_1} + \dfrac{1}{x_2} + \cdots + \dfrac{1}{x_n}}$$

이 된다.

세 개의 평균 사이에는

조화평균 $\leq$ 기하평균 $\leq$ 산술평균

이라는 관계가 있음이 알려져 있다.

사물을 평균내려고 할 때, 납득할 수 있는 평균의 방법을 사용하면, 상승적으로 사물이 보이기 시작하는 경우가 있다. 무슨 일이라도 조화를 취하는 발상이 중요하다.

왜 혈액형이 문제가 될까?

종種이 다른 동물 사이, 예를 들면 토끼의 피를 양에게 수혈하거나 하면, 항원항체반응이 일어나서 토끼의 혈액 중 적혈구가 굳으면 양의 혈관이 막혀 양은 사망하게 된다. 인간 사이의 수혈에서도 이러한 응집현상이 일어남을 알고 안전한 수혈을 위해서 많은 혈액형을 구별하게 되었다(ABO형, Rh형, MNSs형, Xg형 등).

이 가운데 가장 유명하고도 중요한 것이 ABO형이라고 불리는 것인데, 1900년 카를 란트슈타이너 Karl Landsteiner; 1868~1943 에 의해 발견되었고, 그 공로로 그는 1930년에 노벨상을 수상했다. 그 구조는 다음과 같이 되어 있다. 혈액의 적혈구 가운데 두 종류의 응집원 a, b가 있고 또 혈청 가운데 두 종류의 응집소 α, β가 있어, a와 α, b와 β가 섞이면 항원항체반응에 의해 적혈구의 응집이 일어난다.

혈액형	응집원	응집소
A	a	β
B	b	α
AB	a, b	—
O	—	α, β

각 혈액형에서의 구성은 표와 같으며, 예를 들어 A형과 B형의

혈액을 섞으면 응집이 일어나므로 수혈을 할 수 없다. 그러나 O형은 혈구 중에 응집원을 가지고 있지 않으므로 다른 혈액형에 수혈할 수 있다(그때 O형의 혈청 가운데 응집소 α, β가 소량이기 때문에 문제가 일어나지 않는다). 또 AB형은 응집소를 전혀 포함하지 않으므로 어떤 혈액형으로부터도 수혈이 가능하다. O형이 만능 급혈자, AB형이 만능 수혈자라고 일컬어지는 이유다.

혈액형과 유전자

혈액형은 부모로부터 받은 대응하는 상(常)염색체 위의 한 쌍의 유전자에 의해 지배되며, 멘델의 법칙에 따라 전

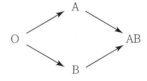

형적인 유전을 한다고 알려져 있다. 하지만 A형, B형은 O형에 대해서 우성이므로 한 쌍의 유전자가 A와 O로 되어 있더라도 A형이 된다. 따라서 외관상 나타나는 표현형 phenotype 인 혈액형이 같을지라도 유전자 수준에서 생각한 유전자형 genotype 은 다른 경우가 있으며, 표와 같이 여섯 가지가 있을 수 있다.

혈 액 형	유전자형
O	OO
A	AA, AO
B	BB, BO
AB	AB

혈액형에는 민족차가 있으며 A형이 많은 민족, B형이 많은 민족, O형이 많은 민족 등 몇몇 타입으로 분류되어 있다. 이것을 반영한 것일까, 일본인의 혈액형에도 지역차가 있다(《혈액형 이야

기》, 후루하타 타네모토 古畑種基[1] 저, 이와나미 岩波 서점, 1962년).

네 가지 혈액형의 일본인의 평균적 출현빈도는 O형 29%, A형 39%, B형 22%, AB형 10%로 대략 3 : 4 : 2 : 1의 비율로 되어 있다. 이것을 유전자형으로 보면 A형의 39%는 'AA 8%, AO 31%', B형의 22%는 'BB 3%, BO 19%'로 되어 있다(《헤이본사 平凡社 대백과 사전》, 1984년).

혈액형은 친자관계의 감정, 범죄수사 등에 이용되고 있는데, "B형의 아이는 A형과 O형인 부모의 아들일 수 없다." 등의 부정적인 결론은 내리더라도, 혈액형만으로 100% 긍정적인 결론을 내리는 것은 어렵다.

혈액형과 그 유전

혈액형의 유전에 대해서 구체적으로 생각해보자. 예를 들면, AO 유전자형을 가진 A형의 어머니와 BO 유전자형을 가진 B형의 아버지에게서 태어난 아이를 생각해보자.

아이의 유전에는 AO와 BO가 각각 감수분열하여 A만의 난자, O만의 난자와 B만의 정자, O만의 정자가 각각 동수로 생기며, 이들이 랜덤하게 결합한다. 그 결과 생기는 아이의 유전자형은 AB, AO, BO, OO의 네 가지로 이들도 동수이다. 이것을

$$(A+O)(B+O) = AB + AO + BO + OO$$

라는 등식으로 나타낸다. 실제로는 (많은 경우) 한 번 출산에서 한 개의 난자와 한 개의 정자가 결합하므로 태어나는 아이의 혈액형

---

1) 그는 1891년~1975년까지 생존한 일본의 법의학자이다.

(표현형)은 AB형, A형, B형, O형 어느 것이라도 될 수 있으며, 네 가지 혈액형은 같은 빈도(확률)로 발생한다. 또 다른 예로서 유전자가 AB형과 AB형의 부모인 경우 식은 $(A+B)(A+B) = AA + 2AB + BB$가 되어, AB형이 AA인 A형과 BB인 B형보다 두 배 발생함을 알 수 있다. 그러므로 혈액형은 A형, B형, AB형의 세 종류로, 출현빈도는 $1:1:2$가 된다.

표현형에서의 계산

부모의 유전자형을 알고 있으면 이항식의 전개에 따라 아이의 혈액형의 출현빈도는 간단하게 구해지지만, 부모의 혈액형에서 출발하여 아이의 혈액형의 분포를 계산하는 것은 좀더 복잡해진다. 같은 표현형을 가진 유전자형의 출현빈도를 고려해야 하기 때문이다.

먼저 여러 유전자형으로 나누어지지 않는 O×O, O×AB, AB×AB의 세 가지 경우는 다음 표에서 바로 알 수 있다. O×O이면 100% O만, O×AB이면 A형, B형이 50%씩, AB×AB이면 A형, B형, AB형의 아이가 $1:1:2$, 즉 25%, 25%, 50%의 확률로 태어난다. 그외에 예를 들면, O×A인 경우는 데이터에 의해 OO×AA인 경우가 8%, OO×AO인 경우가 31%의 비율로 일어나므로 다음 수형도에 의해 A형 약 60%, O형 약 40%인 분포가 된다.

$$O×A \begin{cases} \xrightarrow{8\%} OO×AA \longrightarrow AO \xrightarrow{1} A \\ \xrightarrow{31\%} OO×AO \begin{cases} \longrightarrow AO \xrightarrow{\frac{1}{2}} A \\ \longrightarrow OO \xrightarrow{\frac{1}{2}} O \end{cases} \end{cases}$$

$$\left.\begin{array}{l} \\ \\ \end{array}\right\} \frac{8}{39} \times 1 + \frac{31}{39} \times \frac{1}{2} = \frac{47}{78} \fallingdotseq 0.6$$

$$\frac{31}{39} \times \frac{1}{2} = \frac{31}{78} \fallingdotseq 0.4$$

부모의 조합		아이의 가능성	
혈액형	유전자형	유전자형	혈액형
O×O	OO×OO	OO	O
O×A	OO×AA	AO	A
	OO×AO	OO＋AO	O＋A
O×B	OO×BB	BO	B
	OO×BO	OO＋BO	O＋B
O×AB	OO×AB	AO＋BO	A＋B
A×A	AA×AA	AA	A
	AO×AA	AA＋AO	A
	AO×AO	OO＋2AO＋AA	O＋3A
A×B	AA×BB	AB	AB
	AO×BB	BO＋AB	B＋AB
	AA×BO	AO＋AB	A＋AB
	AO×BO	OO＋AO＋BO＋AB	O＋A＋B＋AB
A×AB	AA×AB	AA＋AB	A＋AB
	AO×AB	AA＋AO＋BO＋AB	2A＋B＋AB
B×B	BB×BB	BB	B
	BO×BB	BB＋BO	B
	BO×BO	OO＋2BO＋BB	O＋3B
B×AB	BB×AB	BB＋AB	B＋AB
	BO×AB	BB＋AO＋BO＋AB	A＋2B＋AB
AB×AB	AB×AB	AA＋2AB＋BB	A＋B＋2AB

다른 경우도 마찬가지로 계산하면 다음 표와 같다.

부모의 조합	아이의 혈액형의 출현빈도			
	O	A	B	AB
O×O	100	0	0	0
O×A	40	60	0	0
O×B	43	0	57	0
O×AB	0	50	50	0
A×A	16	84	0	0
A×B	17	26	23	34
A×AB	0	50	20	30
B×B	19	0	81	0
B×AB	0	22	50	28
AB×AB	0	25	25	50

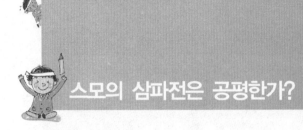

스모의 삼파전은 공평한가?

삼파전[1]을 가위바위보나 종이 스모로 재현한다

1993년 여름 나고야 名古屋 경기는 센츄라쿠 千秋(楽)[2]에서 동률이 된 아케보노 曙[3]와 형제인 와카노하나[4], 타카노하나[5] 세 사람에 의한 삼파전이 되었다. 먼저 아케보노와 와카노하나가 대전하고 아케보노가 이긴 시점에서, 이 삼파전을 관전하는 텔레비전 관람석의 아마추어 평론가들은 "이긴 쪽과의 대전을 기다리는 타카노하나가 체력을 소모한 두 사람보다 유리하다.", "연전이 되는 아케보노가 체력을 소모해서 불리하다."라고 하고, 진 와카노하나의 팬은 "한 번 쉴 수 있으므로 형에게도 아직 찬스는 있다." 등으로 떠들썩했다. 결과는 〈아케보노, 의지의 요코즈나 첫 승리〉, 〈삼파전, 와카노하나·타카노하나를 연파〉라는 신문의 표제어가 되었다.

이러한 삼파전은 텔레비전 관람석의 아마추어 평론가들이 말한 것처럼 대전순서에 영향을 받았을까?

---

1) 세 명 중에서 한 명을 가리는 우승결정전을 말한다.
2) 여러 날에 걸쳐서 같은 공연을 하는 흥행에서 최종일을 가리키는 업계 용어이다.
3) 1969년생으로 미국 하와이 출신이다. 오스모 大相撲의 최고위인 제64대 요코즈나 橫綱에 올랐으며, 그는 일본인 이외 최초의 요코즈나이다. 정식 이름은 아케보노 타로우 曙太郞이다.
4) 그의 스모계 이름은 와카노하나 마사루 若乃花 勝로서, 1971년생이며 제66대 요코즈나에 올랐다. 본명은 하나다 마사루 花田 勝이다.
5) 그의 스모계 이름은 타카노하나 코우지 貴乃花 光司로서, 1972년생이며, 제65대 요코즈나에 올랐다. 본명은 하나다 코우지 花田 光司이다.

이 삼파전은 아케보노와 형제인 와카노하나, 타카노하나의 실력이 백중하고 승부는 전적으로 운으로 정해지는 것이라 생각하면, 가위바위보나 종이 스모[6]로 손쉽게 재현할 수 있다. 또 이것이 대전 순서에 영향을 미칠까 아닐까는 확률로 계산할 수 있다. 아케보노와 와카노하나, 다카노하나를 A, H, T의 이니셜로 나타내고, 세 사람 토너먼트전의 가위바위보를 모델로 확률 계산의 의미를 생각하자. 1993년 여름 나고야 대회의 삼파전이라면, 먼저 A와 H가 가위바위보 해서 A가 이기고, 다음에 그 승자인 A가 T와 가위바위보 해서 A가 H와 T에 연승하여 우승이라는 것으로 재현할 수 있게 된다.

가위바위보에 따른 삼파전의 확률 계산

가위바위보의 대전은 AH, AT, HT 어느 것으로 시작해도 괜찮지만, 확률 계산은 어느 것 하나의 대전을 정하는 것에서 시작해야 한다. 그래서 스모의 대전에 맞춰서 A와 H 두 사람이 먼저 가위바위보를 하고, T는 자기 차례를 기다리고 있는 것으로 하자. A와 H가 가위바위보를 마친 시점에서 생각하면, 첫 번째의 가위바위보에서 A와 H는 반반 승률이며, 각각 이길 확률은 $\frac{1}{2}$이다. A와 H는 어느 쪽이 이기더라도 괜찮지만, 일단 스모의 결과처럼 A가 이긴 것으로 하고, 이 시점에서

A가 우승할 확률 $= a$

H가 우승할 확률 $= h$

T가 우승할 확률 $= t$

---

[6] 종이 스모(카미즈모 紙相撲)는 스모꾼을 본뜬 종이로 만든 인형을 무대 위에 올려서, 진동시키는 것으로 움직여, 스모의 대전과 유사한 움직임으로 승패를 겨루는 놀이이다.

라고 하자. 즉

> a는 현재의 승부에서 이긴 사람의 우승 확률
>
> h는 현재의 승부에서 진 사람의 우승 확률
>
> t는 현재의 승부에 참가하지 않은 사람의 우승 확률

을 나타내고 있는 것이 된다.

그림 1 A 1승, T 대기 상태   그림 2 T 1승, H 대기 상태

그림 1은 이런 상태를 나타낸 것이다. 다음은 A와 T가 가위보위보 할 차례이다. 그런데 A가 이겨버리면 A의 우승으로 승부는 끝난다. 그러나 A가 T에게 질 수도 있으므로 각각의 확률은 $\frac{1}{2}$씩이다. 만약 T가 이기면, 그 상태는 그림 2가 된다. 즉 첫 번째 가위바위보의 A, H, T의 역할을 이번에는 T, A, H가 떠맡는 것이 된다. 따라서 이 시점에서는

> A가 우승할 (조건부) 확률 $= h$
>
> H가 우승할 (조건부) 확률 $= t$
>
> T가 우승할 (조건부) 확률 $= a$

로 되어버린다.

A가 H와의 1회전에서 이겼을 때 가지고 있던 우승 확률 a는, 다음에 A가 T에게 이겨서 바로 우승할 확률 $\frac{1}{2}$과 T에게 지더라도

또 찬스가 돌아와서 우승할 확률 $\dfrac{1}{2} \times h = \dfrac{h}{2}$ 의 합이 된다.

$$a = \frac{1}{2} + \frac{1}{2}h \tag{1}$$

또 H가 1회전에서 A에게 졌을 때 가지고 있던 우승 확률 h는 $\dfrac{1}{2}$의 찬스로 t라는 확률이 된다.

$$h = \frac{1}{2}t \tag{2}$$

더욱이 AH전을 관전하고 있던 T는 우승 확률을 t만큼 가지고 있지만, 이것은 T가 출전하는 2회전에서 $\dfrac{1}{2}$의 찬스로 a인 확률을 획득할 수 있다고 하는 의미이다.

$$t = \frac{1}{2}a \tag{3}$$

식 (2)와 식 (3)에서

$$h = \frac{1}{4}a$$

가 되고, 이것을 식 (1)에 대입하여 변형하면,

$$a = \frac{4}{7}$$

를 얻는다. 이것을 (3), (2)에 차례로 대입하면,

$$a = \frac{4}{7} \ , \ t = \frac{2}{7}, \quad h = \frac{1}{7} \tag{2}$$

이 구해진다.

🎲 실력이 백중인 스모 선수의 삼파전에서는 대기하는 스모 선수가 불리

a, h, t의 값은 A와 H가 가위바위보를 마친 시점을 기준으로 한 세 사람의 우승 확률이었는데, 본래의 목적은 AH, AT, HT의 어느 대전이라도 세 사람 토너먼트를 실행한다고 정한 시점에서 대전 순서에 영향을 미칠까 아닐까를 계산하는 것이었다.

그래서 A, H, T 각각이 우승할 확률을 $P(A)$, $P(H)$, $P(T)$라 하고, 각각을 a, h, t를 이용하여 계산한다.

먼저 A에 대해서 A가 이길 확률이 $\frac{1}{2}$, H가 이길 확률이 $\frac{1}{2}$이다. A가 H에게 이기면 $a = \frac{4}{7}$의 우승 확률을 획득하고, H에게 지면 $h = \frac{1}{7}$의 확률만 획득할 수 있으므로 A가 우승할 확률 $P(A)$는

$$P(A) = \frac{1}{2}a + \frac{1}{2}h = \frac{1}{2}\frac{4}{7} + \frac{1}{2}\frac{1}{7} = \frac{5}{14}$$

이고, A와 H를 바꾸면 H에게 있어서도 마찬가지로 $P(H) = \frac{5}{14}$가 된다.

T에 대해서는 처음의 승자에게 이겼을 때만큼 우승 가능성이 생기기 때문에, 양자의 승패에는 관계없이 $t = \frac{2}{7}$의 확률로 우승할 수 있으므로

$$P(T) = t = \frac{2}{7} = \frac{4}{14}$$

가 된다.

승부가 전적으로 운으로 정해지는 가위바위보 또는 종이 스모의 삼파전에서는 먼저 출장한 쪽이 대기하는 쪽보다 5 : 4의 비율

로 유리하며, 확률로 비교하면

$$P(A) - P(T) = \frac{1}{14} = 0.071428571 \cdots$$

가 되어 7% 이상의 차가 있다고 결론지을 수 있다. 역시

$$P(A) + P(H) + P(T) = 1$$

이 성립한다.

이제 나고야 대회의 삼파전으로 돌아가 보자. 스모 선수 세 사람 사이의 실력이 백중하다면 위의 결론이 성립한다. 처음에 대전한 아케보노와 와카노하나 중에서 누가 지더라도 아직 타력본원他力本願[7]하면서 타카노하나가 이긴 쪽을 이기기만 한다면, 처음에 진 사람에게도 우승의 찬스가 남아 있다. 하지만 이긴 쪽과 대전을 기다리는 타카노하나가 져버리면 그것으로 우승 결정이므로, 대기한다는 시점에서 가장 불리하게 된 셈이다.

세 사람의 씨름꾼 사이에 실력 차가 있으면, 7% 차이는 변하게 된다. 처음에 대전하는 A와 H가 대등하고, 대기하는 T가 이 두 사람보다 강하면 강할수록 이 차이는 적어지지만, 0이거나 지는 것은 아니므로 불리한 점에는 변함이 없다. 한편, T가 다른 두 사람보다 약하면, 불리한 정도는 크게 되어 최대 50%까지 된다.

---

7) 불교 용어로 아미타불의 서원誓願의 힘으로 성불하는 일인데, 남에게 의지하여 일을 이루고자 함을 비유하는 말이다.

자동개찰 티켓의 수리

티켓의 뒷면에, 일회용 손난로의 다 사용한 철분을 뿌려서 가볍게 흔들면, 그림 1과 같은 줄무늬 모양이 나타난다. 자동개찰의 티켓은 이런 선의 조합에 의해, 날짜, 구간 요금, 승차역, 어른/아이, 철도회사 번호, 노선 번호 등이 식별되도록 되어 있다.

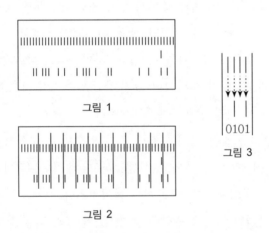

포함되어 있는 정보를 해독하기 위해서 그림 2와 같이 위에 있는 선에 네 개씩 단락을 넣는다. 위의 선 아래에 선이 있으면 1을 나타내고, 없으면 0을 나타낸다. 예를 들면, 그림 3처럼 된다.

이것은 이진법으로 나타나는 수(숫자는 0, 1 두 종류)다.

자동개찰기 등 전기 처리를 하는 것은 전기가 흐르고 있지 않는 상태 OFF, 흐르고 있는 상태 ON 두 가지 상태가 있으므로 OFF, ON

에 대응하는 0, 1 두 종류의 숫자만 있는 이진법을 사용하고 있다.

그림 3의 '0101'은 이진수이며, 이것을 십진법으로 변환하면, 정보를 읽을 수 있다.

표 1 십진수와 이진수

십진수		이진수				십진수		이진수			
10의 자리	1의 자리	2^3의 자리	2^2의 자리	2의 자리	1의 자리	10의 자리	1의 자리	2^3의 자리	2^2의 자리	2의 자리	1의 자리
	0	0	0	0	0		8	1	0	0	0
	1	0	0	0	1		9	1	0	0	1
	2	0	0	1	0	1	0	1	0	1	0
	3	0	0	1	1	1	1	1	0	1	1
	4	0	1	0	0	1	2	1	1	0	0
	5	0	1	0	1	1	3	1	1	0	1
	6	0	1	1	0	1	4	1	1	1	0
	7	0	1	1	1	1	5	1	1	1	1

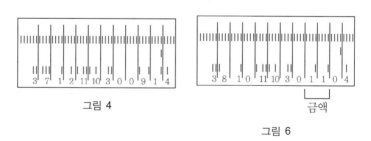

그림 4

그림 6

금액

A역발

그림 5

표 1에서 이진수 0101은 2^3의 자리 0, 2^2의 자리 1, 2의 자리 0, 1의 자리 1이 되어, 1이 있는 2^2와 1을 더해서 십진수의 5가 된다.

그림 1은 7월 12일, 90엔 구간의 티켓이다. 표 1을 사용하여 이진수를 십진수로 변환하면 그림 4와 같이 된다. 그림에서 아래에 적혀 있는 숫자가 십진수이다. 이것으로부터 7은 달月을, 1, 2는 날日을, 9는 구간 요금을 나타내고 있다고 예상할 수 있다.

다음에 7월 28일 110엔 구간의 티켓을 십진수로 하면, 그림 5와 같이 된다. 이것으로부터 월, 일, 구간 요금의 위치를 알 수 있다. 단, 구간 요금은 단락 한 개분으로 최대 1111(이진수)인 15(십진수), 즉 150엔까지밖에 표시할 수 없으므로 왼쪽 옆 단락과 합쳐서 두 단락분으로 구간 요금을 나타낸다. 그림 6의 '1 1'(십진수)은 00010001(이진수)로 표 2와 같이 16+1 = 17, 즉 170엔을 나타내고 있다.

월, 일, 구간 요금을 제외한 나머지 정보는 표 1을 사용하여, 모두 스스로 해독해보기 바란다.

표 2 이진수의 자릿수

2^7의 자리	2^6의 자리	2^5의 자리	2^4의 자리	2^3의 자리	2^2의 자리	2의 자리	1의 자리
0	0	0	1	0	0	0	1
			↓				↓
			16				1

(1) A역(그림 6), B역(그림 7)에서 승차역 번호의 위치는?

(2) M선(그림 7), N선(그림 8)에서 ○○선 번호의 위치는?

(3) X철도(그림 8), Y철도(그림 9)에서 철도 번호의 위치는?

(4) 어른(그림 9), 어린이(그림 10) 정보의 위치는?

(5) 입장권(그림 11)의 구간 요금은?

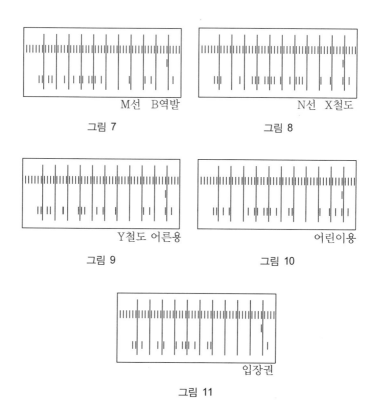

M선 B역발

그림 7

N선 X철도

그림 8

Y철도 어른용

그림 9

어린이용

그림 10

입장권

그림 11

해독할 수 있었나요? 그림 12에서 확인해보기 바란다.

어린이용 티켓을 개찰구에 넣으면 어린이용 램프가 켜진다. 이렇게 해서 통과한 사람이 어른인가 어린이인가를 역무원이 체크하고 있다.

입장권의 구간요금은 0엔이다. 입장한 역에서만 나올 수 있다. 그림 12가 정보의 설명도[1]이다.

---

1) 참고문헌 《자기磁氣 카드의 비밀》, 카세쯔샤仮説社.

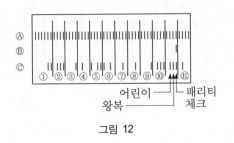

그림 12

Ⓐ 기준선
Ⓑ 다른 회사 연락 정보
Ⓒ 자기 회사만의 정보
① 시작   ② 월   ③ 날(日)의 10의 자리   ④ 날(日)의 1의 자리   ⑤ 철도회사 번호
⑥ ○○선 번호   ⑦⑧ 승차역 번호   ⑨⑩ 구간요금   ⑪ 끝

자동개찰 티켓에는 이진법이 쓰이고 있다는 것을 실감할 수 있다.

역사상 3대 수학자

아르키메데스

수 관념의 발생을 수학 역사의 시작으로 본다면, 수학은 1만 년에 달하는 긴 역사를 가지고 있다고 말할 수 있을 것이다. 수학 문서가 남아 있는 이집트, 바빌로니아의 수학조차 그 성립은 지금부터 약 4000년 전의 일이다.

긴 수학의 역사 속에서 각 시대에 각 지역에서 다양한 수학들이 만들어져 왔다. 그러나 오늘날 많은 사람들이 생각하는 수학의 원형은 기원전 6세기경부터 시작하는 고대 그리스 시대에서 찾아볼 수 있다. 오늘날 수학사의 관점에서 본다면 근대의 과학혁명 시대를 제2의 과학혁명이라 하고, 고대 그리스 시대를 제1의 과학혁명 시대라 해도 좋은데, 이때 많은 수학자를 배출했다. 그 가운데에서도 아르키메데스 기원전 287~212 는 시대가 낳은 위대한 수학자라고 말할 수 있다. 그의 연구내용이나 방법을 보면, 순수수학자라기보다는 오히려 수리물리학자라고 하는 쪽이 적절할지도 모르겠다.

아르키메데스는 그 당시 이미 성립해 있던 연역적·체계적인 수학을 잘 이해하고 있었을 뿐만 아니라, 고대 그리스 세계에서 기피하고 있던 '무한'이 관여된 문제에도 과감하게 도전하여, 근대에 성립된 적분학의 사상을 선점했다고 할 수 있다. 예를 들면, 원은 중심을 꼭짓점으로 하고 원주 위의 아주 작은 호弧를 밑변으로 하는 무수한 작은 삼각형의 집합이라고 생각하고, 그것으로부터 반지름을 높이로 해서 원둘레를 밑변으로 하는 직각삼각형의 넓이가 원의 넓이와 같다는 것을 발견했다.

또 아르키메데스는 천칭을 이용한 정역학靜力學적 방법을 구사하여 다양한 도형의 넓이를 구했다. 그러한 아르키메데스의 발견방법은 근대 과학혁명의 단서를 개척한 갈릴레오 1564~1642 나 케플러 1571~1630 등에게 계승되었다. 그들은 아르키메데스를 "인도引導의 별"로 삼고 자신의 연구를 진행하여 많은 성과를 거두었다.

🪙 아이작 뉴턴

두 번째 위대한 수학자는 근대 과학혁명의 시대사상을 포괄적으로 구현한 뉴턴 1642~1727 이라 할 수 있다. 그도 또한 아르키메데스처럼 순수수학자라고 하기보다 수리물리학자의 범주에 속한다고 할 수 있다. 즉 근대수학의 상징이기도 하며, 그후 수학 연구의 강력한 무기가 되었던 미적분학의 발견도 그러한 것이지만, 그 위에서서 집필한 불후의 명저 《프린키피아》야말로 뉴턴의 최대 업적이라고 말할 수 있기 때문이다.

뉴턴은 《프린키피아》를 미적분의 단어로 적지 않았다. 그것은 미적분의 수법이 어떤 의미에서 시대를 넘어서고 있으며, 그런 까닭으로 미숙함을 내포하고 있음을 그 자신이 알고 있었기 때문인지도 모른다. 책의 출판에 의해 연구 성과를 세상으로부터 평가받을 경우, 그 시대에서 받아들일 수 있는 모양을 취해야 한다고 생각했던 것 같다. 실제로 뉴턴은 그리스 이래 학문의 전형으로서 확고한 지위를 점하고 있던 유클리드(기원전 300년경에 활약)의 《원론》을 본보기로 하여 《프린키피아》를 집필했다. 뉴턴이 완전주의자라고 불리는 것도 이런 까닭일 것이다.

이러한 사정은 아르키메데스에게도 들어 맞는다. 예를 들면, 논문 〈포물선의 구적〉 전반부에서 포물선의 넓이를 천칭의 평형에 의해 고찰하여 결과를 얻을 수 있었음에도 불구하고, 후반부에 다시 그 결과를 논증하고 있다. 그 논증의 방법은 에우독소스 Eudoxus: 기원전 400년경~347년경 가 창시한 "실진법 悉盡法 또는 착출법"(일종의 배리법)에 따른 것인데, 이 방법이 당시 그리스 세계의 정당한 방법이었으므로 아르키메데스도 그 습관에 따랐던 것이다.

뉴턴도 아르키메데스도 시대를 뛰어넘었던 까닭에 연구 성과를 얻는 방법과 그 성과를 발표하는 방법을 구별하지 않으면 안 되었다고 일컬어진다. 그런 의미에서 두 사람은 틀림없이 역사상 위대한 수학자라고 부를 만한 가치가 있다.

칼 프리드리히 가우스

한편, 세 번째 위대한 수학자로서는 많은 수학사 연구가들이 공통으로 꼽는 가우스 1777~1855 를 들고 싶다. 예를 들면, 벨 E.T. Bell 은 그의 저서 《수학을 만든 사람들 Men of Mathematics》의 가우스에 관한 대목에서 그를 "수학계의 왕자"라고 부르고, "아르키메데스, 뉴턴, 가우스, 이 세 사람은 위대한 수학자 가운데에서도 특별한 부류이다. 세 사람 사이에 상하를 판단하는 것은 보통 사람이 할 수 있는 것이 아니다."라고 서술하고 있다. 실제로 가우스는 수학의 거의 모든 분야를 다루었고, 동시에 물리학이나 천문학 분야에도 많은 업적을 남기고 있다. 여기서 가우스가 의기양양해진 발견을 하나 소개하기로 하자.

정삼각형, 정사각형, 정오각형 및 이것으로부터 변의 수를 배로 늘려서 얻어지는 정다각형을 자와 컴퍼스로 작도가능하다는 것은 유클리드 시대부터 알려져 있었다. 그러나 그 이외의 소수素數 개의 변의 개수를 가지는 정다각형을 작도하는 방법은 알려지지 않았으며, 초등기하학의 이 분야는 그 이상 발전할 수 없다고 일반적으로 말해져 왔다. 2000년 동안의 미해결문제를 가우스는 1796년 3월 30일에 해결했다. 만 19세가 되기 1개월 전의 일이었다. 그는 그날 언어학자로서가 아니라 수학자가 되기로 결심함과 동시에, 일기를 쓰기 시작했다고 한다. 그 일기에 최초로 기입된 것이 정십칠각형의 작도법이며, 뒷날 이 작도법을 자신의 묘소에 새겨달라고 야노스 보여이 Janos Bolyai; 1802~1860 에게 말했다고 한다.

가우스의 천재성에 관한 일화는 많다. 예를 들면, 그는 부트너 C. W. Buttner 라는 사람이 경영하는 학교에 입학했다. 열 살이던 가우스는 1에서부터 100까지의 모든 자연수의 합을 구하는 문제를 풀어야 했다. 다른 학생들이 악전고투하고 있는 동안 가우스 소년은 바로 정답을 냈다고 한다. 다른 책에 따르면 이때의 문제는

$$81297 + 81495 + 81693 + \cdots + 100899$$

이었다고 한다. 가우스는 노인이 되어서도 매우 기쁜 듯이 생생하게 이 사건에 대해서 이야기했다고 한다. 또한 그가 세 살 때 벽돌

장인이었던 아버지가 직공에게 지불할 임금 계산을 하는 것을 보고서 잘못된 것을 지적했다고 한다. 뒷날 가우스는 농담으로 "나는 말을 하기 전부터 계산을 할 수 있었다."라고 말했다 한다.

완전주의자들

아르키메데스　　　　　뉴턴　　　　　가우스

아르키메데스, 뉴턴, 가우스 세 사람에게서 볼 수 있는 공통된 점은 모두 완전주의자였다는 점이다. 실제로 가우스는 아르키메데스나 뉴턴이 완성한 종합적인 업적 중에서 어떤 긴밀하게 결합된 연쇄를 연구하면서, 자신도 또 그들의 예에 따라서 전체를 훼손하지 않고 뭔가를 더하거나 제거할 수 없도록 완전한 예술 작품만을 후세에 남기겠다는 결심을 했다고 한다.

그리고 또 자기 자신의 사고 세계에서 스스로를 망각하고 몰두하여 얻는 능력이라는 점에서도, 세 사람은 공통점을 가지고 있다. "명상하는 아르키메데스", "계속 생각하는 뉴턴", "침묵의 가우스"라는 표현은 그것을 상징적으로 나타내고 있다.

🔖 왜 파스칼 삼각형이라고 할까?

$$(a+b)^2 = a^2 + 2ab + b^2$$

$$(a+b)^3 = a^3 + 3a^2b + 3ab^2 + b^3$$

이라는 $(a+b)^n$을 전개하는 공식은 수학의 발전과 함께 필요하게 되었다. 따라서 전개한 다항식의 계수, 예를 들면 $a^2 + 2ab + b^2$라면 1, 2, 1을 골라내어 삼각형 모양으로 늘어세운다는 것은 자연스러운 것으로 옛날부터 행해지고 있었던 것 같다. 아마 중국이나 인도가 발상지일 것이다. 중국에서는 이런 수 삼각형을 "양휘楊輝[1]의 삼각형"이라 부르고 있다.

파스칼은 $(a+b)^n$의 전개식이 조합수와 관계 있다는 것을 발견하고, 이항전개식

$$(a+b)^n = a^n + {}_nC_1 a^{n-1}b + \cdots + {}_nC_r a^{n-r}b^r + \cdots + b^n$$

에 의해 계수 사이의 관계도 분명하게 했다. 이런 계수로부터 만든 수의 삼각형을 파스칼 삼각형이라고 부르게 되었다.

---

1) 1261년~1275년까지 생존한 중국 수학자이다.

🪲 파스칼 삼각형의 여러 가지 성질

파스칼 삼각형에는 놀랄 정도로 많은 성질이 숨겨져 있다.

삼각형의 변과 평행한 빗변의 열을 보면, 자연수가 줄지어 서 있으며, 그 다음에 삼각수가 줄지어 서 있다. 그래서 삼각수의 합을 구하기 위해서는 마지막 수의 바로 왼쪽 아래의 수를 보면 된다.

삼각수

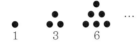

또 이 삼각형의 좌변의 수에서 빗변 오른쪽 위로 선을 긋고, 그 선 위에 오는 수의 합을 구하면, 피보나치Fibonacci 수열[2]이 얻어진다.

그 외에도 n번째 행의 수의 합이 2^n이 된다고 하는 성질도 있다. 또 각 행의 수를 하나의 수로 보면, 위에서 차례로 1, 11, 121 ($=11^2$), 1331($=11^3$), 14641($=11^4$)이 된다는 것을 알 수 있다. 왜 이렇게 될까, 다섯 번째 행 이하는 어떻게 될까 등도 생각해보면 재미있다.

더욱이 1980년대에 들어와서부터 파스칼 삼각형을 무늬 도안으로 하는 것이 세계적으로 유행하고 있다. n가지 색깔의 모양을 그릴 경우, 각 수를 n으로 나누고 나머지에 따라 색깔을 정하고 수 대신에 색을 넣은 원이나 정사각형을 두는 것이다. 이런 것은 컴퓨터 그래픽의 좋은 테마이다.

---

2) 앞의 두 개의 수를 더해서 다음 수가 정해진다고 하는 규칙으로 만든 수의 열이다. 처음 두 수를 1로 하면 1, 1, 2, 3, 5, 8, 13, 21, 34, 55, …가 된다.

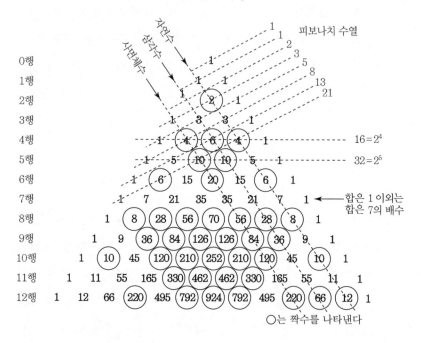

파스칼 삼각형

피보나치 수열

○는 짝수를 나타낸다

🪙 파스칼 삼각형과 관련된 문제

파스칼 삼각형은 그 속에 여러 가지 성질을 숨기고 있을 뿐만 아니라, 다른 흥미 깊은 문제와도 관련이 되어 있다.

① 동전 던지기

동전을 네 번 던진다고 하자. 그때 앞과 뒤가 어떻게 나올까를 생각하면, 나오는 방법을 16가지로 생각할 수 있다. 이것을 앞이 나올 회수에 따라서 분류하면 다음과 같다. 그리고 경우의 수는 파스칼 삼각형의 네 번째 행과 일치한다. 던지는 회수를 바꾸더라도 마찬가지의 대응이 성립한다.

앞 4회	앞 3회	앞 2회	앞 1회	앞 0회
앞앞앞앞	앞앞앞뒤	앞앞뒤뒤	앞뒤뒤뒤	뒤뒤뒤뒤
	앞앞뒤앞	앞뒤앞뒤	뒤앞뒤뒤	
	앞뒤앞앞	앞뒤뒤앞	뒤뒤앞뒤	
	뒤앞앞앞	뒤앞앞뒤	뒤뒤뒤앞	
		뒤앞뒤앞		
		뒤뒤앞앞		
1	4	6	4	1

② 최단 루트 수

그림과 같은 바둑판의 눈에 규칙적인 가로(길)가 있다. 점 A에서 어떤 모서리까지 걸어간다고 하자. 멀리 돌아가지 않는 것으로 하고, 어떤 모서리까지 가는 루트의 수를 지도 위에 그려 가면, 파스칼 삼각형이 만들어진다.

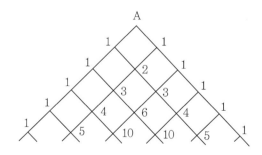

파스칼 삼각형을 최단 루트의 수로 줄 지워 세운 것이라고 생각하면, 그 확장으로서 입체수인 삼각뿔(사면체)을 생각할 수 있다는 발상도 나온다(화다 和日年央 가 고안).

또 한 변의 꼭짓점 이외의 수를 2로 바꿔 유사한 파스칼의 삼각형을 만들 수도 있다(볼트Brian Bolt 가 고안). 이것에서는 2로 바꾼 변에 평행한 빗변의 열이 차례로 홀수, 제곱수3), 피라미드 수4)가 된다.

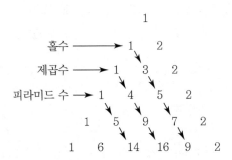

이외에도 한 변의 1을 하나 걸러 −로 부호를 바꾼 예도 있다. 그러면 $(a-b)^n$의 전개식의 계수가 얻어진다.

여러분도 자기 자신의 수 삼각형을 만들어 보고, 그 성질을 생각해보면 어떨까?

---

3) $1^2, 2^2, 3^2, 4^2, \cdots$이라는 수이다.

4) 유리구슬을 피라미드 모양으로 쌓으면, 사용하는 유리구슬의 개수는 1, 5, 14, 30, 55, $\cdots$가 된다. n단 피라미드일 때는 $1+2^2+3^2+\cdots+n^2$이 되는 것은 귤 등을 쌓아보면 알 수 있다. 더욱이 바닥면을 정삼각형으로 해서 산으로 쌓았을 때는 1, 4, 10, 20, $\cdots$가 되는데, 이것이 사면체수이다.

수학의 참 재미를 찾아줄 수학오디세이

셈도사 베레미즈의 모험

말바 타한 지음 | 이혜경 옮김 | 320쪽 | 9,500원

2003년 교보문고 좋은책 선정도서/
2003년 '책으로 따뜻한 세상 만드는 교사들' 권장도서
"매혹적이고 흥미로운 수학의 수수께끼… 그리고 《아라비안나이트와》 절묘한 조화!"
페르시아 한 마을의 목동 베레미즈가 부와 명예, 그리고 아름다운 텔라심의 사랑을 얻기까지의 흥미롭고 감동이 있는 모험의 세계를 만날 수 있다.

왓슨, 내가 이겼네!

콜린 브루스 지음 | 이은희 옮김 | 344쪽 | 10,000원

간행물윤리위원회 51차 청소년 권장도서/
2005년 서울시교육청 추천도서
셜록 홈즈와 떠나는 수수께끼 사건과 수학 이야기!
셜록 홈즈의 추리소설 형식을 띤 이 책은 영원한 진리, 즉 상식에 대한 지나친 의존과 수학에 대한 무지가 우리를 곤경에 빠뜨릴 수 있음을 드러내는 이야기이다.

왜 버스는 한꺼번에 오는 걸까?

롭 이스터웨이 · 제레미 윈드햄 지음 | 김혜선 옮김 | 248쪽 | 9,000원

2003년 한국출판문화진흥재단 이달의 청소년도서/2008년 서울시교육청 추천도서
내가 타려는 버스는 왜 꼭 한꺼번에 몰려오는 걸까, 고속도로는 왜 막힐까, 비가 올 때 뛰는 것이 좋을까, 걷는 것이 좋을까, 저 아이와 생일이 같다니, 우연의 일치일까… 과연 이런 의문들이 수학과 어떤 관련이 있을까? 계산하고 암산하는 것이 전부인 수학이 아니라 우리 삶 속에서 궁금해하던 의문점을 해결해준다.

쉽게 읽는 페르마의 마지막 정리

아미르 악셀 지음 | 한창우 옮김 | 198쪽 | 9,000원

지난 300년간 수학자를 괴롭혀온 수학사의 공개되지 않은 이야기
3세기가 넘도록 페르마의 마지막 정리는 수학에서 가장 유명한 미해결 문제였다. 여기 그것이 어떻게 해결되었는가에 대한 이야기가 있다. 수학에 대한 간략한 역사서로 훌륭한 책.

수학의 스캔들(개정판)

테오니 파파스 지음 | 고석구·이만근 옮김 | 176쪽 | 8,000원

뉴턴의 사과 이야기는 지어낸 것이다? 미적분학의 원조 싸움으로 영국과 프랑스가 한판 붙었다? 최초의 여성 수학자는 살해당했다? 대수학자도 싸우고, 질투하고, 거짓말을 했다. 그들도 일반인과 같이 사랑, 미움, 탐닉, 복수, 질투, 명예와 돈에 대한 욕망 등의 결점을 지니고 있었다. 수학의 역사 이면에 숨겨진 사실들을 소개한다.

제로 이야기

마리아 이사벨 모리나 지음 | 김승욱 옮김 | 176쪽 | 8,000원

이 이야기는 시디 시프르, 즉 '0의 사나이'라 불리는 한 젊은이에서부터 시작된다. 이슬람과 기독교의 충돌 속에서 0을 전파시킨 한 젊은이의 모험과 로맨스가 펼쳐진다. 저자는 역사적인 사건과 인물 속에 가공의 주인공을 창조하여 새로운 수의 체계가 도입되기 위해 싸워야 했던 수많은 어려움에 대해 아주 생생하게 묘사하고 있다.

왜 나는 수학이 어려울까?

아리아 노리코 지음 | 김정환 옮김 | 204쪽 | 11,000원

수학 시간이 너무 싫은 아이들을 위한 흥미 유발 프로젝트.
이 책은 왜 수학을 공부하고, 어떻게 하면 수학에 대한 선입견을 바꿀 수 있는지 알려줍니다. 또한 '왜', '어떻게'를 생각할 수 있는 힘을 키우도록 도와줍니다.

웃기는 수학이지 뭐야(개정판)

이광연 지음 | 268

이 책은 웃긴다. 마치 코미디 프로그램 같다. 그러면서도 품위가 있다. 그것은 학문적인 유머와 한 시대를 살았던 수학자들의 재미있는 일화들이 어우러져 있기 때문이다. 이 책은 수학에 맛들인 사람이나 맛을 보고 싶은 사람을 위한 책이다. 수학과 논리에 얽힌 유머와 유명한 수학자들에 관한 일화가 잔뜩 들어 있는 이야기보따리!

엄마들이 궁금한 수학 Q&A

일본수학교육협의회·긴바야시 코 지음 | 전재복 옮김 | 312쪽 | 12,000원

아이들이 쉽게 범하는 수학시험의 실수와 어려움을 어떻게 해결할 수 있을까?이 책은 수학을 어려워하는 자녀를 둔 학부모는 물론 교육현장에서 수학을 가르치는 교사들에게도 아이들이 어려워하는 수학을 쉽게 접근할 수 있는 방법을 알려주는 훌륭한 교육해법 가이드이다.